AI驱动创意制造与设计

AI赋能

CATIA零件设计与装配自动化

（CATIA V5-6R2020）（视频教学版）

赵文增 蒋明付 梁智 编著

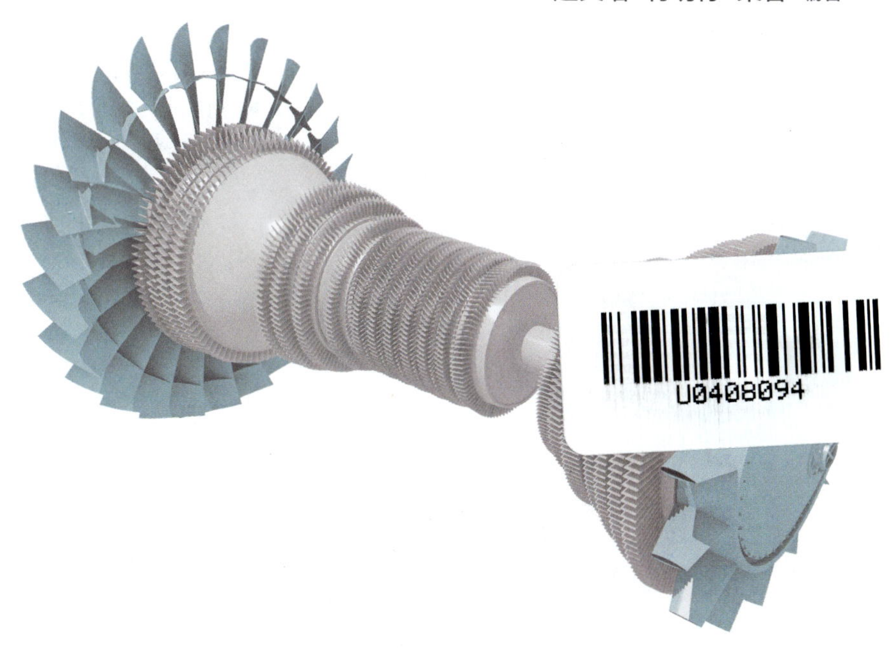

人民邮电出版社

北京

图书在版编目（CIP）数据

AI赋能CATIA零件设计与装配自动化 ： CATIA V5-6R 2020 ： 视频教学版 / 赵文增，蒋明付，梁智编著. 北京 ： 人民邮电出版社，2025. -- (AI驱动创意制造与设计). -- ISBN 978-7-115-65934-7

Ⅰ. TH122

中国国家版本馆CIP数据核字第2025RH0341号

内 容 提 要

CATIA是世界领先的产品设计和工程应用软件之一，它在航空航天、汽车制造、船舶制造等工业制造领域应用广泛，为全球许多企业和设计师提供了强大的设计工具和有效的解决方案。随着人工智能（Artificial Intelligence，AI）技术的发展和应用，CATIA的功能和应用场景在不断拓展和深化。

本书以CATIA V5-6R2020为基础，结合前沿的AI技术，系统地介绍CATIA的各项功能和应用。本书从基础知识开始，逐步深入讲解CATIA各种模块和工具的使用方法和技巧，包括零件建模、曲面建模和装配设计等，此外还重点介绍CATIA中AI辅助设计的应用，以帮助读者更好地利用AI技术提升设计效率和质量。

本书专为机械设计工程师、产品设计师以及对CATIA技术感兴趣的读者量身打造，无论是初学者还是经验丰富的专业人士，都能从本书中获得宝贵的知识和指导。

◆ 编　　著　赵文增　蒋明付　梁　智
责任编辑　李永涛
责任印制　王　郁　胡　南

◆ 人民邮电出版社出版发行　　北京市丰台区成寿寺路11号
邮编　100164　　电子邮件　315@ptpress.com.cn
网址　https://www.ptpress.com.cn
临西县阅读时光印刷有限公司印刷

◆ 开本：700×1000　1/16
印张：13.5　　2025年4月第1版
字数：261千字　　2025年4月河北第1次印刷

定价：69.90元

读者服务热线：(010)81055410　印装质量热线：(010)81055316
反盗版热线：(010)81055315

前言

本书从 CATIA 的基础知识和操作开始，逐步介绍 CATIA V5-6R2020 的各项功能和特点，包括零件设计、装配设计、绘图、渲染等方面的内容，重点介绍 CATIA 的核心功能和高级使用技巧，以及 CATIA 在 AI 方面的应用，例如智能建模、智能分析等。

本书共 7 章，大致内容如下。

- 第 1 章：主要介绍 CATIA V5-6R2020 的工作环境、视图与对象的基本操作及 AI 辅助设计基础知识等内容，以帮助读者熟练操作软件。
- 第 2 ～ 4 章：主要介绍 CATIA 草图绘制、特征设计和 AI 辅助零件参数化设计等内容，让读者轻松掌握 CATIA 的零件建模功能。
- 第 5、6 章：主要介绍 CATIA 的创成式曲面设计功能，以及 AI 辅助产品造型设计的实际应用。
- 第 7 章：主要介绍 CATIA 装配设计模式中的自底向上装配设计。

在编写本书的过程中，我们力求将复杂的技术以简洁易懂的形式呈现给读者，希望能够帮助读者更快地掌握 CATIA 的核心功能，并在实践中不断提升自己的设计水平。

感谢您选择了本书，希望我们的努力对您的工作和学习有所帮助，也希望您把对本书的意见和建议告诉我们。

由于编者水平有限，书中难免出现疏漏，敬请广大读者批评指正，在此表示衷心的感谢！编者联系邮箱：shejizhimen@163.com。

编者

2024 年 8 月

资源与支持

资源获取

本书提供如下资源。

- 本书思维导图。
- 异步社区 7 天 VIP 会员。
- 本书实例的素材文件、结果文件及实例操作的视频教学文件。

要获得以上资源，您可以扫描右侧二维码，根据指引领取。

提交错误信息

作者和编辑尽最大努力来确保书中内容的准确性，但难免会存在疏漏。欢迎您将发现的问题反馈给我们，帮助我们提升图书的质量。

当您发现错误时，请登录异步社区（https://www.epubit.com），按书名搜索，进入本书页面，单击“发表勘误”，输入错误信息，单击“提交勘误”按钮即可（见下图）。本书的作者和编辑会对您提交的错误进行审核，确认并接受后，您将获赠异步社区的 100 积分。积分可用于在异步社区兑换优惠券、样书或奖品。

图书勘误　　发表勘误

页码：1　　页内位置（行数）：1　　勘误印次：1

图书类型：纸书　电子书

添加勘误图片（最多可上传4张图片）

+

提交勘误

与我们联系

我们的联系邮箱是 liyongtao@ptpress.com.cn。

如果您对本书有任何疑问或建议，请您发邮件给我们，并请在邮件标题中注明本书书名，以便我们更高效地做出反馈。

如果您有兴趣出版图书、录制教学视频，或者参与图书翻译、技术审校等工作，可以发邮件给我们。

如果您所在的学校、培训机构或企业想批量购买本书或异步社区出版的其他图书，也可以发邮件给我们。

如果您在网上发现有针对异步社区出品图书的各种形式的盗版行为，包括对图书全部或部分内容的非授权传播，请您将怀疑有侵权行为的链接发邮件给我们。您的这一举动是对作者权益的保护，也是我们持续为您提供有价值的内容的动力之源。

关于异步社区和异步图书

“异步社区”（www.epubit.com）是由人民邮电出版社创办的 IT 专业图书社区，于 2015 年 8 月上线运营，致力于优质内容的出版和分享，为读者提供高品质的学习内容，为作译者提供专业的出版服务，实现作译者与读者在线交流互动，以及传统出版与数字出版的融合发展。

“异步图书”是异步社区策划出版的精品 IT 图书的品牌，依托于人民邮电出版社在计算机图书领域 40 多年的发展与积淀。异步图书面向 IT 行业以及各行业使用 IT 的用户。

目录

第 1 章 CATIA 与 AI 辅助设计入门

在学习软件操作时，初学者常常会感到迷茫，本章将详细介绍 CATIA V5-6R2020 和 AI 辅助设计的基础知识，帮助读者打下坚实的学习基础。

1.1 CATIA V5-6R2020 简介

CATIA V5-6R2020 作为法国达索公司的产品开发旗舰解决方案，已经凭借其强大而完善的功能成为 3D CAD/CAM 领域的标杆和行业标准。在航空航天、汽车及摩托车制造等领域，CATIA 一直处于统治地位。作为 PLM（Product Lifecycle Management，产品生命周期管理）协同解决方案的核心组成部分，它为制造厂商提供了重要支持，助力设计未来产品的全过程，涵盖从项目前期阶段、具体设计、分析、模拟、组装到维护等完整的工业设计流程。

1.1.1 进入 CATIA V5-6R2020 工作环境

一般来说，有两种方法（以 Windows 系统为例）启动并进入 CATIA V5-6R2020 工作环境。

方法 1：双击 Windows 桌面上的 CATIA V5-6R2020 快捷启动图标。

方法 2：从 Windows 系统的【开始】菜单进入 CATIA V5-6R2020 工作环境，操作方法如下。

1. 在 Windows 系统的【开始】菜单中执行【CATIA P3】/【CATIA P3 V5-6R2020】命令，启动 CATIA V5-6R2020，进入 CATIA V5-6R2020 基础环境，如图 1-1 所示。
2. 在基础环境的菜单栏中执行【开始】/【机械设计】/【零件设计】命令，进入零件设计环境；或者在基础环境中单击【标准】工具栏中的【打开】按钮，打开某个零件，进入零件设计环境，如图 1-2 所示。

CATIA 各个模块下的用户界面基本一致，主要包括菜单栏、工具栏（包括右工具栏和下工具栏）、指南针、命令提示栏、绘图区和特征树。

图 1-1

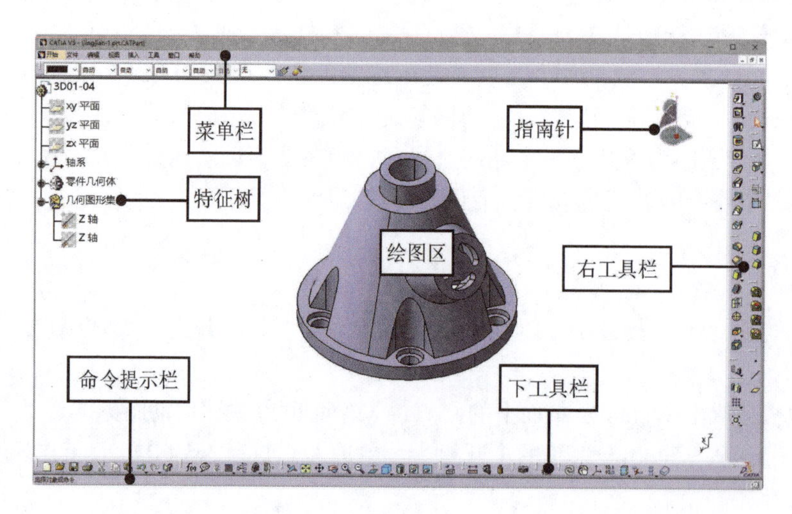

图 1-2

1.1.2　工作环境与界面的定制

CATIA 允许用户根据自己的习惯和喜好对【开始】菜单、工具栏和命令等进行定制。

【例 1-1】定制【开始】菜单。

1. 在菜单栏中执行【工具】/【定制】命令，弹出【自定义】对话框，如图 1-3 所示，该对话框包含【开始菜单】【工具栏】【命令】【选项】4 个选项卡。

2. 在左侧【可用的】列表框中选择需要添加的命令，单击⟹按钮，命令将被添加到右侧的【收藏夹】列表框中，如图 1-4 所示。

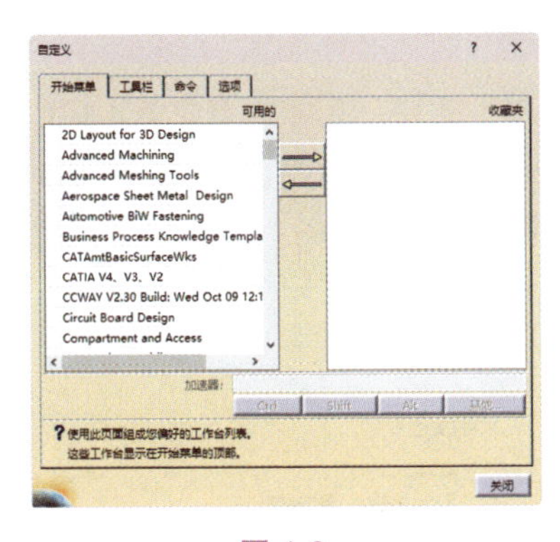

图 1-3

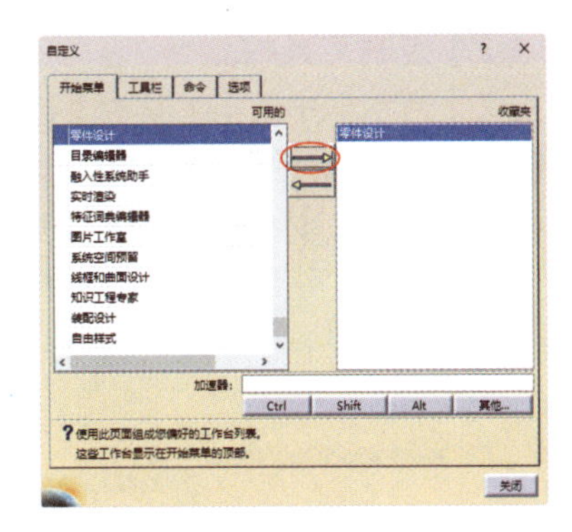

图 1-4

3. 用同样的方法添加【实时渲染】命令到【收藏夹】列表框中，打开【开始】菜单，可以看到【开始】菜单中的内容已经变更，如图 1-5 所示。

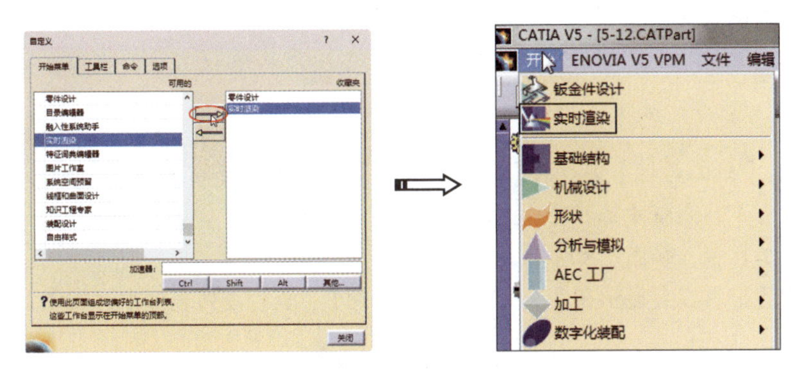

图 1-5

提示： 如果要删除【开始】菜单中的命令，在【自定义】对话框的【收藏夹】列表框中选择相应的命令，单击按钮即可，如图 1-6 所示。

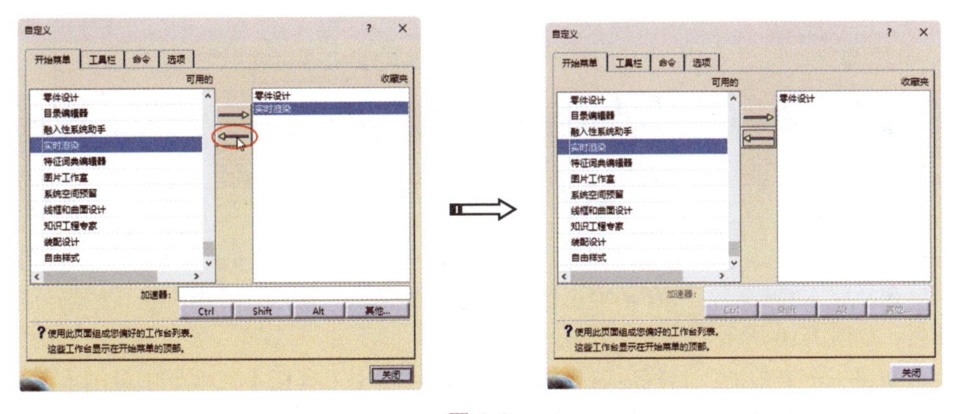

图 1-6

【例 1-2】定制工具栏。

【自定义】对话框中的【工具栏】选项卡用于新建、删除和重命名工作台中的工具栏，还可用于向工具栏添加或移除命令。

1. 打开【自定义】对话框，切换到【工具栏】选项卡。
2. 单击【新建】按钮，弹出【新工具栏】窗口，如图 1-7 所示。

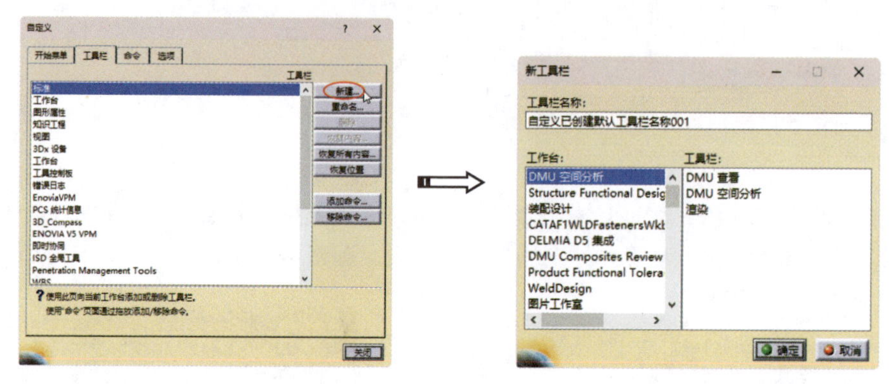

图 1-7

3. 在【新工具栏】窗口的【工具栏名称】文本框中输入“D5 集成命令”，接着在【工作台】列表框中选择【DELMIA D5 集成】工作台，单击【确定】按钮，即可创建新的工具栏，如图 1-8 所示。

新建的工具栏会显示在【工具栏】选项卡的【工具栏】列表框中，如图 1-9 所示。

图 1-8

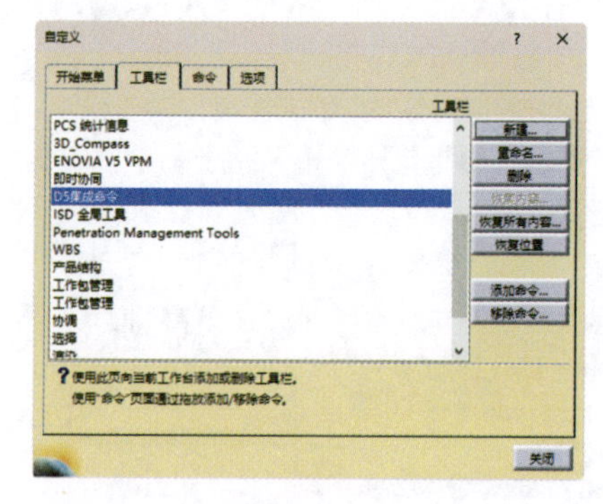

图 1-9

> **提示：** 如果需要删除工具栏，选中工具栏对应的选项后单击【删除】按钮即可。

在新建工具栏时，可在某个工作台中选择已有的工具栏，对相应工具栏进行重命名，如图 1-10 所示。

新建一个空白的工具栏后若要添加命令，可在【工具栏】选项卡中单击【添加命令】按钮，弹出【命令列表】对话框，如图 1-11 所示。

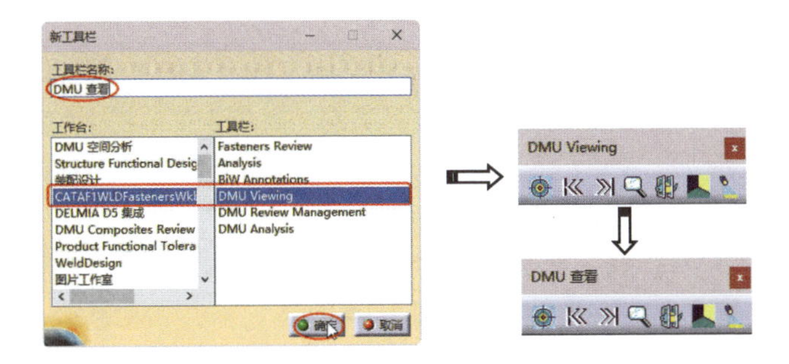

图 1-10

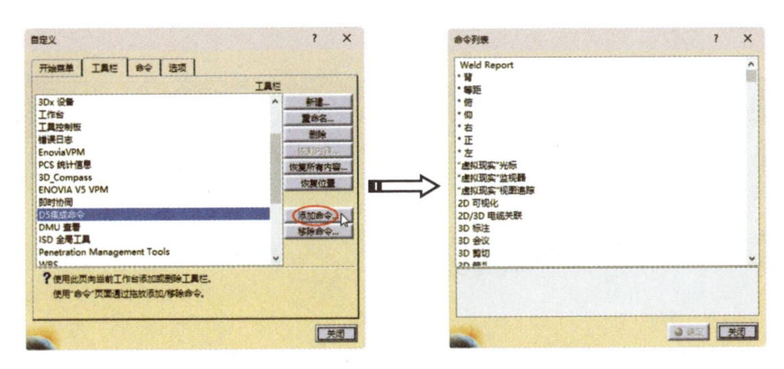

图 1-11

在【命令列表】对话框中按住 Ctrl 键选择多个命令，单击【确定】按钮，即可在【D5 集成命令】工具栏中添加新命令，如图 1-12 所示。

如果要删除命令，可以单击【自定义】对话框【工具栏】选项卡中的【移除命令】按钮，在弹出的【命令列表】对话框的命令列表中选择需删除的命令，单击【确定】按钮，如图 1-13 所示。

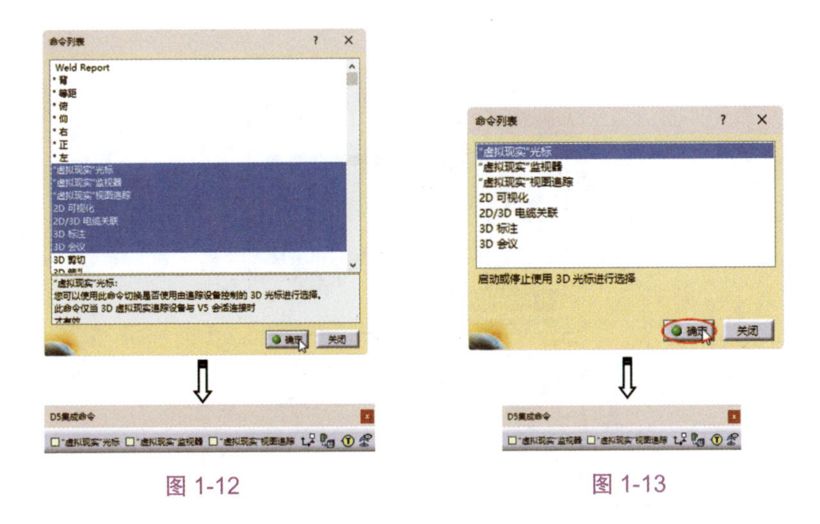

图 1-12

图 1-13

【例 1-3】定制命令。

【自定义】对话框中的【命令】选项卡用于为工作台中的工具栏添加或移除命令。【类别】列表框中列出了所有的 CATIA 工具类别（对应于菜单栏中的所有菜单），【命令】列表框中显示所选菜单的全部命令，可以将命令直接拖到工具栏中，列表框下面显示当前命令的图标和简短描述。

1. 新建工具栏后，在【命令】选项卡中选择需要添加的命令，按住鼠标左键将其拖动至新工具栏中即可添加命令，如图 1-14 所示。

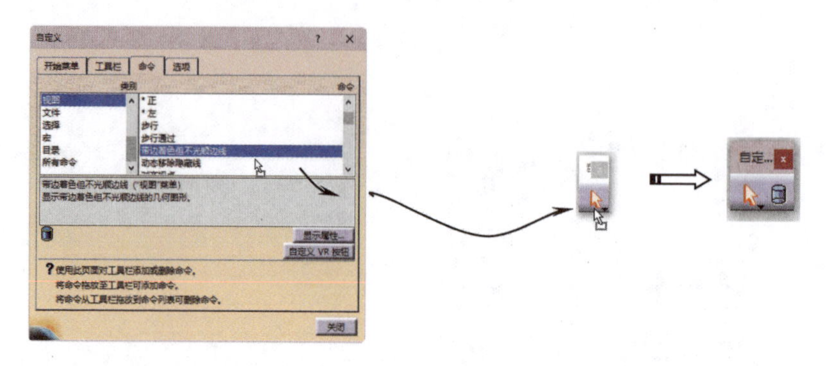

图 1-14

2. 单击【自定义 VR 按钮】按钮可以自定义按钮的图标样式。

> **提示：** 用户不能够将命令添加到菜单栏的各菜单中。如果要删除命令，直接从工具栏中拖动命令到工具栏外即可。

3. 单击【显示属性】按钮，对话框中增加了【命令属性】选项组，其中显示了当前命令的标题、用户别名、图标等属性，可在其中为当前命令设置快捷键和图标等，如图 1-15 所示。

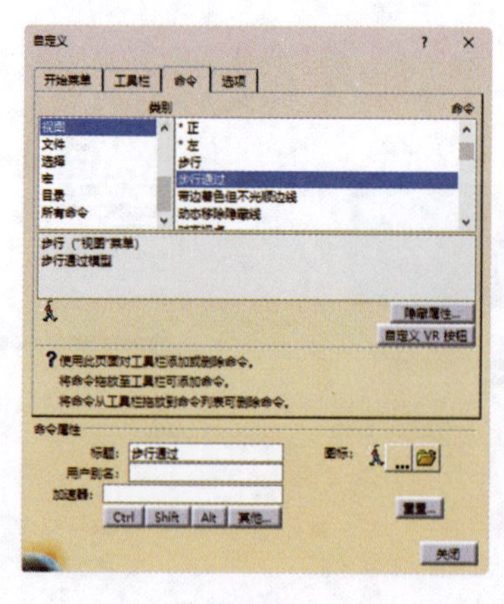

图 1-15

【例 1-4】定制选项。

【自定义】对话框中的【选项】选项卡用于设置 CATIA V5-6R2020 工具栏的其他属性，如图 1-16 所示。

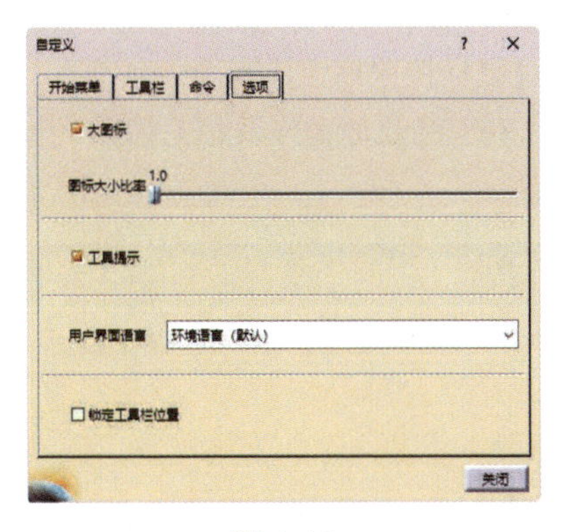

图 1-16

1. 选中【大图标】复选框，工具栏中的各个命令以大图标显示。

2. 选中【工具提示】复选框，当鼠标指针移动到命令图标上时，会显示相应命令功能的简短提示。

3.【用户界面语言】下拉列表用于设置用户界面语言，默认为环境语言。修改此项设置后，系统会弹出提示对话框，提示需重新启动 CATIA V5-6R2020 才能使设置生效，如图 1-17 所示。

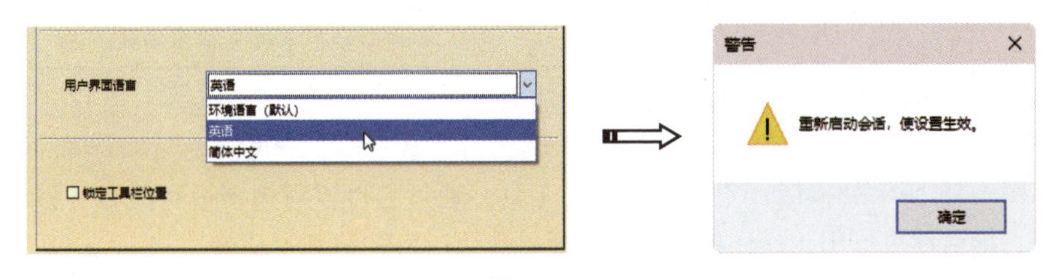

图 1-17

4. 选中【锁定工具栏位置】复选框，可锁定当前工具栏位置，使用户不能移动工具栏。

1.2 视图与对象的基本操作

CATIA V5-6R2020 以鼠标操作为主，用键盘输入数值。执行命令主要是通过单击工具图标来实现的，也可以通过菜单或键盘来执行命令。

在 CATIA 工作界面中，选中的对象被加亮（显示为橙色）。选择对象时，在绘图区选择与在特征树中选择是相同的，并且是相互关联的。利用鼠标也可以操作视图和特征树，要使视图或特征树成为当前操作的对象，可单击文件窗口右下角的坐标轴图标或特征树。

移动视图最常用的操作，如果每次都通过单击工具栏中的按钮来移动视图，将会浪费很多时间。可以通过鼠标快速地完成视图的移动。

表 1-1 列出了不同操作对应的鼠标动作及相关描述。

表 1-1

操作	鼠标动作	描述
选择特征		单击模型特征
移动模型		按住中键并拖动鼠标
旋转模型	+ 或 +	同时按住中键和右键并拖动鼠标， 或者同时按住中键和左键并拖动鼠标
	+ Ctrl	先按住中键，再按住 Ctrl 键
缩放模型	+ –	同时按住中键和右键，然后松开右键并拖动鼠标
	Ctrl+	先按住 Ctrl 键，再按鼠标中键
定义新视点	Shift +	先按住 Shift 键，然后用中键确定视点并拖动鼠标来设置视图缩放范围

1.2.1　利用指南针操作视图

图 1-18 所示的指南针是一个重要的工具，通过它可以对视图进行旋转、移动等操作。指南针也可用于操作零件。下面简单介绍指南针的基本功能。

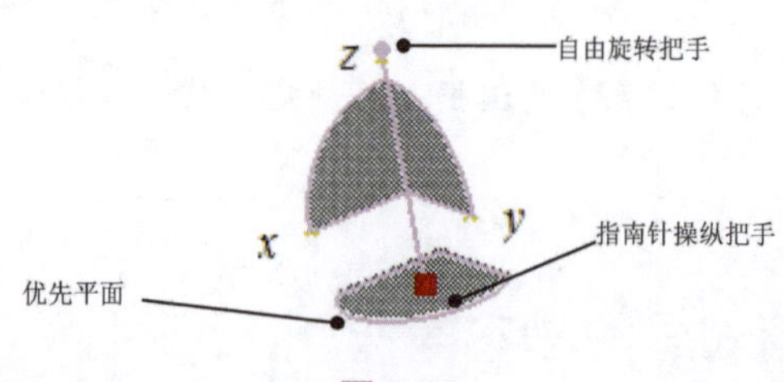

图 1-18

指南针位于绘图区的右上角，并且总是处于激活状态，可以通过执行【视图】/【指南针】命令来隐藏或显示指南针。使用指南针既可以对特定的模型进行操作，又可以对视点进行操作。

字母 x、y、z 表示坐标轴，z 轴起到定位的作用；靠近 z 轴的点称为自由旋转把手，用于旋转指南针，旋转指南针时绘图区中的模型将随之旋转；红色方块是指南针操纵把手，用于拖动指南针，可以将指南针置于模型上进行操作，也可以使模型绕该点旋转；指南针底部的 xy 平面是系统默认的优先平面，也就是基准平面。

提示： 指南针可用于操作未被约束的物体，也可用于操作彼此之间有约束关系但是属于同一装配体的一组物体。

一、视点操作

视点操作是指使用鼠标对指南针进行简单的拖动，从而对绘图区中的模型进行平移或者旋转操作。

1. 将鼠标指针移至指南针处，鼠标指针由变为，并且鼠标指针所经过之处、坐标轴、坐标平面的弧形边缘以及平面本身皆会以亮色显示。

2. 单击指南针上的轴（此时鼠标指针变为形状）并拖动，绘图区中的模型会沿着相应轴移动，但指南针本身并不会移动。

3. 单击指南针上的平面并拖动，绘图区中的模型和空间会在相应平面内移动，但是指南针本身不会移动。

4. 单击指南针平面上的弧线并拖动，绘图区中的模型会绕其法线旋转，指南针本身也会旋转，而且鼠标指针离红色方块越近旋转速度越快。

5. 单击指南针上的自由旋转把手并拖动，指南针会以红色方块为中心自由旋转，绘图区中的模型和空间会随之旋转。

6. 单击指南针上的 x、y 或 z 字母，绘图区中的模型将以垂直于对应轴的方向显示，再次单击该字母，视点方向会变为反向。

二、模型操作

可以把指南针拖动到物体上，对物体进行操作。

将鼠标指针移至指南针操纵把手处（此时鼠标指针变为形状），然后拖动指南针至模型上并释放，此时指南针会附着在模型上，且字母 x、y、z 变为 W、U、V，这表示坐标轴不再与文件窗口右下角的绝对坐标系相一致。这时可以按对视点的操作方法对物体进行操作。

在对模型进行操作的过程中，移动的距离和旋转的角度均会在绘图区显示。显示的数据为正，表示与指南针指针的正向相同；显示的数据为负，表示与指南针指针的正向相反。

将指南针恢复到默认位置的方法：拖动指南针操纵把手至模型外，释放鼠标，指南针就会回到绘图区右上角的位置，但是不会恢复为默认的方向。

将指南针恢复到默认方向的方法：将指南针拖动到文件窗口右下角的绝对坐标系处；在拖动指南针离开物体的同时按住 Shift 键，且先释放鼠标左键；执行【视图】/

【重置指南针】命令。

三、编辑

1. 将指南针拖动到物体上，右击指南针，弹出图 1-19 所示的快捷菜单。

2. 在弹出的快捷菜单中选择【编辑】命令，弹出图 1-20 所示的【用于指南针操作的参数】对话框。

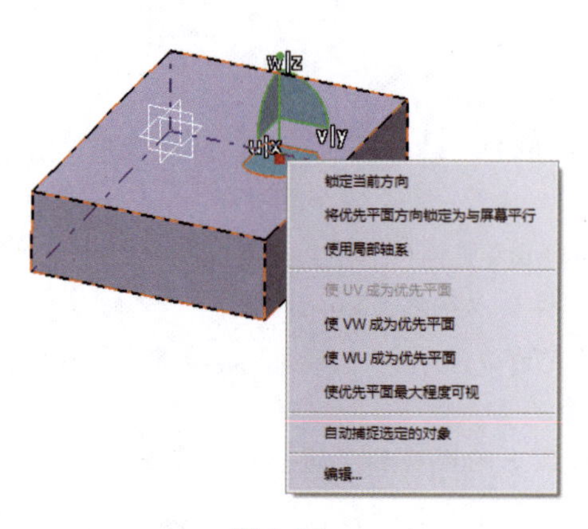

图 1-19

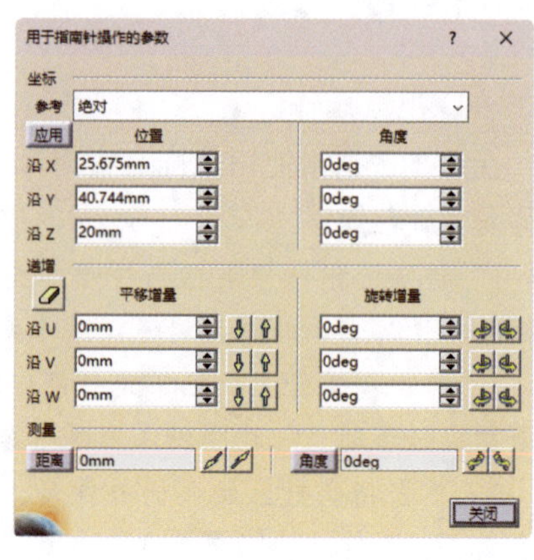

图 1-20

3. 利用【用于指南针操作的参数】对话框对模型进行平移和旋转等操作。

- 锁定当前方向：固定目前的视角若要重置指南针的方向，只需再次执行该命令。
- 将优先平面方向锁定为与屏幕平行：指南针的坐标系同当前自定义的坐标系保持一致。如果当前无自定义的坐标系，则与文件窗口右下角的绝对坐标系保持一致。
- 使用局部轴系：指南针的优先平面与屏幕方向平行，这样，即使改变视点或者旋转模型，指南针也不会改变。
- 使 VW 成为优先平面：使 *VW* 平面成为指南针的优先平面，系统默认选用此平面。
- 使 WU 成为优先平面：使 *WU* 平面成为指南针的优先平面。
- 使优先平面最大程度可视：使指南针的优先平面为可见程度最大的平面。
- 自动捕捉选定的对象：使指南针自动移动到指定的未被约束的对象上。
- 编辑：可以实现模型的平移和旋转等操作。

1.2.2　选择对象

在 CATIA V5-6R2020 中，选择对象的常用方法如下。

直接单击需要选取的对象。

在特征树中单击对象的名称，即可选择对应的对象，被选取的对象会高亮显示。按住 Ctrl 键，单击多个对象，可同时选择多个对象。

> **提示：** 在绘图区中单击可以选择某个特征，如图 1-21 所示。双击则可以选中全部特征，如图 1-22 所示。

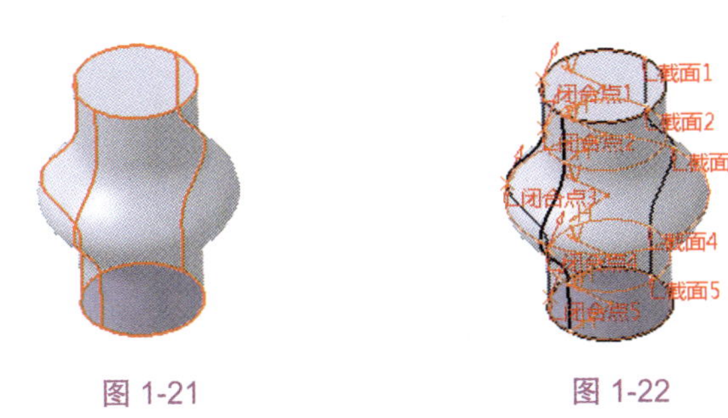

图 1-21　　图 1-22

利用图 1-23 所示的【选择】工具栏选取对象。

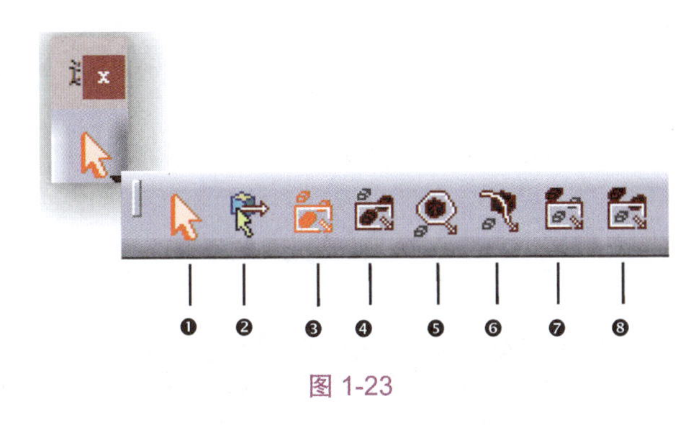

图 1-23

【选择】工具栏中按钮的功能如下。

- ❶【选择】：用于选择系统自动判断的元素。
- ❷【几何图形上方的选择框】：用于在特定的几何图形上方显示选择框，并自动拾取元素。
- ❸【矩形选择框】：用于选择被矩形包围的元素。
- ❹【相交矩形选择框】：用于选择与矩形相交的元素。
- ❺【多边形选择框】：用于选择被多边形包围的元素。
- ❻【手绘选择框】：用于选择被任意形状包围的元素。
- ❼【矩形选择框之外】：用于选择矩形外部的元素。
- ❽【相交矩形选择框之外】：用于选择与矩形相交的元素及矩形以外的元素。

搜索工具可以根据用户提供的名称、类型、颜色等信息快速选择对象。在菜单栏中执行【编辑】/【搜索】命令，弹出【搜索】对话框，如图 1-24 所示。使用搜索工具需要先打开模型文件，然后在【搜索】对话框中输入查找条件，单击【搜索】按钮，对话框下方将显示出符合条件的元素，如图 1-25 所示。

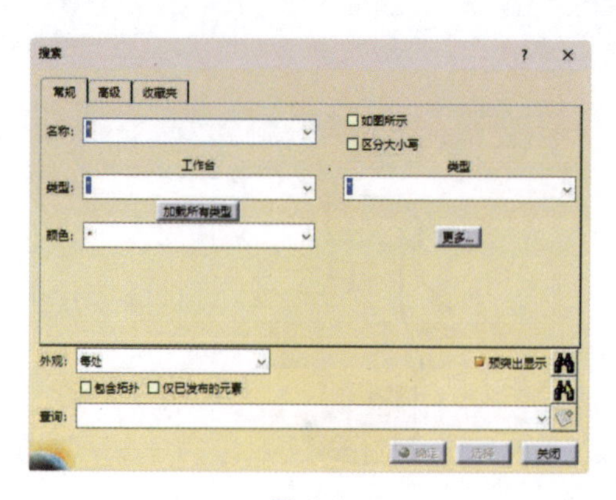

图 1-24

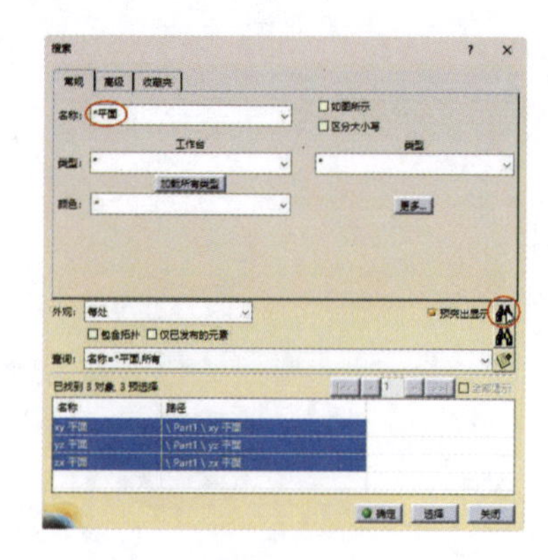

图 1-25

> **提示：**【搜索】对话框中的 * 是通配符，代表任意字符，可以是一个字符也可以是多个字符。

1.2.3 视图显示与着色显示

三维形体在屏幕上有两种显示方式：视图显示与着色显示。

模型的显示视图一般有 7 种，包括正视图、背视图、左视图、右视图、俯视图、仰视图和等轴测视图，如表 1-2 所示。

表 1-2

视图名	状态	视图名	状态
正视图		背视图	
左视图		右视图	
俯视图		仰视图	
等轴测视图			

除了上述 7 种视图外，用户还可以自定义视图。

执行【视图】/【已命名的视图】命令，弹出【已命名的视图】对话框。单击【添加】按钮，可以添加新的视图，如图 1-26 所示。

CATIA V5-6R2020 提供了 6 种着色显示模式，如图 1-27 所示。图 1-28 所示为各种着色模式的示例。

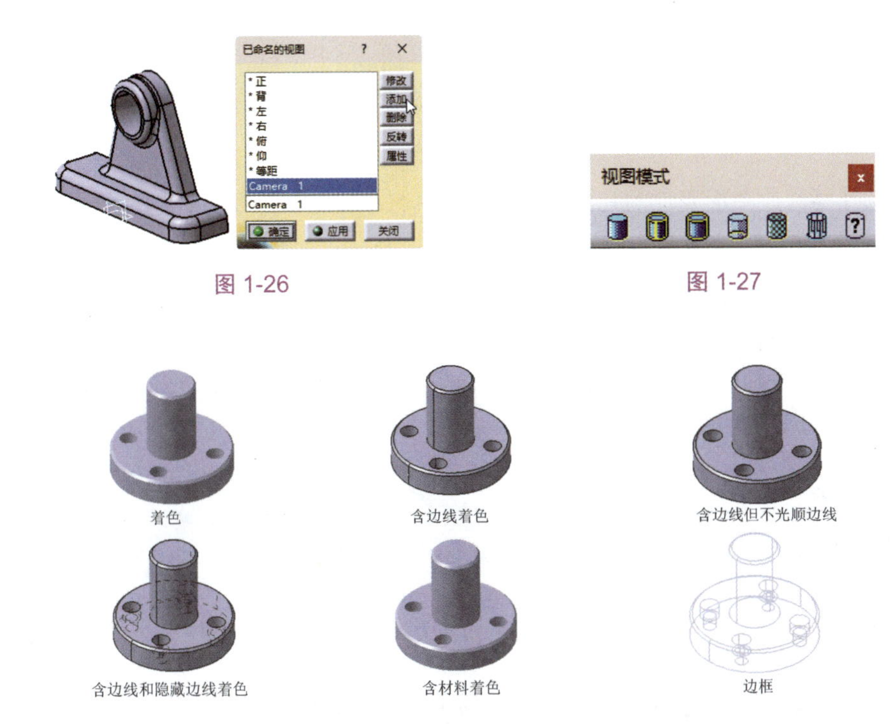

图 1-26

图 1-27

图 1-28

单击【自定义视图参数】按钮，弹出【视图模式自定义】对话框，如图 1-29 所示。在此对话框中可以对视图的边线和点等进行详细的设置。

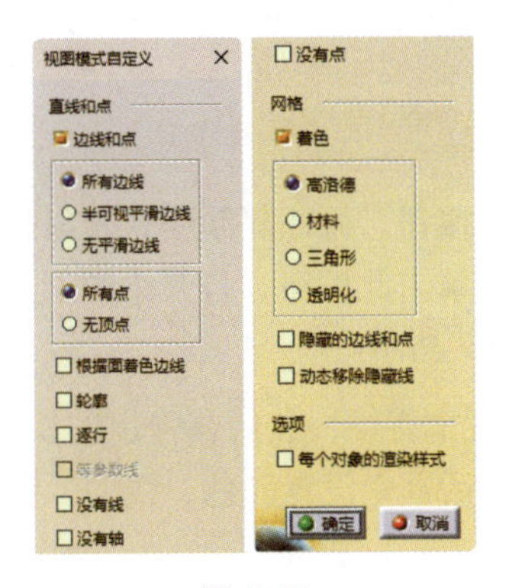

图 1-29

1.2.4　修改图形属性

用于修改图形属性的工具栏如图 1-30 所示。

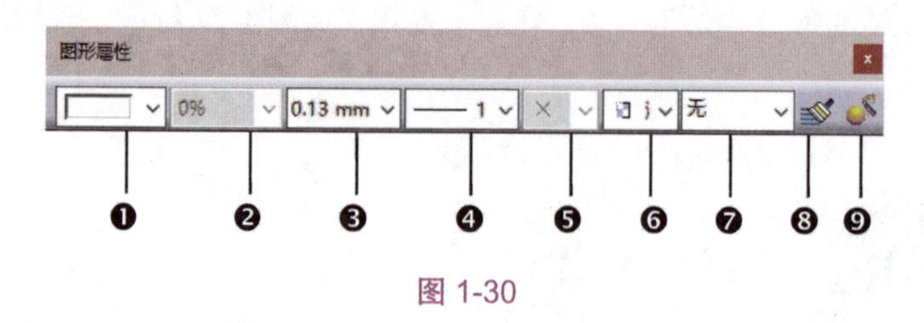

图 1-30

选择要修改图形属性的几何对象，在工具栏中设置图形属性，然后单击绘图区的空白处即可。

- ❶【修改几何对象颜色】：单击该下拉列表框，从弹出的下拉列表中选择颜色。
- ❷【修改几何对象的透明度】：单击该下拉列表框，从弹出的下拉列表中选择透明度，100% 表示完全不透明。
- ❸【修改几何对象的线宽】：单击该下拉列表框，从弹出的下拉列表中选择线宽。
- ❹【修改几何对象的线型】：单击该下拉列表框，从弹出的下拉列表中选择线型。
- ❺【修改点的样式】：单击该下拉列表框，从弹出的下拉列表中选择点的样式。
- ❻【修改几何对象的着色模式】：单击该下拉列表框，从弹出的下拉列表中选择着色模式。
- ❼【修改几何对象的图层】：单击该下拉列表框，从弹出下拉的列表中选择图层。

> **提示**：如果下拉列表中没有合适的图层，选择【其他层】选项，弹出图 1-31 所示的【已命名的层】对话框，在其中建立新的图层即可。

- ❽【格式刷】：单击此按钮，可以复制格式（属性）到所选对象。
- ❾【图形属性向导】：单击此按钮，打开【图形属性向导】窗口，可以在其中自定义属性，如图 1-32 所示。

也可以在绘图区中右击某个特征，然后在弹出的快捷菜单中选择【属性】命令，打开【属性】对话框，在此对话框中设置颜色、线型、线宽、图层等属性，如图 1-33 所示。

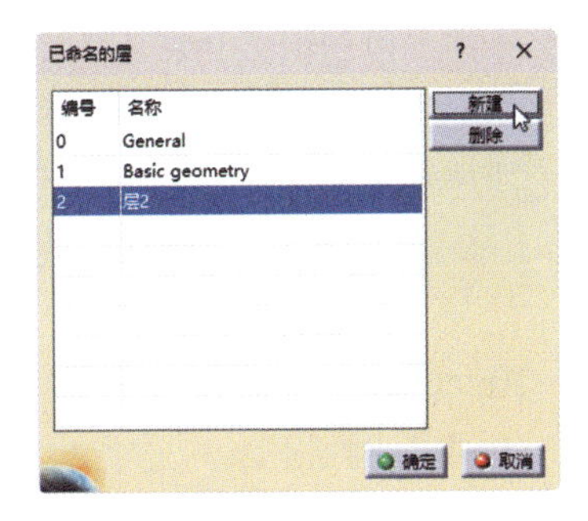

图 1-31

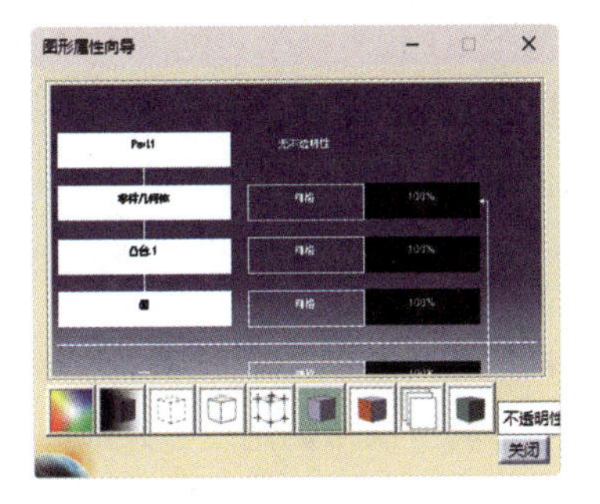

图 1-32

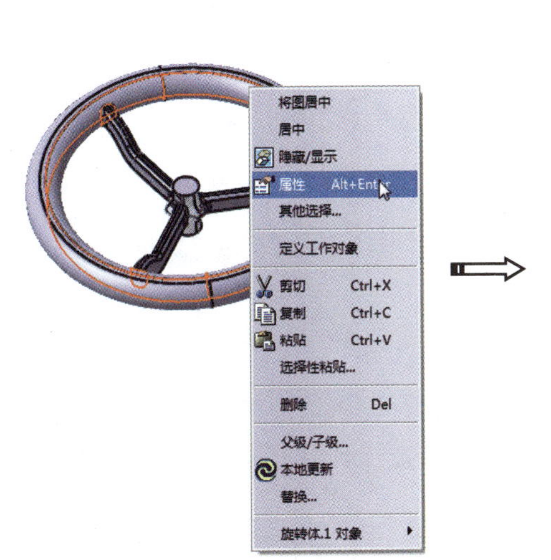

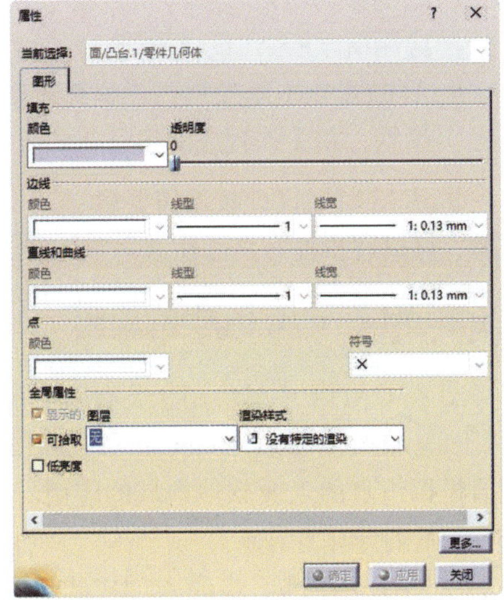

图 1-33

1.3 AI 辅助设计概述

AI 已成为一个热门话题，影响着我们生活的方方面面。从基本的机器学习到复杂的神经网络和深度学习，AI 技术的发展正改变着众多行业的运作方式。

如今，AI 辅助计算机图形设计正逐渐成为现实。许多 AI 工具被集成到 CAD 软件中，以执行自动化常规任务、优化设计流程、辅助决策制定等。

1.3.1 学习 AI 辅助设计应掌握的知识

AI 仅是辅助设计工具，它可以帮助设计师提高设计效率，但并不能完全替代设计师完成设计。学习 AI 辅助设计应掌握的知识如下。

- 熟悉 AI 和机器学习的基本概念，包括数据处理、模型训练和算法选择等，可以通过在线课程、图书等来学习。
- 了解 AI 在设计领域的应用和具体案例，尤其是在建筑设计、工程设计和产品设计领域的应用。可以通过阅读行业报告、参与在线讨论和参与相关工作来了解相关应用。
- 熟练掌握设计工具和软件，例如 CATIA、AutoCAD、Rhino 等。熟练使用这些工具可以帮助用户更好地理解如何整合 AI 到设计流程中。
- 了解和学习集成了 AI 的平台的操作方式。这些平台通常提供教程、文档和实践案例，可帮助用户更好地使用 AI 进行设计。
- 通过参与实际项目（可以是个人项目，也可以是团队项目）或者进行练习来应用所学的 AI 设计技能。
- AI 技术在不断发展，了解其最新的发展方向和技术趋势非常重要。参与行业论坛、相关课程或阅读最新的研究成果可以保持竞争力。

学习 AI 辅助设计技术需要耐心，并保持持续学习的态度。结合理论知识和实践经验，可以逐步提升自己在这个领域的综合素质。

1.3.2　AI 在 CATIA 中的应用

AI 在 CATIA 中的应用主要有以下几个方面。

（1）AI 在 CAE（Computer-Aided Engineering，计算机辅助工程）有限元分析和数值模拟仿真的工业软件领域的应用。这些应用可能受到数据集和维度的限制，并且有大量的计算力需求。

（2）AI 正在进一步融入创成式设计、自适应用户界面和预测分析等技术细节之中。

（3）在 Python 中通过 CATIA Automation 二次开发，实现自动化读取点云数据并建立翼型模型。

（4）CATIA 的全新设计方式，Imaging&Shape 技术使设计师能够快速绘制各种曲线、曲面和形状，以实现高效的创作和方案迭代。

1.3.3　AI 辅助设计工具

近年来，能与 CATIA 结合使用的 AI 辅助设计工具主要如下。

一、AI 大语言模型

当用户在设计过程中需要了解相关设计信息或其他知识时，可以通过与 AI 对话，掌握最新的信息。此类工具中最具代表性的有 ChatGPT、通义千问、文心一言、Bard、Copilot 等，这类 AI 工具也被称为 AI 大语言模型。

除了语言文字交流功能外，部分 AI 大语言模型还具备图像生成功能、视频生成功能、数据分析功能及 PPT 制作功能等。

二、AI 图像生成大模型

AI 图像生成大模型是一种利用 AI 技术，根据文本或其他输入，自动生成逼真的图像的模型。这类模型通常基于深度神经网络（如 Transformer、扩散模型）进行大规模的预训练和微调，以提高图像生成的质量和多样性。

AI 图像生成大模型的应用领域非常广泛，包括游戏制作、动画制作、设计、教育等。它也可以与其他模态（如文本、音频、视频、3D 模型等）的生成模型结合，实现更丰富的创作效果。目前，知名的 AI 图像生成大模型主要有以下几个。

- Midjourney：Midjourney 是一款由 Leap Motion 开发的 AI 图像生成大模型，它可以根据用户输入的文字描述，自动生成逼真的图像。它利用深度学习的技术，如 Transformer 和扩散模型，来进行大规模的预训练和微调，以提高生成的图像的质量和多样性，Midjourney 有很多应用场景，例如游戏、动画、艺术、设计、教育等。它也可以与其他模态的生成模型结合，如文本、音频、视频、3D 模型等，实现更丰富的创作效果。
- DALL-E 3：由 OpenAI 公司开发，能够根据文本描述生成相应的图像。DALL-E 3 有很多应用场景，例如游戏、动画、艺术、设计、教育等。它也可以与其他模态的生成模型（如文本、音频、视频、3D 模型）结合，实现更丰富的创作效果。
- Imagen：由谷歌开发，基于 Transformer 模型，能够利用预训练语言模型中的知识从文本生成图像。
- Stable Diffusion：由慕尼黑大学的 CompVis 小组开发，基于潜在扩散模型，能够通过在潜在表示空间中迭代去噪来生成图像。
- 通义万相：由阿里云开发的 AI 图像生成大模型，它可以根据用户输入的文字内容生成符合语义描述的不同风格的图像，或者根据用户输入的图像生成其他用途的图像。
- 文心一格：文心一格是百度依托飞桨、文心大模型的技术创新推出的 AI 艺术和创意辅助平台，该平台定位为面向有设计需求和创意的人群，基于文心大模型智能生成多样化 AI 创意图片，辅助创意设计，突破创意瓶颈。

第 2 章 CATIA 草图绘制

本章主要讲解 CATIA 草图绘制，包括草图工作台、基本绘图命令、图形编辑，以及几何约束、尺寸约束的添加等内容。

2.1 草图工作台

草图工作台是 CATIA 中进行草图绘制的专业模块，可与其他模块配合进行 3D 模型的绘制。

2.1.1 进入草图工作台

CATIA V5-6R2020 中有 3 种进入草图工作台（也称为“草图环境”或“草图模式”）的方式。

一、在零件设计模式中进入草图工作台

在零件设计模式下，在菜单栏中执行【插入】/【草图模式】/【草图】命令，或者在【草图模式】工具栏中单击【草图】按钮，选择一个草图平面后可进入草图工作台。草图工作台如图 2-1 所示。

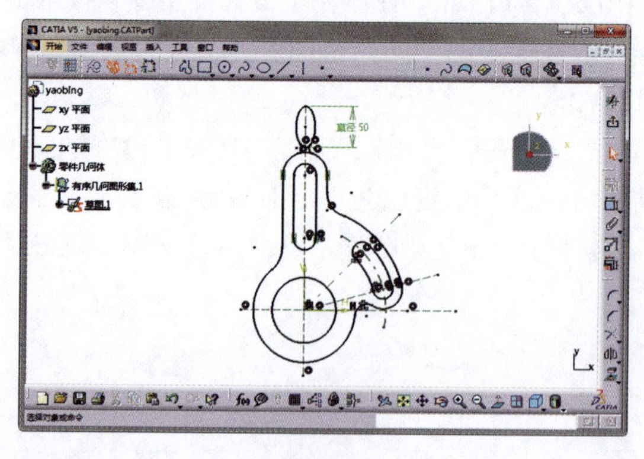

图 2-1

二、以“基于草图的特征”方式进入草图工作台

当利用 CATIA 的基本特征命令（如凸台、旋转体等）创建特征时，可以通过对

话框的草图平面定义进入草图工作台，如图 2-2 所示。

三、通过新建草图文件进入草图工作台

在菜单栏中执行【开始】/【机械设计】/【草图模式】命令，打开【新建零件】对话框，单击【确定】按钮，进入草图环境，接着选择草图平面，进入草图工作台，如图 2-3 所示。

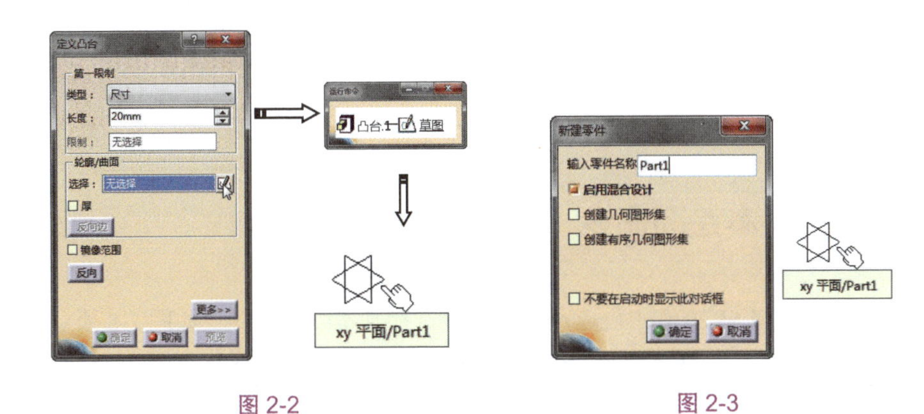

图 2-2　　　　图 2-3

2.1.2 草图绘制工具

在草图工作台中,【草图工具】【轮廓】【约束】【操作】工具栏很常用。工具栏中显示了常用的工具按钮，单击工具按钮右下角的三角形按钮，可以展开下一级工具栏。

一、【草图工具】工具栏

【草图工具】工具栏如图 2-4 所示，该工具栏中包含网格、点对齐、构造 / 标准元素、几何约束和尺寸约束 5 个常用的工具按钮。该工具栏中显示的内容因执行的命令不同而不同。

二、【轮廓】工具栏

【轮廓】工具栏如图 2-5 所示，该工具栏中包含点、线、曲线、预定义轮廓线等工具按钮。

图 2-4　　　　图 2-5

三、【约束】工具栏

【约束】工具栏如图 2-6 所示，使用该工具栏中的工具按钮可对点、线等几何元

素进行约束。

四、【操作】工具栏

【操作】工具栏如图 2-7 所示，使用该工具栏中的工具按钮可对绘制的轮廓曲线进行编辑。

图 2-6　　　　图 2-7

2.2　基本绘图命令

在 CAITA V5-6R2020 中可以从菜单栏中选择基本绘图命令，如图 2-8 所示；也可以通过在【轮廓】工具栏中单击工具按钮来执行基本绘图命令，如图 2-9 所示。

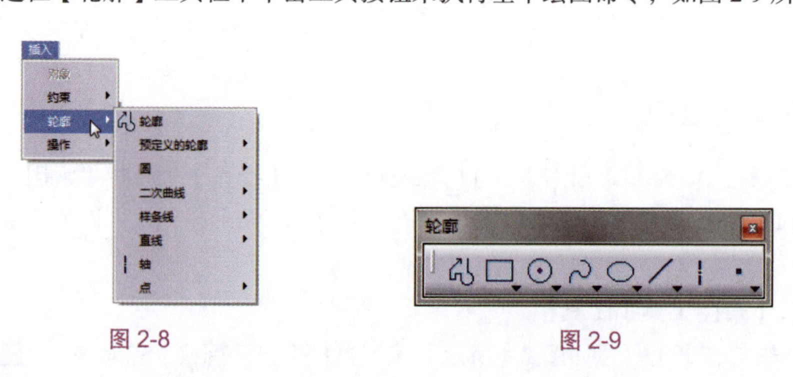

图 2-8　　　　图 2-9

提示：要想重复（连续）执行某个绘图命令，需先双击此命令。

2.2.1　绘制轮廓线

要绘制由若干线段和圆弧组成的轮廓线，可以单击【轮廓】按钮。单击后命令提示栏显示“单击或选择轮廓的起点”提示信息，【草图工具】工具栏中增加轮廓线起点文本框，如图 2-10 所示。

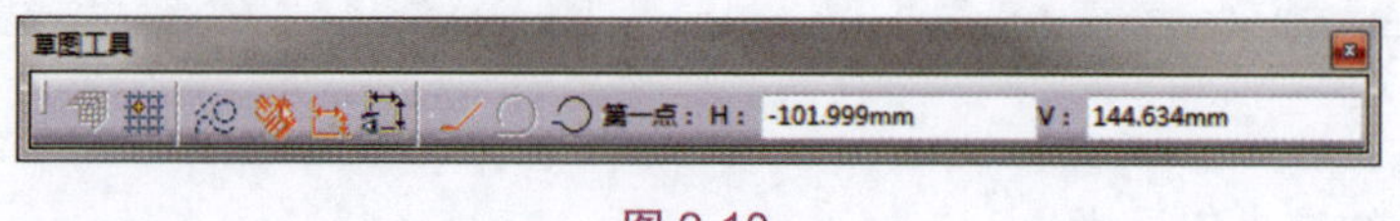

图 2-10

工具栏中提供了 3 种轮廓绘制方法，具体如下。

一、直线

1. 单击【轮廓】按钮，【草图工具】工具栏中的【直线】按钮被自动选中。
2. 在绘图区中指定起点，依次绘制连续的线段，如图 2-11 所示。

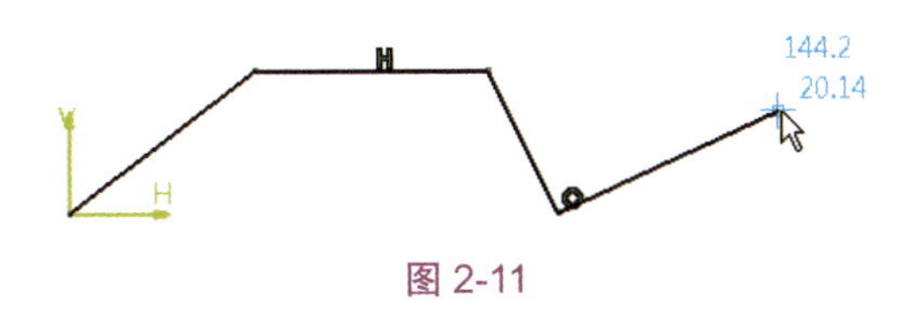

图 2-11

二、相切弧

1. 绘制一条线段。
2. 单击【相切弧】按钮，从线段终点开始绘制相切圆弧，如图 2-12 所示。

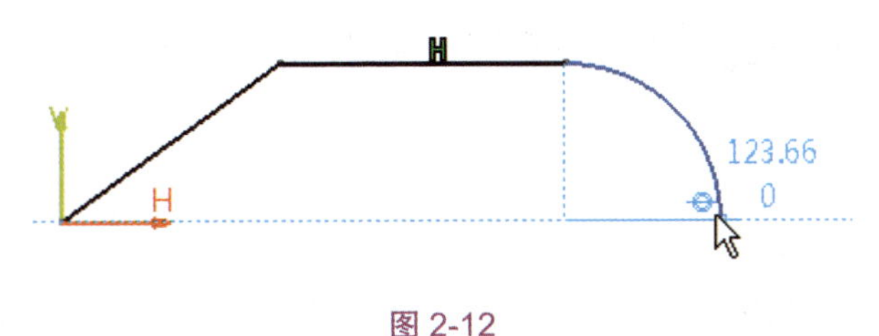

图 2-12

提示： 图 2-12 中，无论用户怎样拖动圆弧端点，此圆弧始终与线段相切。

3. 通过拖动相切弧的端点，确定相切弧的长度、半径和圆心位置。也可以在【草图工具】工具栏的文本框中输入 H 值、V 值和 R 值，以锁定圆弧。

三、三点弧

1. 绘制一条相切弧或线段。
2. 单击【三点弧】按钮，指定前一线段的终点作为圆弧的第一点，接着指定第二点和第三点，如图 2-13 所示。

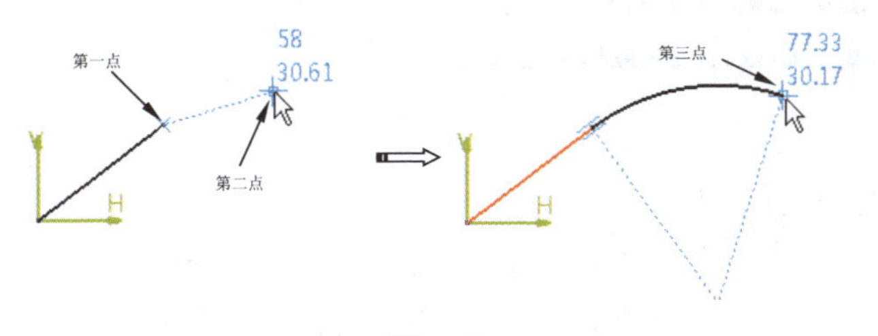

图 2-13

如果按住鼠标左键，从轮廓线的最后一点开始拖出一个矩形，将得到一段圆弧，该圆弧与前一线段相切，端点在矩形的对角点上，如图 2-14 所示。

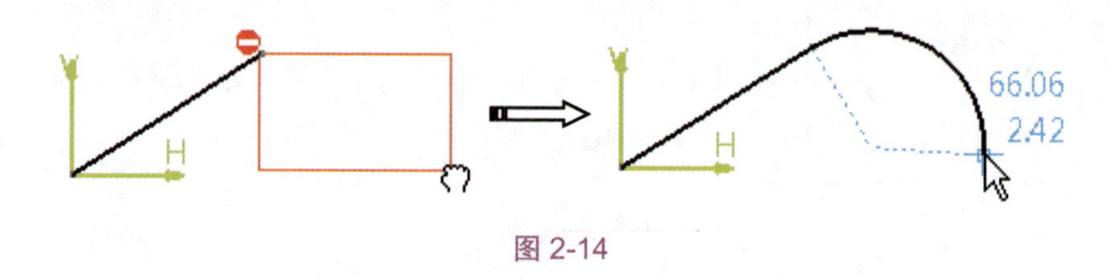

图 2-14

2.2.2　点

点与直线是几何图形中最为基础的元素。本小节讲解点的绘制方法。CATIA 中有 5 种创建点的方法，如图 2-15 所示。

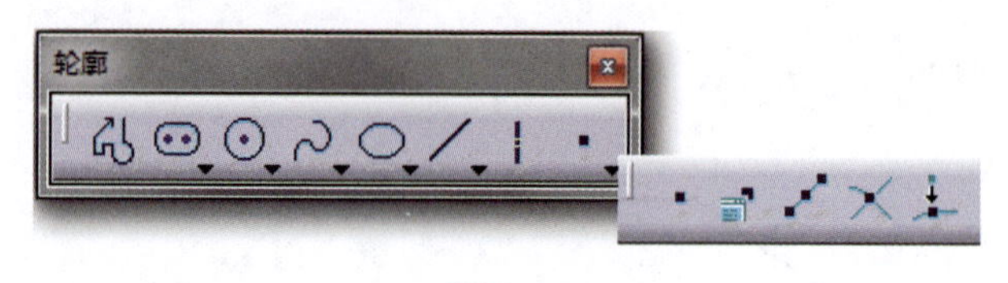

图 2-15

一、通过单击创建点

通过单击来确定点的位置，或者在【草图工具】工具栏的文本框中输入 H 值、V 值来确定点的位置，如图 2-16 所示。

提示： 在 H 值或 V 值的文本框中输入值后，需要按 Enter 键进行确认。对于所创建的点，可以通过【图形属性】工具栏中相应的选项设置点的形状，如图 2-17 所示。

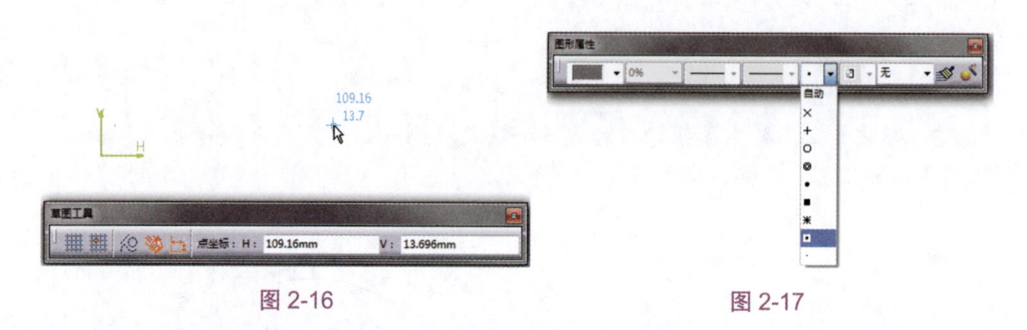

图 2-16　　图 2-17

二、使用坐标创建点

“使用坐标创建点”有两种坐标输入方法：笛卡儿坐标输入和极坐标输入。

1. 单击【使用坐标创建点】按钮，弹出【点定义】对话框。

2. 采用笛卡儿坐标输入方法时，需要输入精确的坐标值，如图 2-18 所示。

3. 采用极坐标输入方法时需要输入半径值和角度，如图 2-19 所示。默认情况下极坐标的中心为 *V* 轴与 *H* 轴的交点。

> **提示：** 如果在【半径】或【角度】文本框中输入负值，将在对称中心的另一侧创建点。

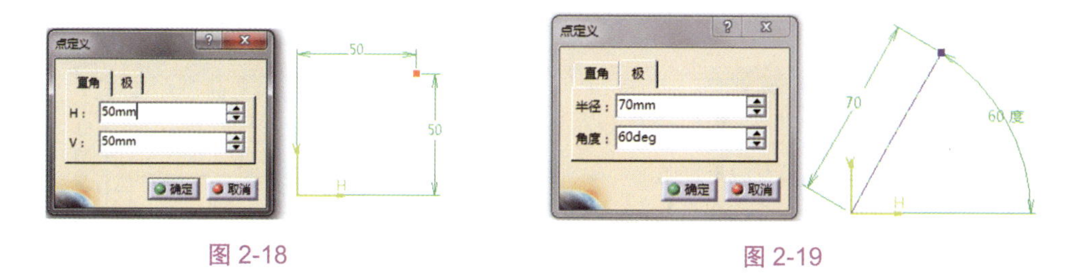

图 2-18　　　　图 2-19

> **提示：** 也可以现有的点作为参考，然后输入精确坐标来创建点。首先以任意方式创建一个点，然后在【极】选项卡中输入极坐标，如图 2-20 所示。

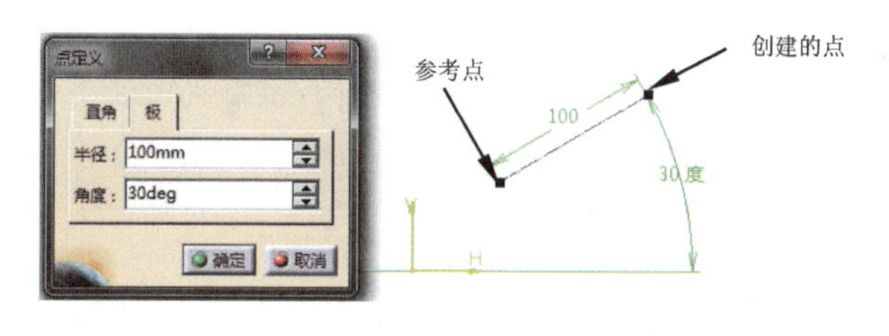

图 2-20

三、等距点

等距点是指在曲线上的距离相等的点。等分的距离取决于所选曲线的长度。

1. 选择曲线，然后单击【等距点】按钮，弹出【等距点定义】对话框，默认的等距点创建方式为【点和长度】，如图 2-21 所示。

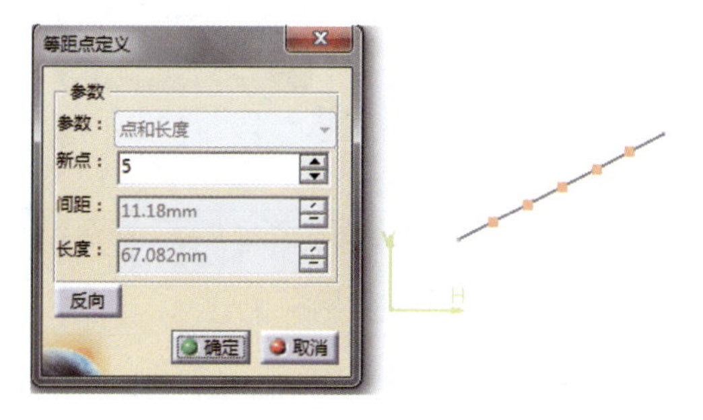

图 2-21

2. 在对话框的【新点】文本框中输入点的个数，单击【确定】按钮创建等距点。

> **提示：** 也可以先单击【等距点】按钮，然后选择要等分的曲线，这样也会弹出【等距点定义】对话框。

在选择曲线时，如果单击曲线的中间部分，将只能设置点的个数，其他选项显示为灰色（即不可用状态）；在曲线的起点或终点上单击，【等距点定义】对话框中的部分选项变为可用状态，如图 2-22 所示。

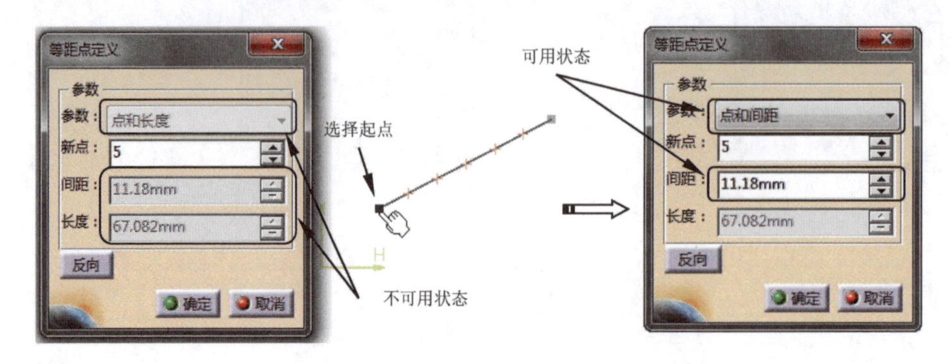

图 2-22

将等距点的创建方式设置为【点和间距】时，可输入点的个数和点的间距，如图 2-23 所示。

提示：创建的点可以超出所选曲线。

将等距点的创建方式设置为【间距和长度】时，可输入点的间距和曲线长度，如图 2-24 所示。

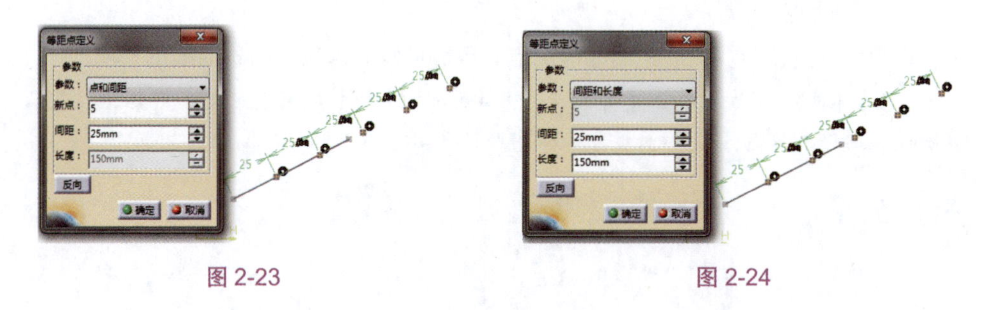

图 2-23　　图 2-24

提示：所选的参考曲线仅作为点位置和方向的参考，并不能控制所有点连接起来的总长度。也就是说，点连接起来的总长度与参考曲线无关。

四、相交点

可通过指定两条相交的线段来创建交点。

1. 绘制两条相交的线段。

2. 单击【相交点】按钮，然后选择两条相交的线段。程序将自动生成相交点，同时交点位置显示“相合”约束符号，如图 2-25 所示。

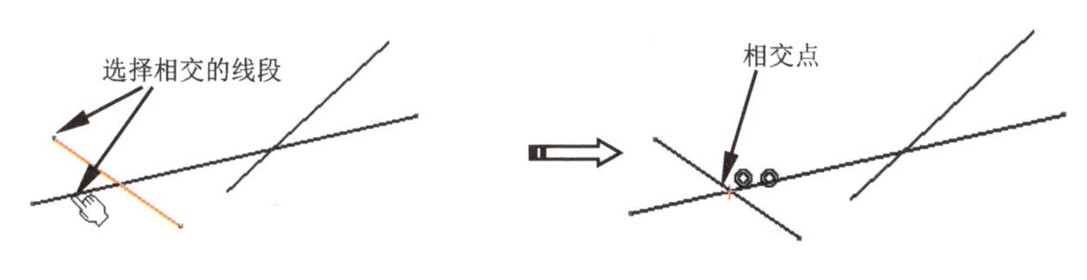

图 2-25

提示： 一次只能选择两条相交的线段。

五、投影点

可通过将选定的点投影到指定的线段上来创建投影点。

1. 绘制一条线段。
2. 在线段一侧绘制几个点。
3. 按住 Ctrl 键选取要投影的点，然后单击【投影点】按钮。
4. 选择要投影到的线段，随后程序自动将点投影到所选的线段上，如图 2-26 所示。

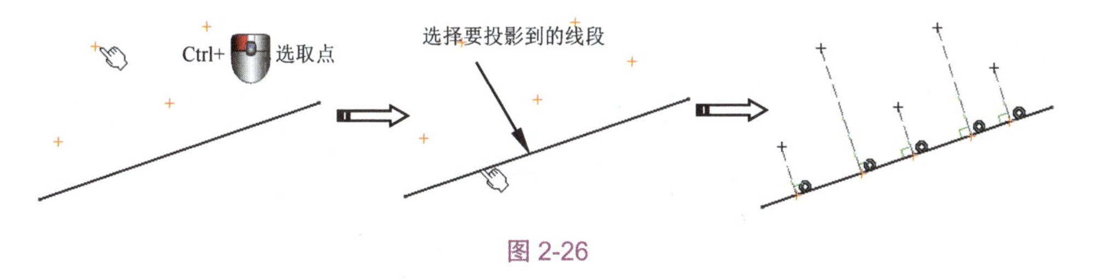

图 2-26

提示： 如果不需要显示约束符号，可以在【草图工具】工具栏中单击【几何约束】按钮。

2.2.3 直线、轴

在【轮廓】工具栏中有 6 种定义直线和轴的方式，如图 2-27 所示。

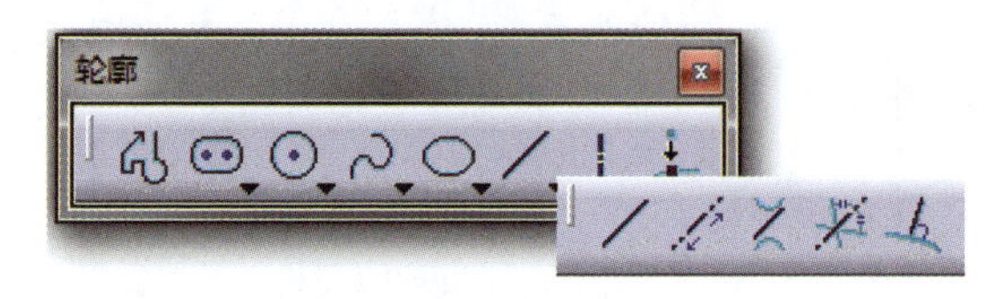

图 2-27

一、直线

单击【直线】工具栏中的【直线】按钮，【草图工具】工具栏中会显示起点参数文本框，如图 2-28 所示。

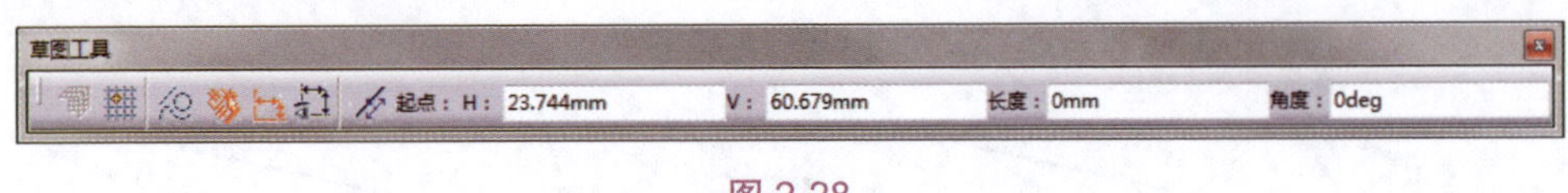

图 2-28

提示： 只有设置完起点，【草图工具】工具栏中才会显示终点的设置。

用户可以在绘图区的任意位置创建线段，也可以通过输入坐标来绘制线段，如图 2-29 所示。

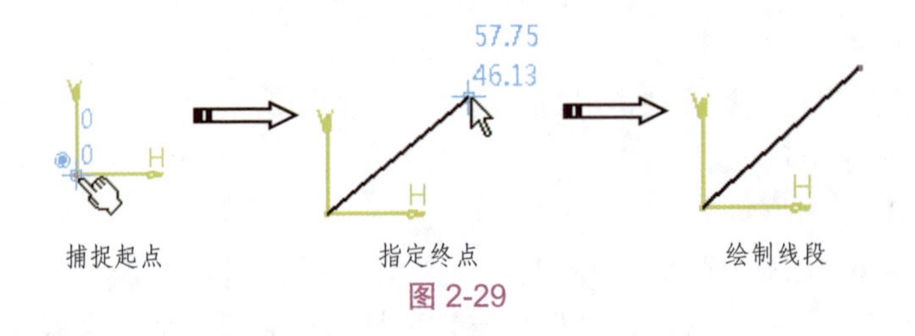

图 2-29

二、无限长线

无限长线就是没有起点和终点的直线。无限长线可以是水平的、竖直的或通过两点的。

1. 单击【无限长线】按钮后，【草图工具】工具栏如图 2-30 所示。

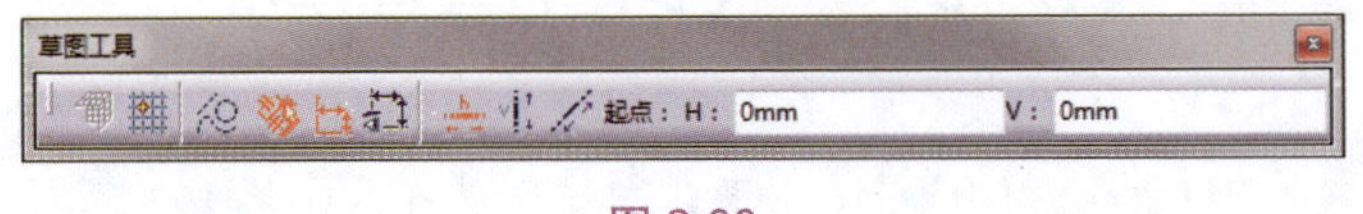

图 2-30

2. 【草图工具】工具栏中的 H 值、V 值为无限长线通过的点的坐标值。默认情况下将绘制水平的无限长线。

3. 在【草图工具】工具栏中单击【竖直线】按钮，绘制竖直的无限长线，如图 2-31 所示。

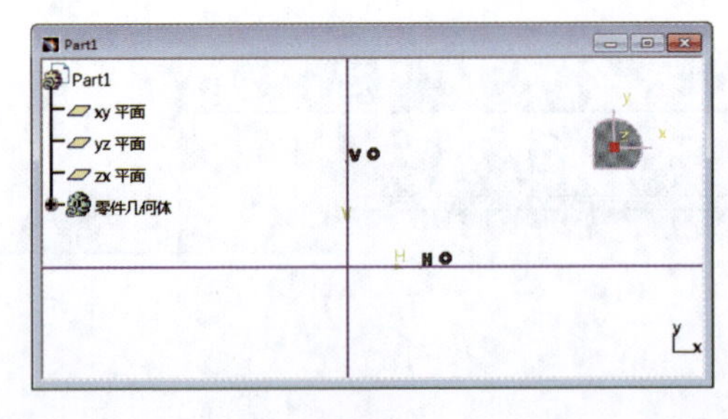

图 2-31

4. 在【草图工具】工具栏中单击【通过两点的直线】按钮，选择两个参考点以确定无限长线的位置和方向，如图 2-32 所示。

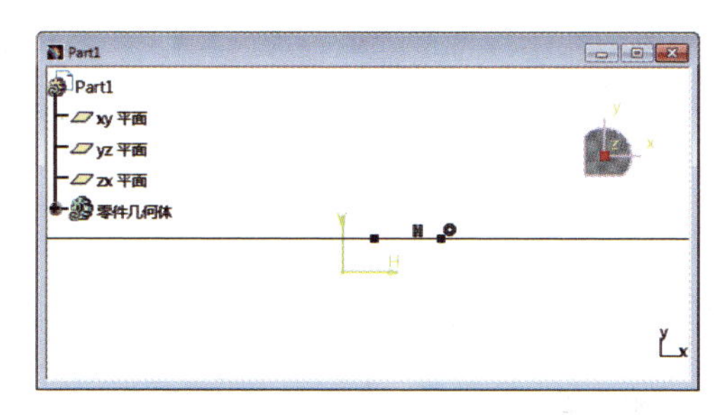

图 2-32

三、双切线

单击【双切线】按钮，可以绘制与两个圆或圆弧同时相切的线段，如图 2-33 所示。

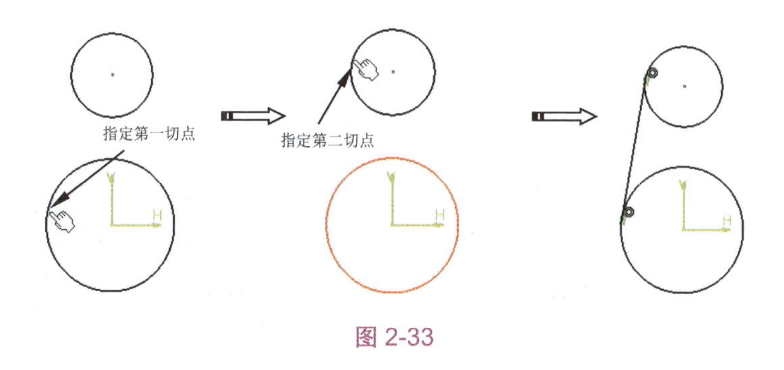

图 2-33

> **提示：** 单击位置即线段与圆或圆弧相切的位置。如果将第二切点指定在圆的右侧，绘制的双切线如图 2-34 所示。

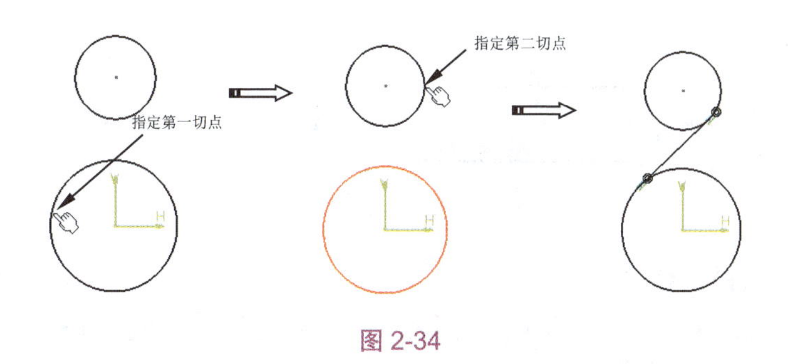

图 2-34

四、角平分线

可以通过单击两条线段上的两点来创建角平分线。两条线段可以是相交的，也可以是平行的。

绘制过程如下。

1. 单击【角平分线】按钮。
2. 选择线段 1。
3. 选择线段 2。CATIA 将自动创建两条线段的角平分线，如图 2-35 所示。

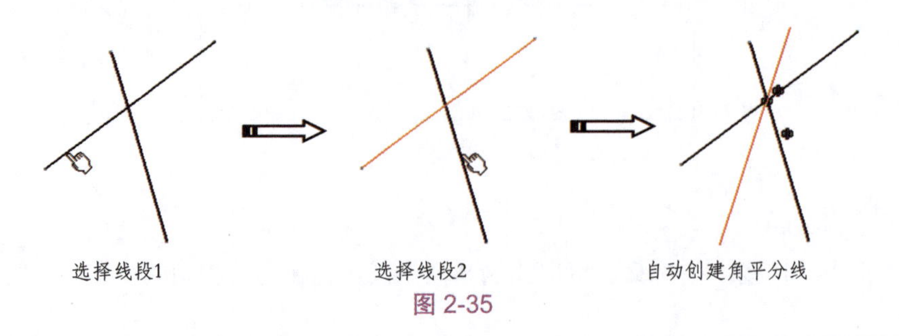

图 2-35

> **提示：** 单击不同的位置，会得到不同的结果。如对于图 2-35 中的两条相交的线段，总共有两条角平分线。另一条角平分线由单击的位置确定，如图 2-36 所示。

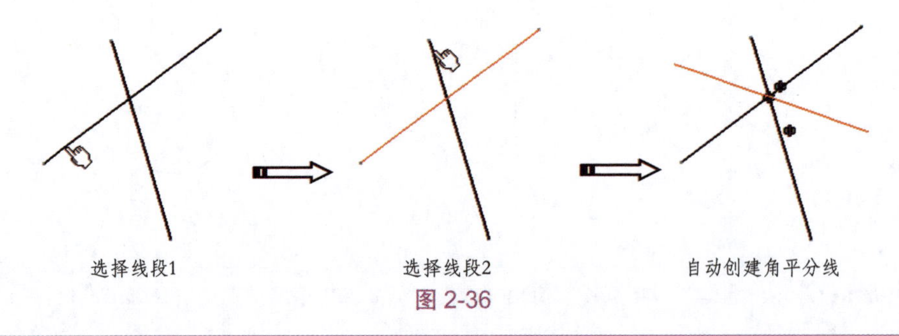

图 2-36

> **提示：** 如果选定的两条线段平行，将在这两条线段之间创建一条新线段，如图 2-37 所示。

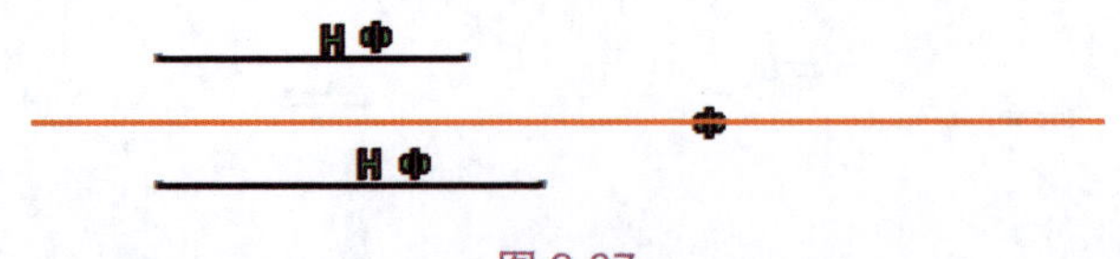

图 2-37

五、曲线的法线

创建曲线的法线是指在指定曲线的指定点上创建与该点垂直的线段。线段的长度，可以通过拖动线段控制，也可以通过指定线段终止的参考点确定。

创建曲线的法线的过程如下。

1. 单击【曲线的法线】按钮。
2. 确定法线的起点。
3. 指定参考点以确定法线的终点。CATIA 将自动创建曲线的法线，如图 2-38 所示。

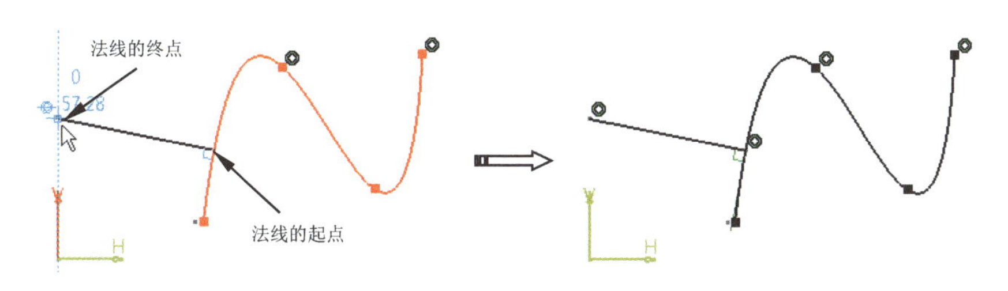

图 2-38

六、创建轴

草图模式中的轴也叫中心线，可作为草图的尺寸基准和定位基准。轴的线型是点画线。

在【轮廓】工具栏中单击【轴】按钮，即可绘制轴。轴的绘制方法与直线的绘制方法相同，这里不重复讲解。绘制轴的参数设置如图 2-39 所示。

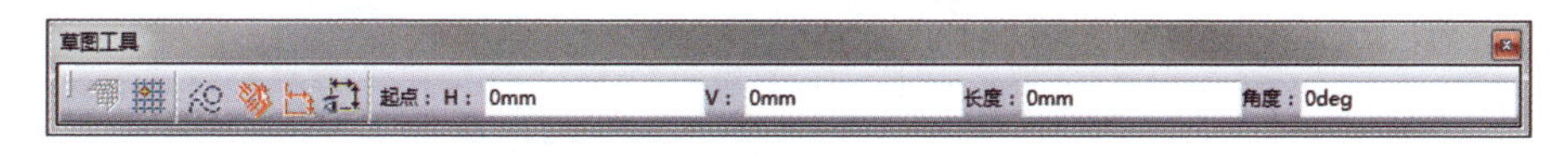

图 2-39

提示：也可以修改直线的属性，将其线型设置为点画线，使直线变成轴（即中心线），如图 2-40 所示。

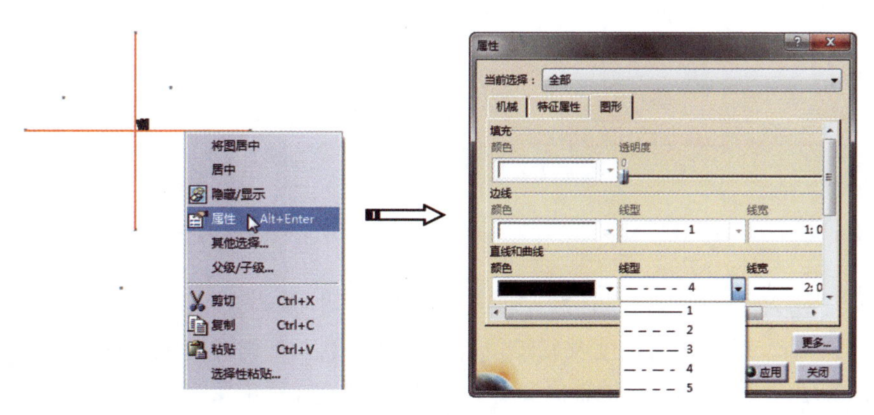

图 2-40

2.2.4 二次曲线

圆、椭圆、抛物线、双曲线和一般二次曲线在数学方程中统称为二次曲线。二次曲线是由截面截取圆锥所形成的截线，二次曲线的形状由截面与圆锥的角度决定。

在 CAITA V5-6R2020 的草图模式下，绘制二次曲线的工具如图 2-41 所示。

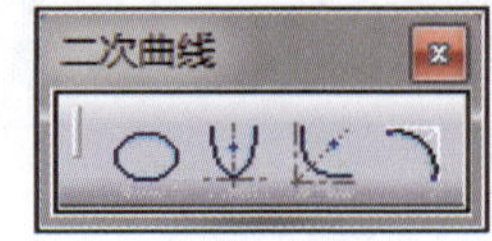

图 2-41

一、椭圆

可通过指定椭圆中心点、长半轴端点、短半轴端点、长轴半径和短轴半径来绘制椭圆。

1. 在【二次曲线】工具栏中单击【椭圆】按钮，【草图工具】工具栏中会显示椭圆的参数选项，如图 2-42 所示。

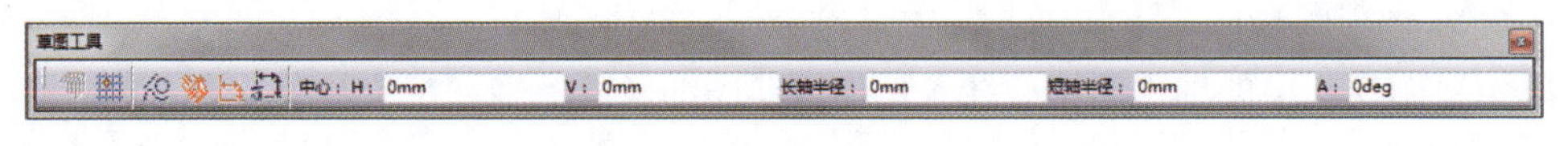

图 2-42

2. H 值、V 值用于精确控制椭圆的中心点、长半轴端点和短半轴端点。设置中心点的 H 值、V 值分别为 0、0，长半轴端点的 H 值、V 值分别为 100、0，短半轴端点的 H 值、V 值分别为 0、50，绘制的椭圆如图 2-43 所示。

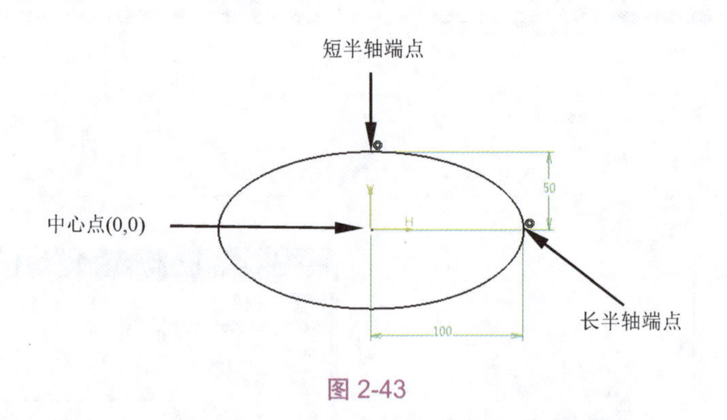

图 2-43

> **提示：** 在文本框中输入值后按 Enter 键确认，然后按 Tab 键切换到下一个文本框。

除了输入中心点、长半轴端点和短半轴端点的坐标来绘制椭圆外，还可以通过输入长半轴、短半轴的长度及旋转角度来绘制椭圆。首先指定坐标系中心点作为椭圆中心点，接着输入长半轴值 60、短半轴值 30、旋转角度 45°，绘制的椭圆如图 2-44 所示。

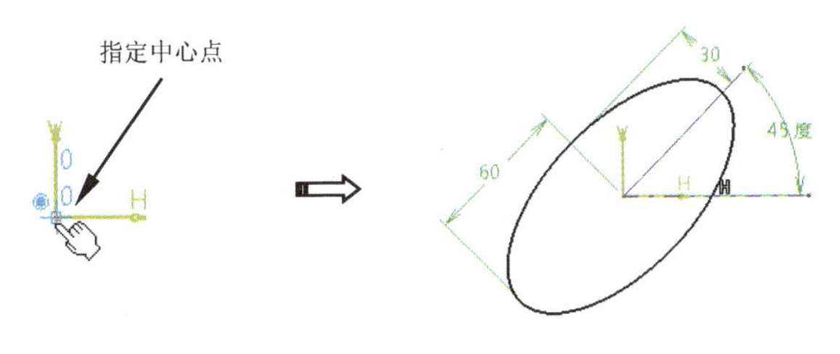

图 2-44

> **提示：** 若要创建任意尺寸的椭圆，可在任意位置单击，然后指定椭圆中心点、长半轴端点及短半轴端点。

二、通过焦点创建抛物线

可以通过指定焦点、顶点及抛物线的两个端点来创建抛物线。

1. 在【二次曲线】工具栏中单击【通过焦点创建抛物线】按钮，弹出【草图工具】工具栏。
2. 在绘图区中指定焦点的位置。
3. 指定顶点的位置，如图 2-45 所示。

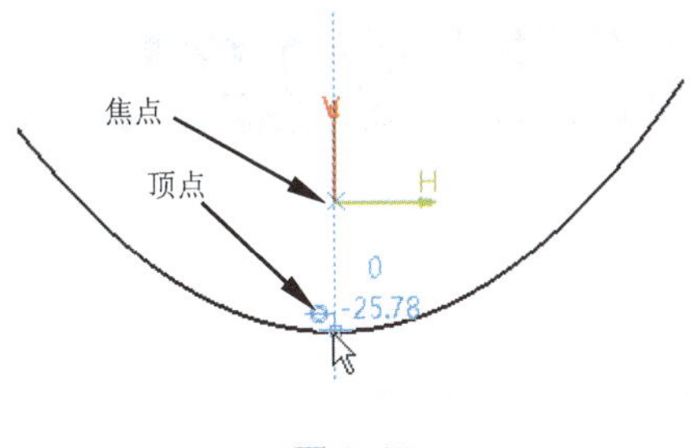

图 2-45

4. 确定抛物线的两个端点，这两个端点决定了抛物线的长度，如图 2-46 所示。

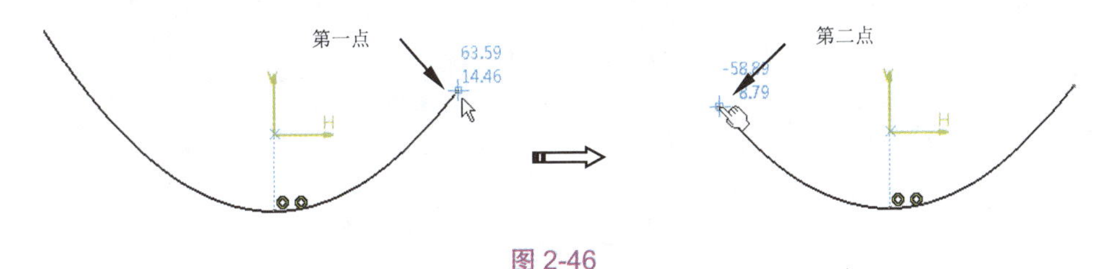

图 2-46

三、通过焦点创建双曲线

要绘制双曲线，需要指定焦点、中心点、顶点及双曲线的两个端点，如图 2-47 所示。

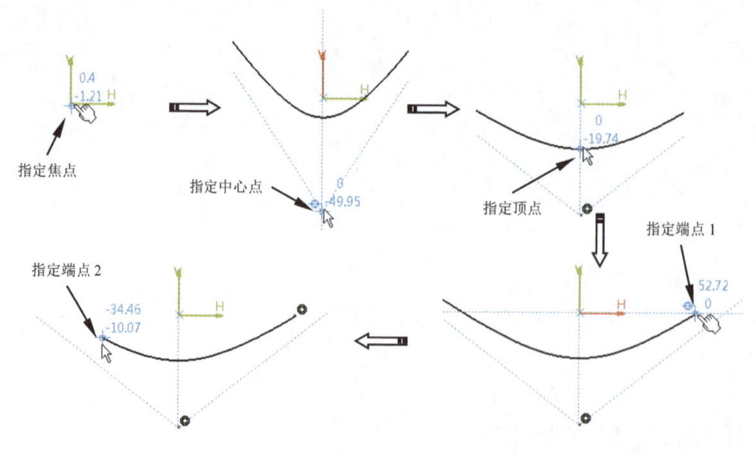

图 2-47

四、二次曲线

单击【二次曲线】按钮，可以看到【草图工具】工具栏提供了绘制一般二次曲线的 4 种创建类型和 2 种定义方式，如图 2-48 所示，可以搭配使用以创建一般二次曲线。

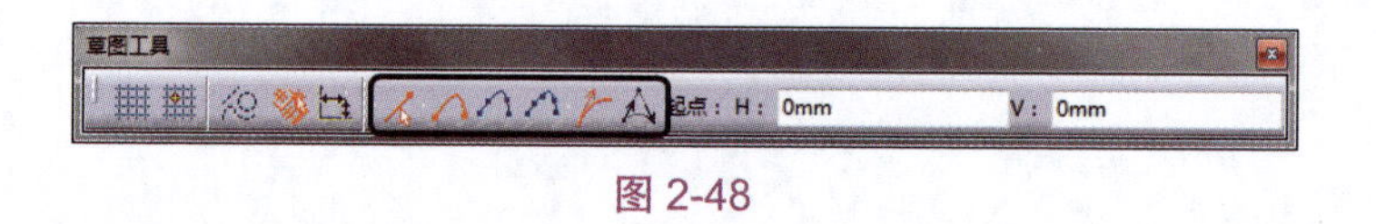

图 2-48

2.2.5　样条线

单击【轮廓】工具栏中【样条线】按钮右下角的下三角按钮，弹出有关样条线的工具按钮，如图 2-49 所示。

一、样条线

可通过指定一系列控制点来创建样条线。

1. 单击【轮廓】工具栏中的【样条线】按钮。

2. 依次在绘图区中指定样条线控制点（或者在【草图工具】工具栏的文本框中输入点的坐标）。

图 2-49

3. 在指定最后一个点时双击，系统会自动创建样条线，如图 2-50 所示。

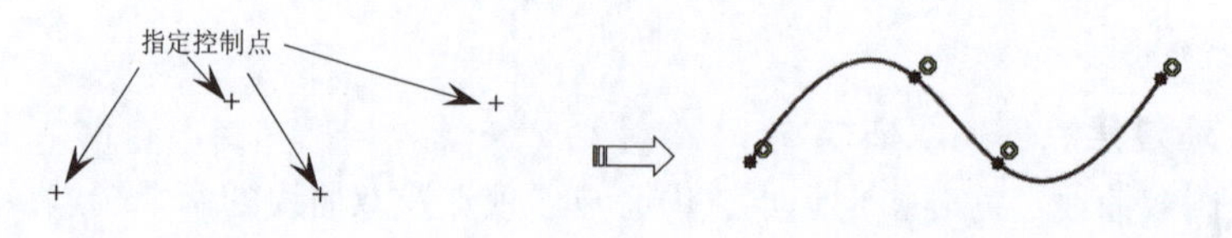

图 2-50

提示: 在创建样条线时，可以通过右击最后一点，在弹出的快捷菜单中选择【封闭样条线】命令创建封闭样条线。

4. 双击样条线，会弹出【样条线定义】对话框，如图 2-51 所示。

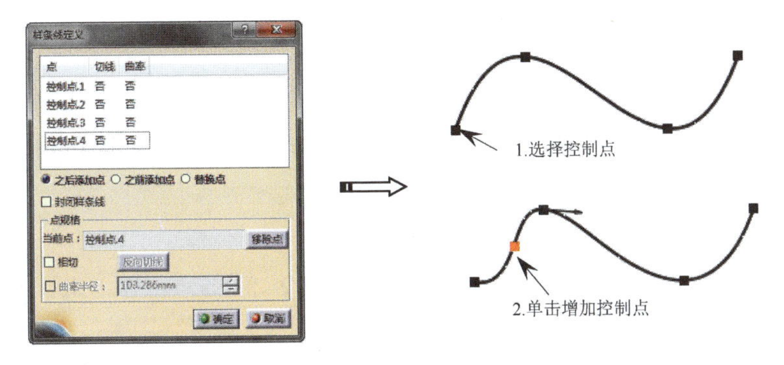

图 2-51

5. 如果要增加控制点，首先选择控制点（如选中“控制点.1”），然后选择要添加点的位置（之后添加点或之前添加点），在绘图区中所需位置单击即可。要删除控制点时，选择要删除的控制点，单击【移除点】按钮即可。

6. 双击需要修改的控制点，弹出【控制点定义】对话框，如图 2-52 所示。在【H】【V】文本框中可以修改控制点的坐标；选中【相切】复选框，可以显示样条线在该点的切线；单击【反向切线】按钮可改变切线方向；选中【曲率半径】复选框，可调整该点处的曲率半径。

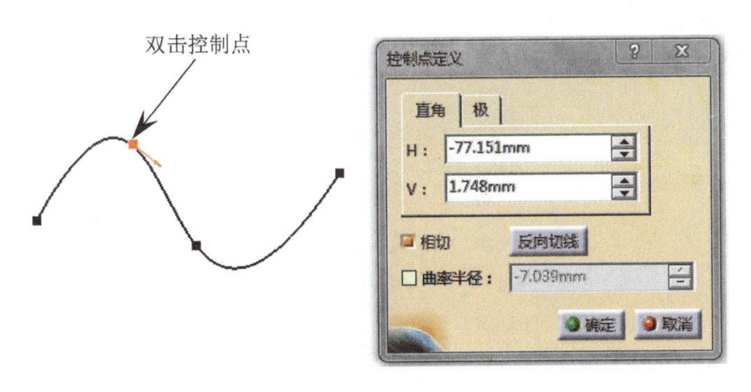

图 2-52

二、连接

连接是指用一条线（圆弧、样条线或直线）连接两条分离的线（直线、圆弧、二次曲线、样条线）。

单击【连接】按钮，【草图工具】工具栏中会显示连接曲线的相关选项，如

图 2-53 所示。

图 2-53

1. 单击【轮廓】工具栏中的【连接】按钮。
2. 在【草图工具】工具栏中单击【相切连续】按钮。
3. 在绘图区中依次选择第一条线和第二条线，系统会自动生成连接样条线，如图 2-54 所示。

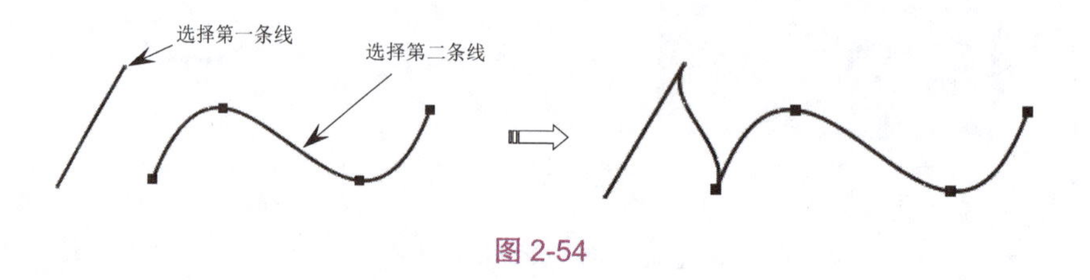

图 2-54

提示：选择对象时选择位置很重要，如果单击控制点，则控制点将作为连接曲线的起点或终点；单击非控制点，则选择就近的端点作为连接点。

2.2.6 圆和圆弧

CAITA V5-6R2020 提供了多种绘制圆和圆弧的方法。单击【轮廓】工具栏中【圆】按钮右下角的三角形按钮，会弹出有关圆和圆弧的工具按钮，如图 2-55 所示。

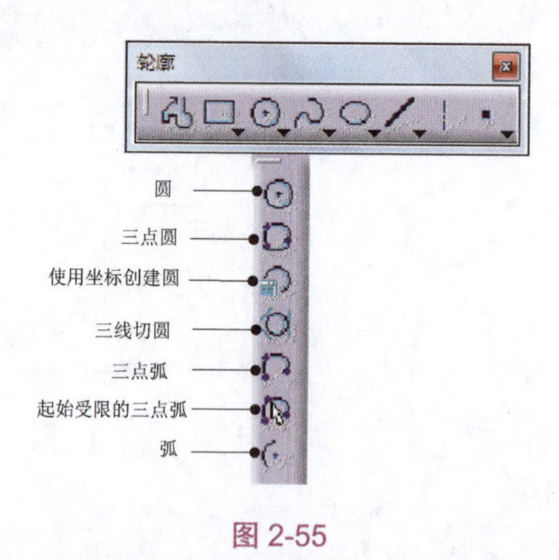

图 2-55

一、圆

可通过指定圆心和半径（或者圆上一点）来创建圆。

1. 单击【轮廓】工具栏中的【圆】按钮。

2. 在绘图区中单击选择一点作为圆心（或者在【草图工具】工具栏的文本框中输入点的坐标）。

3. 移动鼠标指针并在绘图区的适当位置单击选择一点作为圆上的点，系统会自动创建圆，如图 2-56 所示。

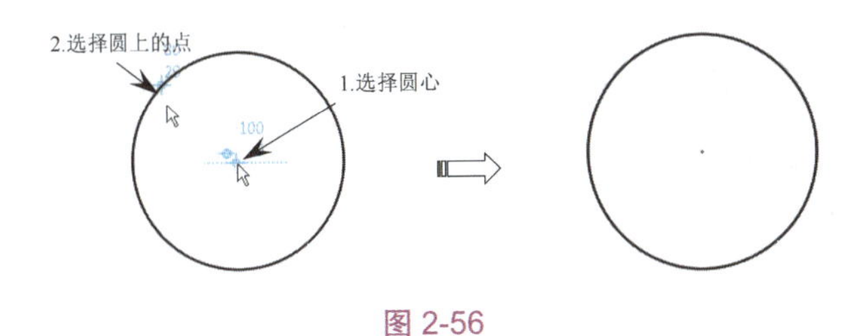

图 2-56

4. 如果需要连续创建多个半径相等的圆，可以复制第一个圆的半径。方法如下：单击【圆】按钮，右击第一个圆，在弹出的快捷菜单中选择【参数】/【复制半径】命令，如图 2-57 所示。

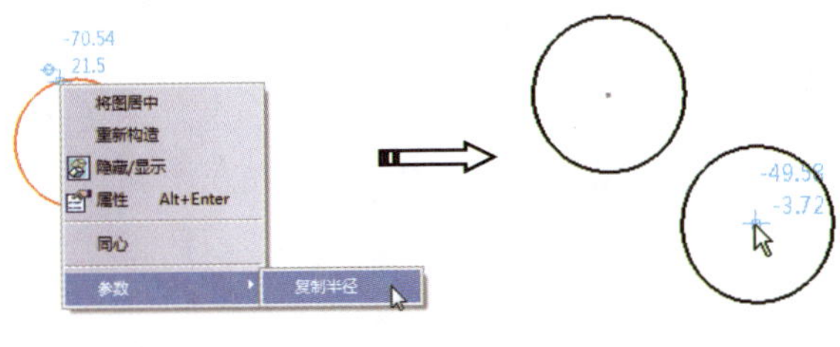

图 2-57

二、三点圆

可通过指定 3 个点创建圆。

1. 单击【轮廓】工具栏中的【三点圆】按钮。

2. 在绘图区中依次选取 3 个点作为圆上的点（或者在【草图工具】工具栏的文本框中输入点的坐标），系统会自动创建圆，如图 2-58 所示。

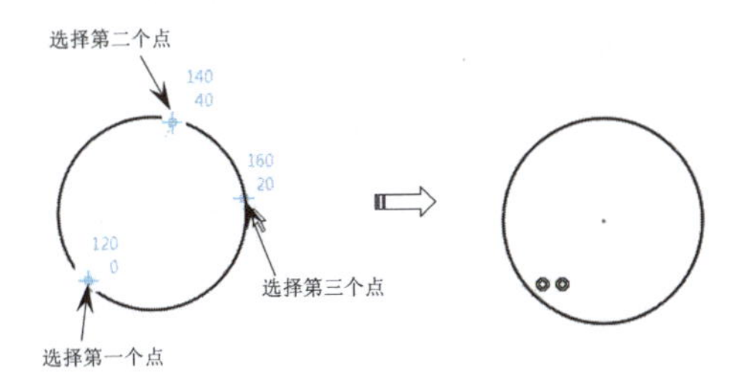

图 2-58

三、使用坐标创建圆

可通过在【圆定义】对话框中定义圆心和半径来创建圆，既可以使用直角坐标，也可以使用极坐标。

1. 单击【轮廓】工具栏中的【使用坐标创建圆】按钮，弹出【圆定义】对话框。
2. 输入圆心坐标（H 值和 V 值）和半径。
3. 单击【确定】按钮，系统会自动创建圆，如图 2-59 所示。

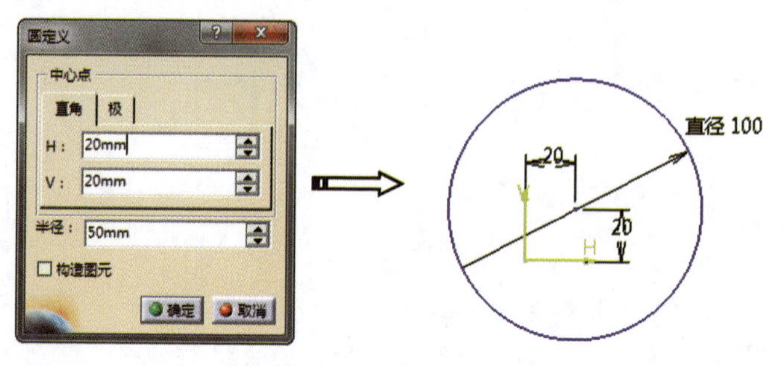

图 2-59

> **提示**：若选中【构造图元】复选框，将创建作为辅助中心线的圆。

四、三线切圆

可通过指定与 3 个已知元素相切来创建圆，已知元素可以是圆、直线、点或者坐标轴。

1. 绘制 3 条相交的线段。
2. 单击【轮廓】工具栏中的【三线切圆】按钮。
3. 依次在绘图区中选择 3 条线段，系统会自动创建圆，如图 2-60 所示。

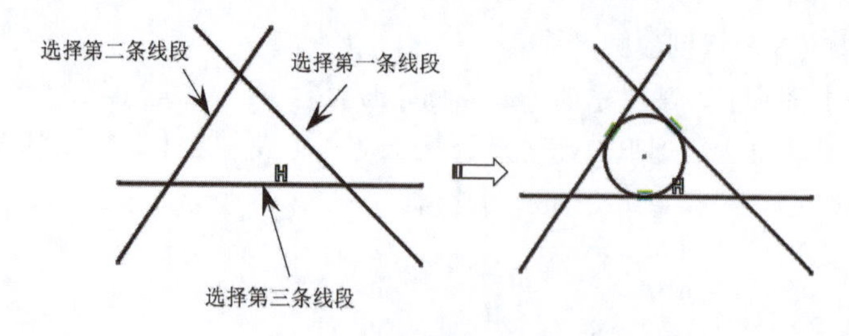

图 2-60

当选择的元素为点时，实际上是圆过点。如果选择的 3 个元素都是点则为三点圆。

五、三点弧

可通过依次定义弧的起点、圆弧上的点和终点来创建圆弧。

1. 在绘图区绘制 3 个点。

2. 单击【轮廓】工具栏中的【三点弧】按钮。

3. 依次在绘图区中选择 3 个点（或者在【草图工具】工具栏的文本框中输入点的坐标）。选择的第一个点为圆弧起点，第二个点为圆弧上的点，第三个点为圆弧终点。系统会自动创建圆弧，如图 2-61 所示。

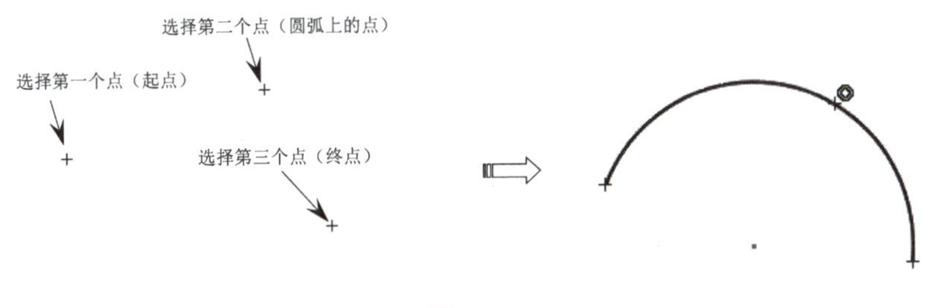

图 2-61

提示： 默认情况下，草图中将出现关联的圆心。用户可以在菜单栏中执行【工具】/【选项】命令，在打开的【选项】对话框中指定是否需要显示圆心。

六、起始受限的三点弧

起始受限的三点弧通过指定 3 个点创建。与三点弧不同的是，在起始受限的三点弧中，第一个点为圆弧起点，第二个点为圆弧终点，第三个点为圆弧上的点。

1. 在绘图区任意绘制 3 个点。

2. 单击【轮廓】工具栏中的【起始受限的三点弧】按钮，

3. 依次在绘图区中选择 3 个点（或者在【草图工具】工具栏的文本框中输入点的坐标），系统会自动创建圆弧，如图 2-62 所示。

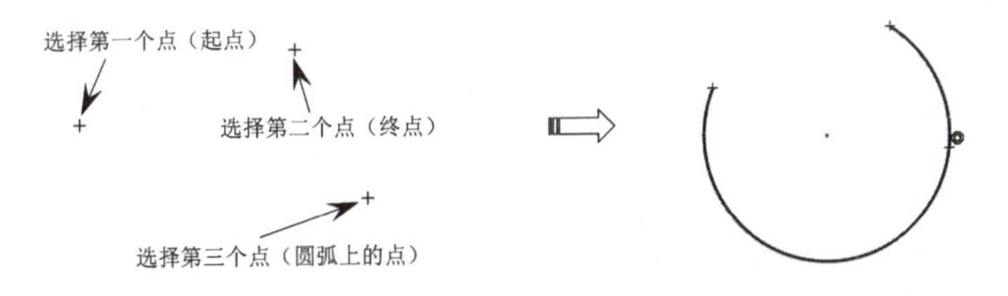

图 2-62

七、弧

可通过指定圆心及起点和终点来创建圆弧。

1. 在绘图区任意绘制 3 个点。

2. 单击【轮廓】工具栏中的【弧】按钮。

3. 依次在绘图区中选择 3 个点（或者在【草图工具】工具栏的文本框中输入点

的坐标），选择的第一个点为圆心，第二个点为圆弧起点，第三个点为圆弧终点。系统会自动创建圆弧，如图 2-63 所示。

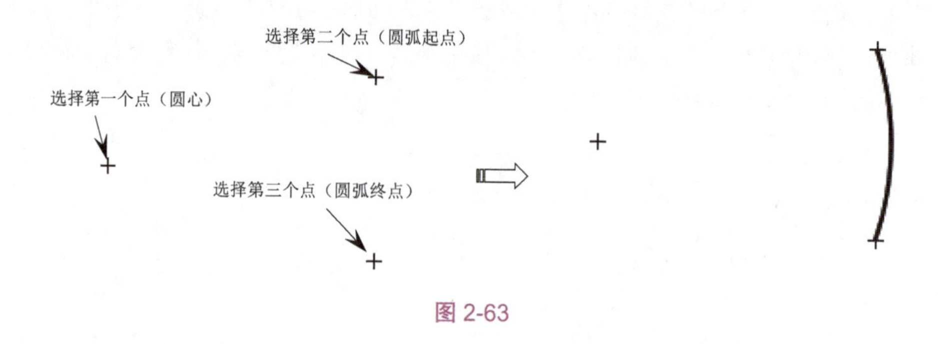

图 2-63

2.2.7　预定义的轮廓

CAITA 草图工作台中提供了用于创建二维草图及精确图形的预定义的轮廓。预定义是指这些图形只能通过定义其各项参数才能创建。【预定义的轮廓】工具栏如图 2-64 所示。

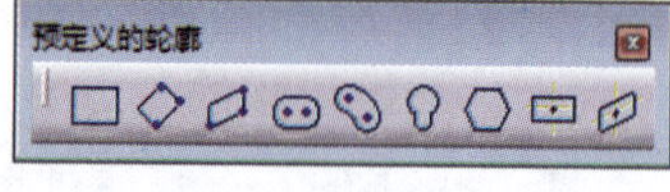

图 2-64

一、矩形

可通过指定两个对角点来绘制与坐标轴平行的矩形。

1. 单击【预定义的轮廓】工具栏中的【矩形】按钮。

2. 在绘图区中单击选择一点作为矩形的一个对角点（或者在【草图工具】工具栏的文本框中输入点的坐标）。

3. 移动鼠标指针并在绘图区的适当位置单击选择另一个对角点（或者在【草图工具】工具栏的文本框中输入点的坐标）。系统将自动创建矩形，如图 2-65 所示。

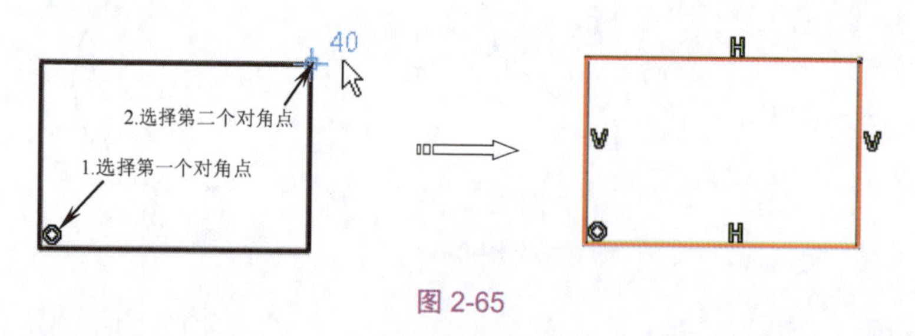

图 2-65

二、斜置矩形

【斜置矩形】命令用于绘制边与横轴成任意角度的矩形，通常需要选择 3 个点。

1. 单击【预定义的轮廓】工具栏中的【斜置矩形】按钮。

2. 在绘图区中单击选择一点作为矩形的一个角点（或者在【草图工具】工具栏

的文本框中输入点的坐标）。

3. 移动鼠标指针并在绘图区的适当位置单击选择一点作为矩形第一条边的终点。

4. 向创建的第一条边的平行侧拖动并单击，系统会自动创建矩形，如图 2-66 所示。

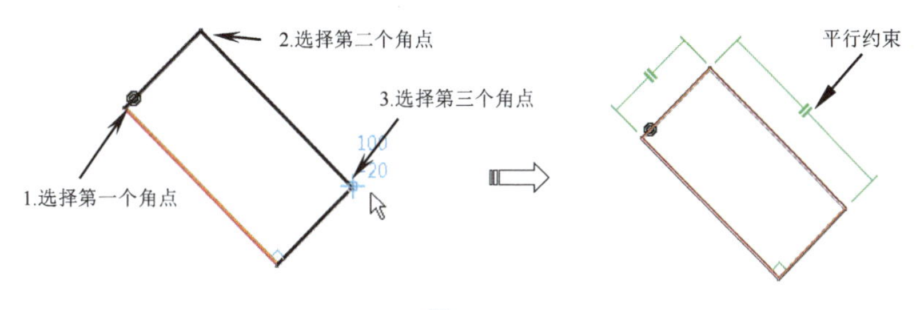

图 2-66

> **提示：**仅当在【草图工具】工具栏中单击【几何约束】按钮后才自动显示约束。

三、平行四边形

可通过确定 3 个顶点来绘制平行四边形。

1. 单击【预定义的轮廓】工具栏中的【平行四边形】按钮。

2. 在绘图区中单击选择一点作为平行四边形的一个顶点。

3. 移动鼠标指针并在绘图区的适当位置单击选择一点作为平行四边形第一条边的终点。

4. 移动鼠标指针并单击，以确定第三个顶点。系统会自动创建平行四边形，如图 2-67 所示。

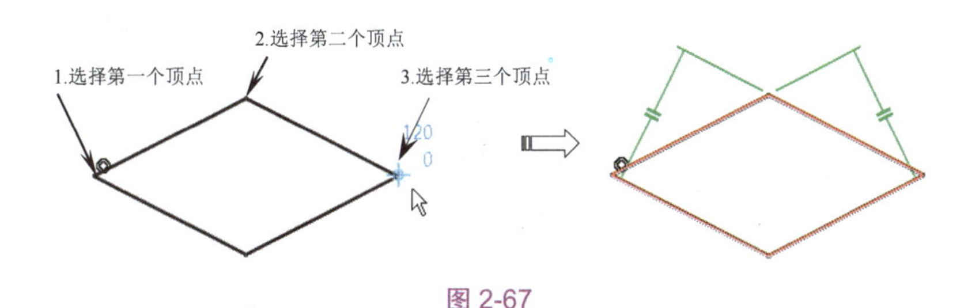

图 2-67

四、延长孔

可通过选择两点定义轴线，然后定义延长孔半径来创建延长孔。

1. 单击【预定义的轮廓】工具栏中的【延长孔】按钮。

2. 在绘图区中单击选择一点作为延长孔轴线的起点（或者在【草图工具】工具栏的文本框中输入点的坐标）。

3. 移动鼠标指针并在绘图区的适当位置单击选择一点作为延长孔轴线的终点。

4. 移动鼠标指针并单击选择一点以确定延长孔的半径。系统会自动创建延长孔，如图 2-68 所示。

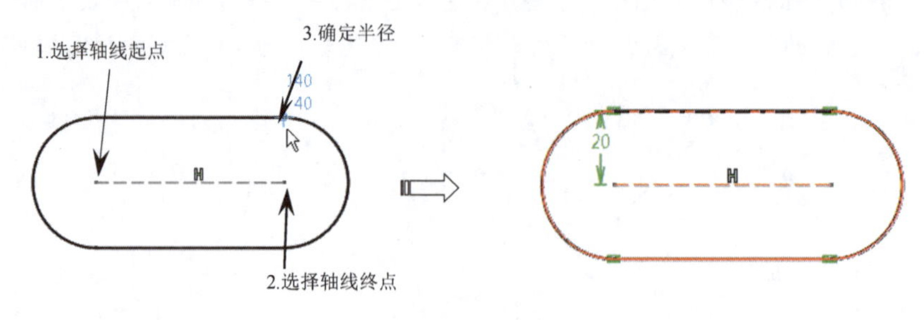

图 2-68

五、圆柱形延长孔

可通过指定圆弧中心线的圆心、起点、终点和圆柱形延长孔的半径来创建圆柱形延长孔。

1. 单击【预定义的轮廓】工具栏中的【圆柱形延长孔】按钮。
2. 在绘图区中单击选择一点作为圆弧中心线的圆心（或者在【草图工具】工具栏的文本框中输入点的坐标）。
3. 移动鼠标指针并在绘图区适当位置单击选择一点作为圆弧中心线的起点。
4. 再次移动鼠标指针并单击选择一点作为圆弧中心线的终点。
5. 移动鼠标指针并单击选择一点以确定圆柱形延长孔的半径。系统会自动创建圆柱形延长孔，如图 2-69 所示。

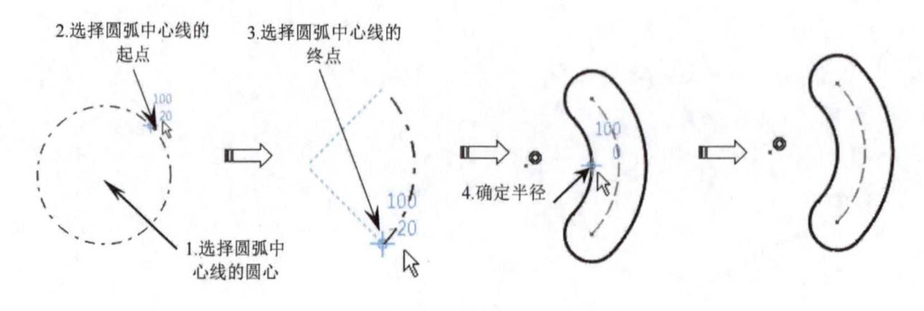

图 2-69

六、钥匙孔轮廓

可通过定义中心轴、小端半径和大端半径来创建钥匙孔轮廓。

1. 单击【预定义的轮廓】工具栏中的【钥匙孔轮廓】按钮。
2. 在绘图区中单击选择一点作为轴线（大端）起点（或者在【草图工具】工具栏的文本框中输入点的坐标）。
3. 移动鼠标指针在绘图区适当位置单击选择一点作为轴线（小端）终点。
4. 移动鼠标指针并单击选择一点以确定小端半径。

5. 再次移动鼠标指针并单击选择一点以确定大端半径。系统会自动创建钥匙孔轮廓，如图 2-70 所示。

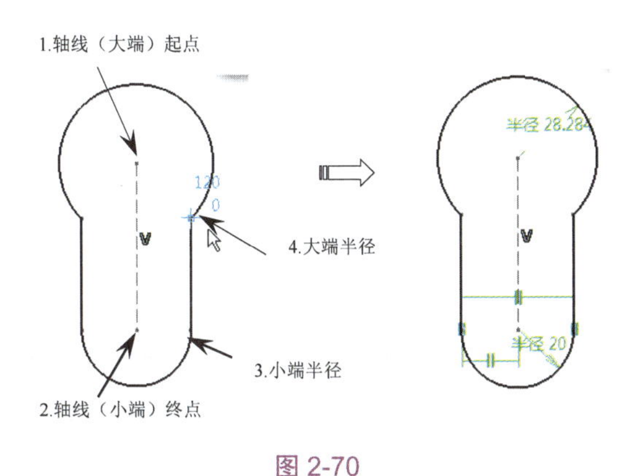

图 2-70

七、六边形

可通过定义中心以及边上一点来创建六边形。

1. 单击【预定义的轮廓】工具栏中的【六边形】按钮。

2. 在绘图区中单击选择一点作为中心（或者在【草图工具】工具栏的文本框中输入点的坐标）。

3. 移动鼠标指针并在绘图区适当位置单击选择一点作为六边形边上的点。系统会自动创建六边形，如图 2-71 所示。

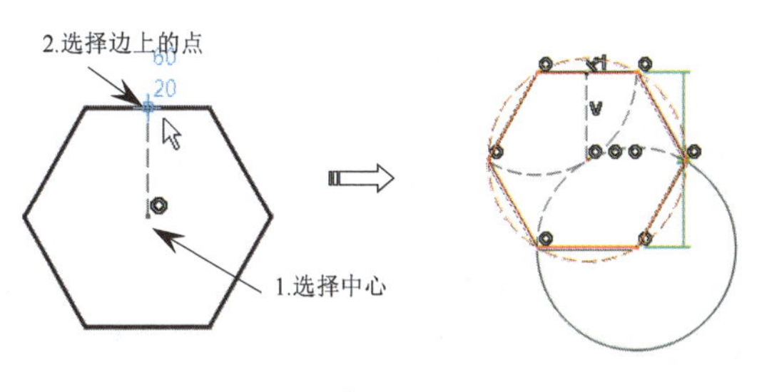

图 2-71

八、居中矩形

可通过定义矩形中心以及矩形的一个顶点来创建矩形。

1. 单击【预定义的轮廓】工具栏中的【居中矩形】按钮。

2. 在绘图区中单击选择一点作为矩形中心（或者在【草图工具】工具栏的文本框中输入点的坐标）。

3. 移动鼠标指针并在绘图区适当位置单击选择一点作为矩形的一个顶点。系统会自动创建矩形，如图 2-72 所示。

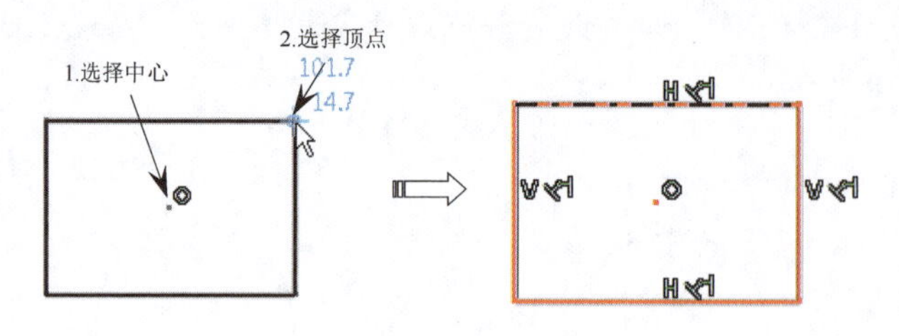

图 2-72

九、居中平行四边形

可通过选择两条相交的线段和一个点来创建平行四边形。

1. 单击【预定义的轮廓】工具栏中的【居中平行四边形】按钮。

2. 在绘图区中依次选择两条相交的线段，线段交点为平行四边形的中心。

3. 移动鼠标指针并在绘图区适当位置单击选择一点作为平行四边形的一个顶点。系统会自动创建平行四边形，如图 2-73 所示。

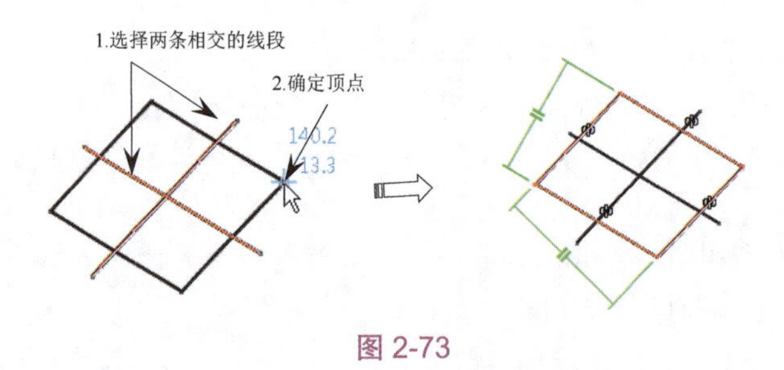

图 2-73

2.3　图形编辑

在菜单栏中执行【插入】/【操作】命令可打开图 2-74 所示的有关图形编辑的菜单，执行其中的命令，或者单击图 2-75 所示的【操作】工具栏中的工具按钮，可编辑所选的图形对象。

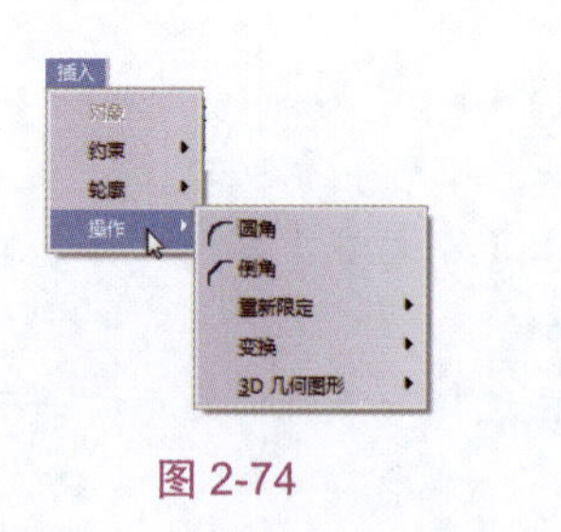

图 2-74

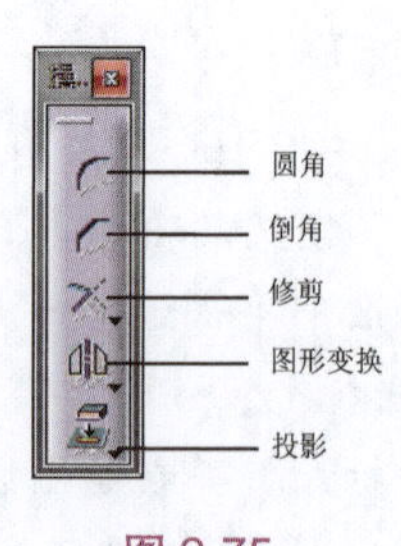

图 2-75

2.3.1 圆角

【圆角】工具用于创建与两个线段或曲线图形对象（在 CATIA 中所有图形对象都称为图元）相切的圆弧。

1. 在绘图区绘制一个矩形。

2. 单击【圆角】按钮，命令提示栏显示“选择第一曲线或公共点”提示信息，【草图工具】工具栏中显示图 2-76 所示的圆角修剪类型。

图 2-76

3. 单击【修剪所有图元】按钮，选择要修剪的第一个图元和第二个图元，指定圆角半径后，系统会自动修剪所选的两个图元，不保留原图元，如图 2-77 所示。

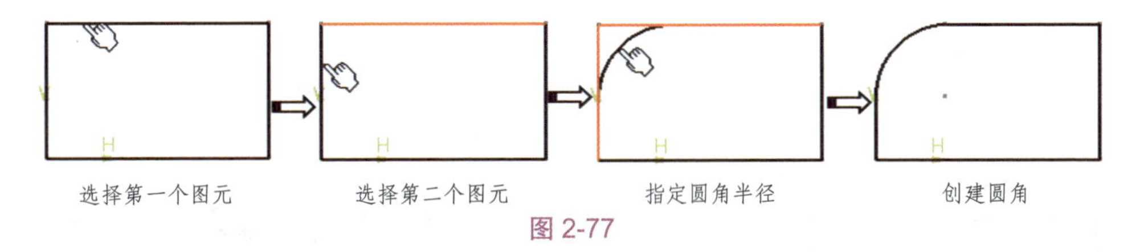

图 2-77

4. 若单击【修剪第一图元】按钮，创建圆角后仅修剪所选的第一个图元，如图 2-78 所示。

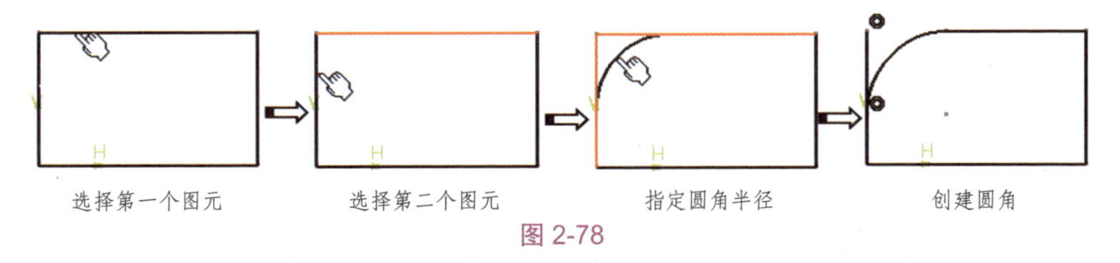

图 2-78

5. 若单击【不修剪】按钮，创建圆角后将不修剪所选图元，如图 2-79 所示。

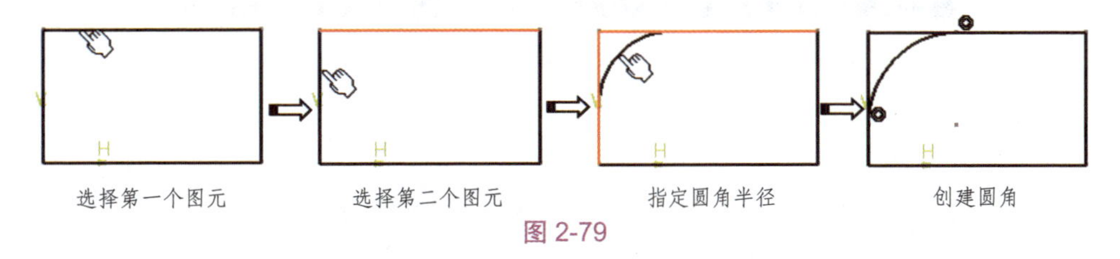

图 2-79

6. 若单击【标准线修剪】按钮，创建圆角后，原本不相交的图元相交，如图 2-80 所示。

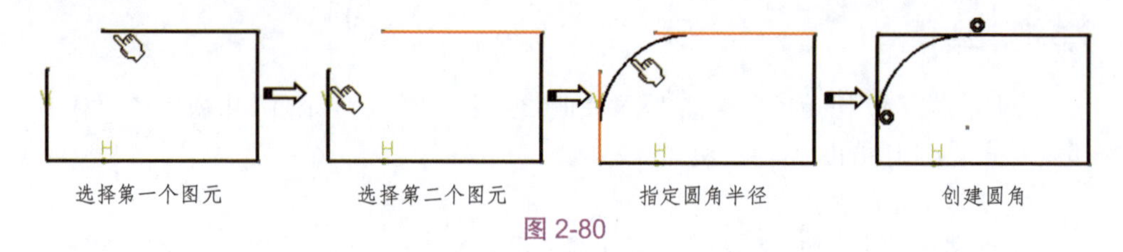

图 2-80

7. 若单击【构造线修剪】按钮，修剪图元后，所选的图元将变成构造线，如图 2-81 所示。

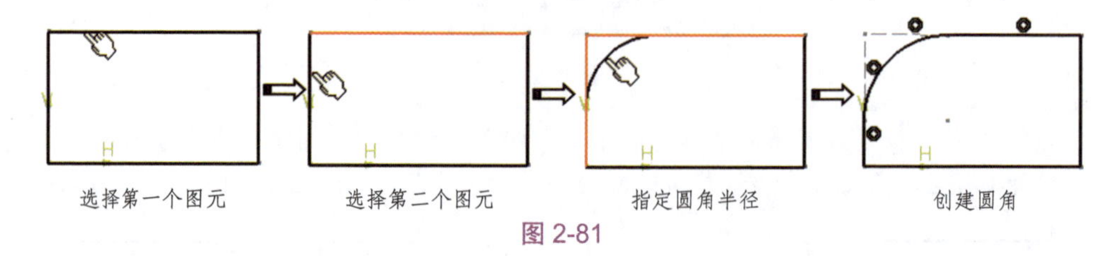

图 2-81

8. 若单击【构造线未修剪】按钮，创建圆角后，所选图元变为构造线，但不修剪构造线，如图 2-82 所示。

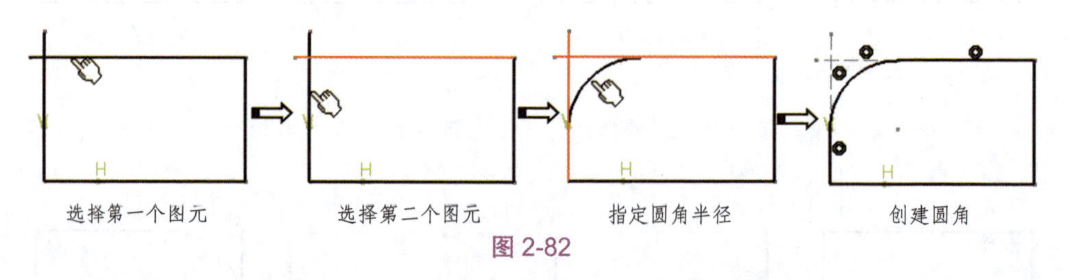

图 2-82

提示： 如果需要精确创建圆角，可以在【草图工具】工具栏的【半径】文本框中输入半径值，如图 2-83 所示。

图 2-83

2.3.2　倒角

【倒角】命令用于创建与两个线段或曲线图形对象相交的线段，从而形成倒角。

1. 在绘图区中绘制两条相交的线段。
2. 在【操作】工具栏中单击【倒角】按钮，【草图工具】工具栏中会显示图 2-84

所示的 6 种倒角修剪类型。

图 2-84

3. 选取两条相交的线段或者选取两条相交线段的交点后，【草图工具】工具栏如图 2-85 所示。

图 2-85

4. 新创建的线段与两个待倒角的对象的交点形成一个三角形，单击【草图工具】工具栏中的修剪按钮，可以创建出相应类型的倒角，如图 2-86 所示。

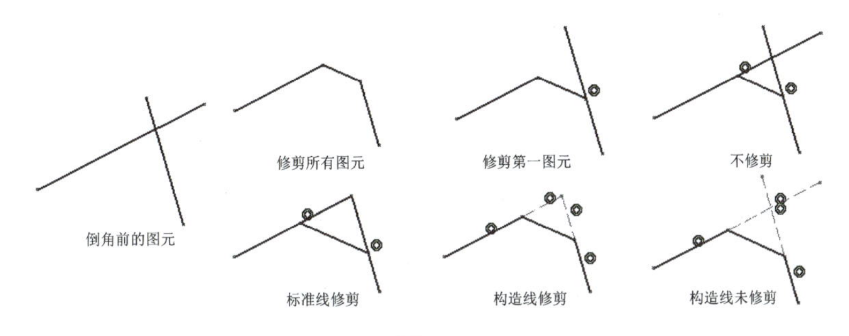

图 2-86

当选择第一个图元和第二个图元后，【草图工具】工具栏中显示以下 3 种倒角定义。

- 角度和斜边：此倒角类型是以第一图元与斜边的角度及斜边的长度来定义，如图 2-87（a）所示。
- 角度和第一长度：此倒角类型是以第一图元与斜边的角度及第一图元被修剪的长度来定义，如图 2-87（b）所示。
- 第一长度和第二长度：此倒角类型是以第一图元被修剪的长度和第二图元被修剪的长度来定义，如图 2-87（c）所示。

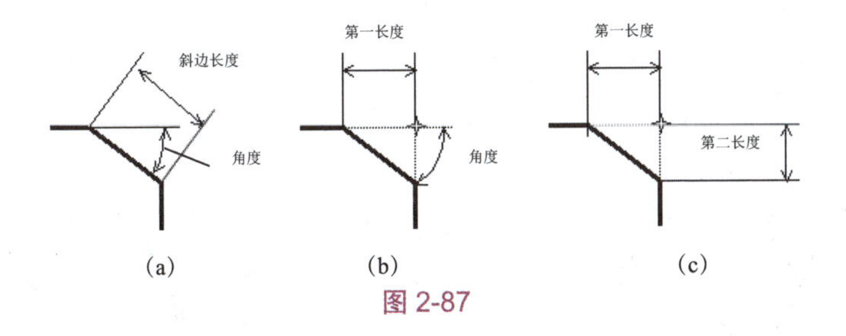

图 2-87

提示： 可以在两平行直线之间创建倒角，但创建的倒角是连接两平行直线的垂线，并始终保留鼠标选取位置的一侧，如图 2-88 所示。

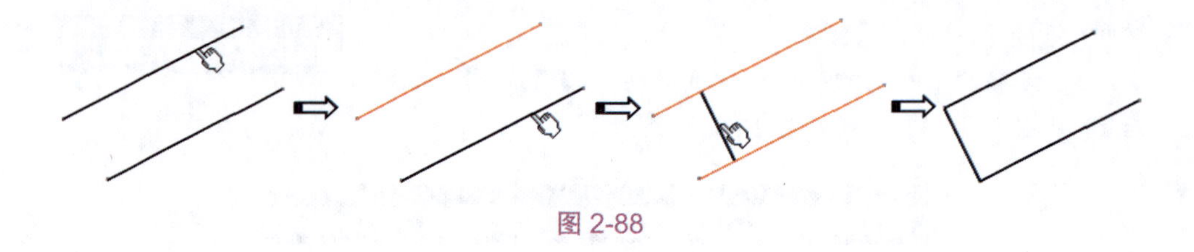

图 2-88

2.3.3 修剪图形

在【操作】工具栏中单击【修剪】按钮右下角的下三角按钮，展开修剪图形对象的工具栏，如图 2-89 所示。

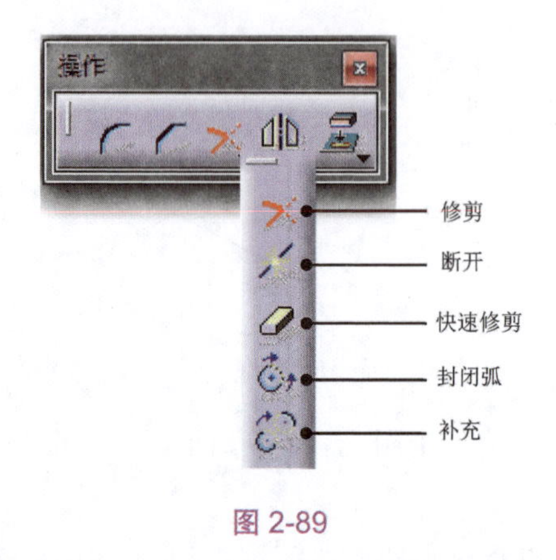

图 2-89

一、修剪

【修剪】命令用于对曲线进行修剪，如果修剪结果是曲线缩短，则适用于任何曲线；如果是伸长，则只适用于直线、圆弧和二次曲线。

1. 在绘图区绘制一条样条曲线和一条线段，并使两对象相交。

2. 单击【操作】工具栏中的【修剪】按钮，会弹出【草图工具】工具栏，工具栏中显示两种修剪方式。

3. 单击【修剪所有图元】按钮，选取要修剪的两个图元，系统将修剪所选图元，如图 2-90 所示。

图 2-90

> **技巧：** 修剪结果与选取曲线的位置有关。比如修剪单条直线时，选取要修剪的直线，然后沿直线移动鼠标确定修剪点，如图 2-91 所示。

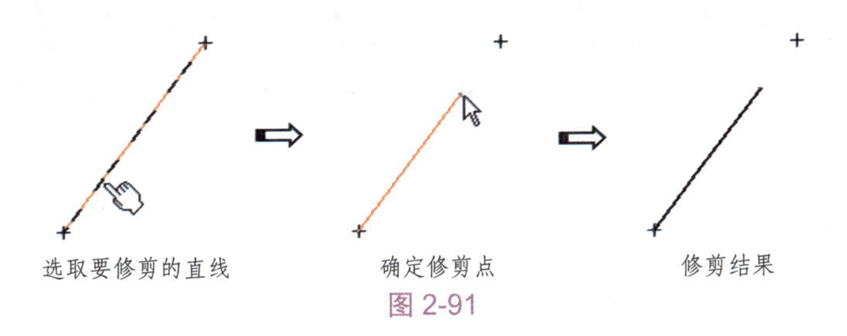

图 2-91

4. 若单击【修剪第一图元】按钮，将只修剪所选的第一个图元，保留第二个图元，如图 2-92 所示。

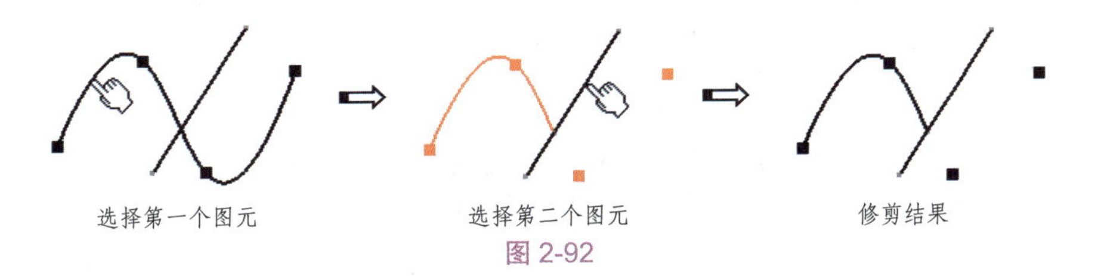

图 2-92

二、断开

【断开】命令用于将草图元素打断，打断的元素可以是点、圆弧、直线、二次曲线、样条线等。

1. 在绘图区绘制一条样条曲线和一条线段，并使两对象相交。
2. 单击【操作】工具栏中的【断开】按钮。
3. 先选择要打断的元素，然后选择打断边界，系统会自动完成打断，如图 2-93 所示。

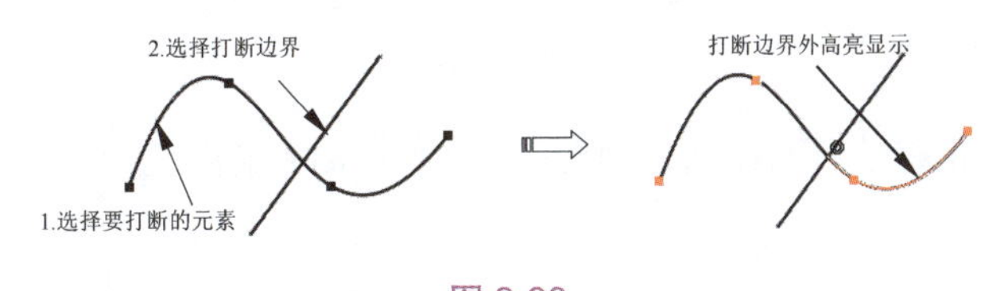

图 2-93

三、快速修剪

【快速修剪】命令用于快速修剪直线或曲线。若选择的对象不与其他对象相交，则删除该对象；若选择的对象与其他对象相交，则该对象与其他对象相交的部分（包含选取点）被删除。图 2-94（a）、图 2-94（c）所示为修剪前的图形，圆点表示选取点，修剪结果分别如图 2-94（b）、图 2-94（d）所示。

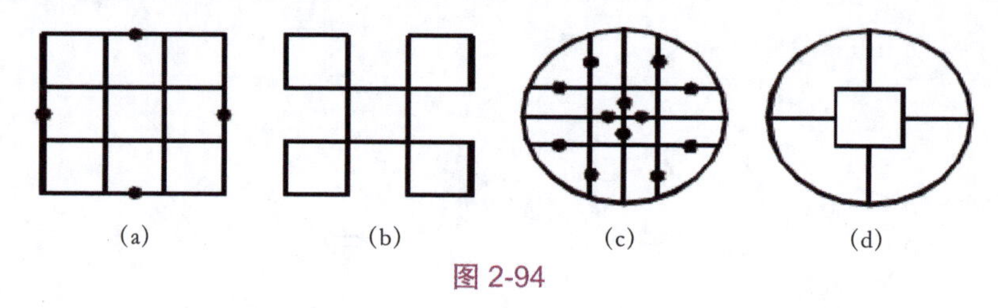

图 2-94

> **提示:**【快速修剪】命令一次只能修剪一个图元。如果要修剪多个图元，需要反复调用【快速修剪】命令。

有以下 3 种快速修剪方式。

- 断开及内擦除：断开所选图元并修剪所选图元，修剪部分在打断边界内，如图 2-95 所示（图 2-94 中的修剪结果也是采用此种方式得到的）。

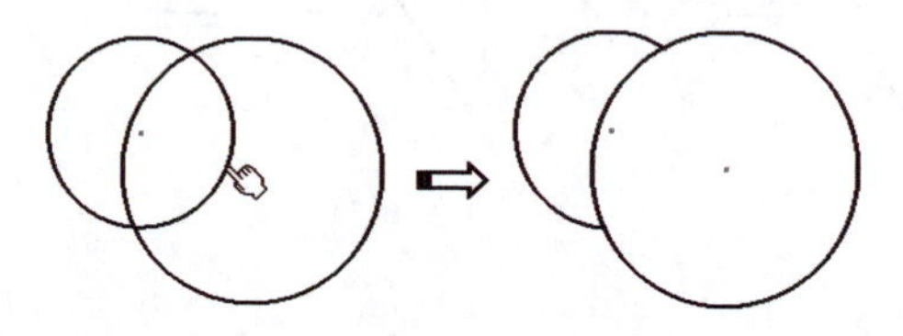

图 2-95

- 断开及外擦除：断开所选图元并修剪所选图元，修剪部分在打断边界外，如图 2-96 所示。

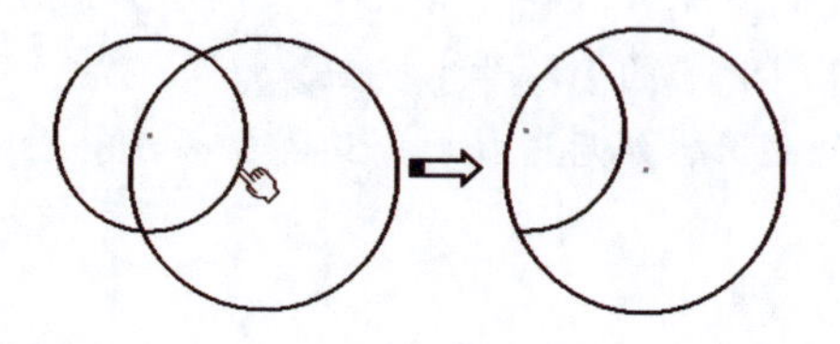

图 2-96

- 断开并保留：仅打断所选图元，保留所有断开的图元，如图 2-97 所示。

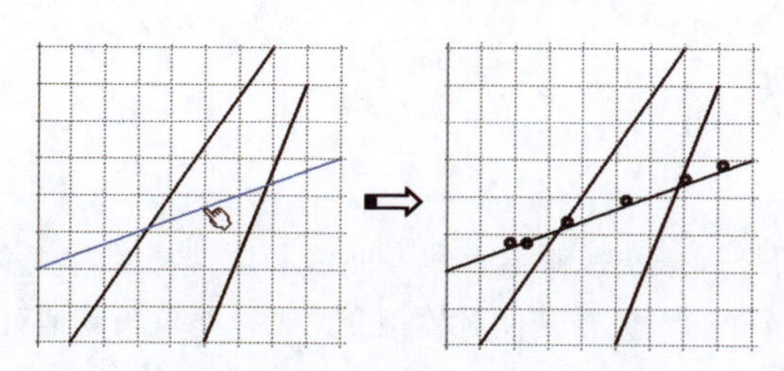

图 2-97

提示：不能对复合曲线（多条曲线组成的投影 / 相交元素）使用【快速修剪】和【断开】命令，但可以使用【修剪】命令。

四、封闭弧

使用【封闭弧】命令，可以将所选圆弧或椭圆弧封闭，从而得到圆形或椭圆形。

1. 在绘图区绘制一段圆弧。
2. 单击【封闭弧】按钮。
3. 选择要封闭的圆弧。系统自动将圆弧封闭为圆形，如图 2-98 所示。

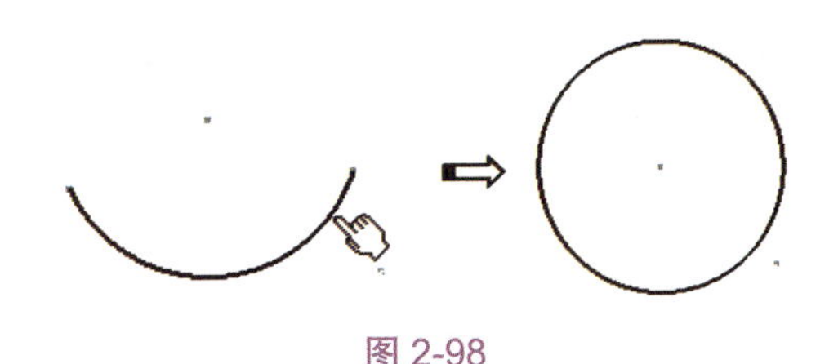

图 2-98

五、补充

【补充】命令用于创建圆弧、椭圆弧的补弧——补弧与所选弧构成圆形或椭圆形。

1. 在绘图区绘制一段椭圆弧。
2. 单击【补充】按钮。
3. 选择要创建补弧的椭圆弧。系统会自动创建补弧，如图 2-99 所示。

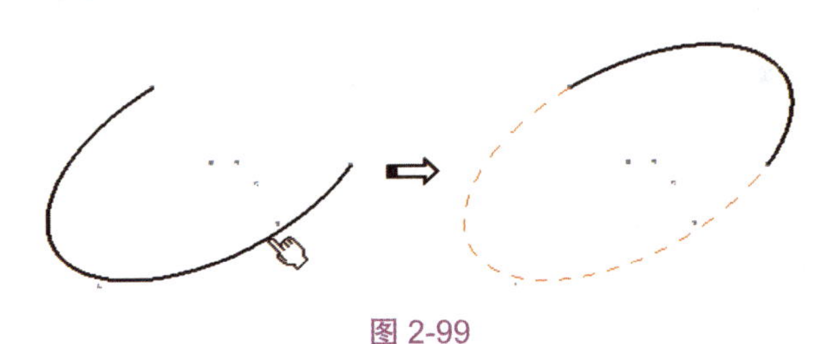

图 2-99

2.3.4 图形变换

图形变换工具是用于快速制图的高级工具，包括镜像、对称、平移、旋转、缩放、偏置等工具。熟练使用这些工具，可以提高绘图效率。

【操作】工具栏中的图形变换工具如图 2-100 所示。

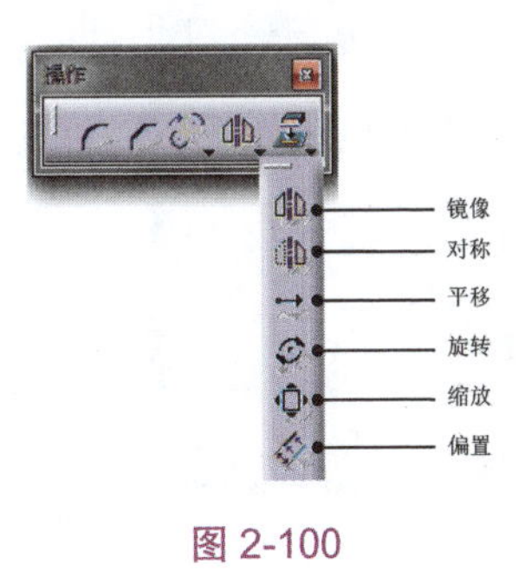

图 2-100

一、镜像

【镜像】命令用于创建基于对称中心轴的镜像对称图形，原图形将被保留。创建镜像图形前，需创建镜像中心线。镜像中心线可以是直线或轴。

1. 在绘图区绘制图 2-101（a）所示的图形。
2. 单击【镜像】按钮。
3. 选取要镜像的图形对象。
4. 选取中心线作为对称轴。得到原图形的对称图形，如图 2-101（b）所示。

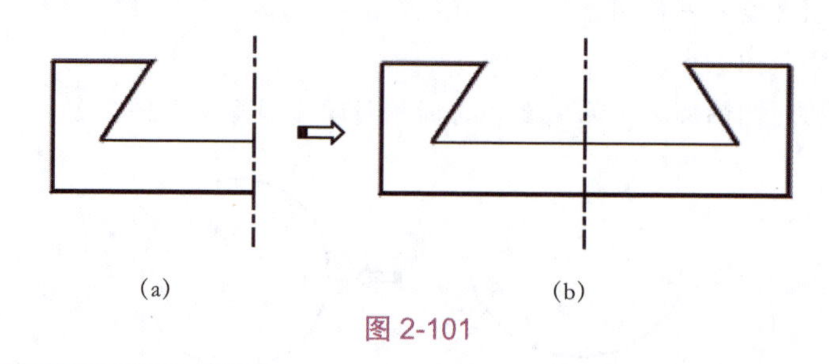

图 2-101

> **提示：**创建镜像图形时，如果要镜像的对象是多个独立的图形，可以框选对象，或者按住 Ctrl 键逐一选择对象。

二、对称

【对称】命令也可用于创建具有镜像对称特性的对象，但是源对象将不被保留，如图 2-102 所示。

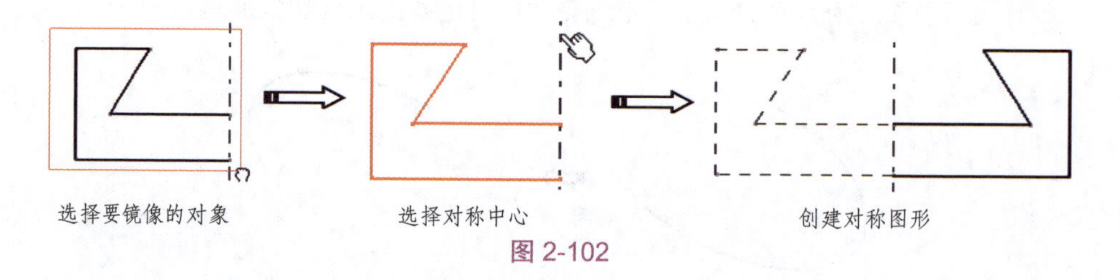

图 2-102

三、平移

使用【平移】命令可以沿指定方向平移、复制图形对象。

图 2-103

1. 绘制一个小圆和一个椭圆。
2. 单击【平移】按钮，弹出图 2-103 所示的【平移定义】对话框。
3. 取消选中【平移定义】对话框中的【复制模式】复选框。
4. 依次选择小圆的圆心和椭圆的圆心。
5. 单击【平移定义】对话框中的【确定】按钮，小圆将移动到椭圆圆心位置，且不复制小圆，如图 2-104 所示。

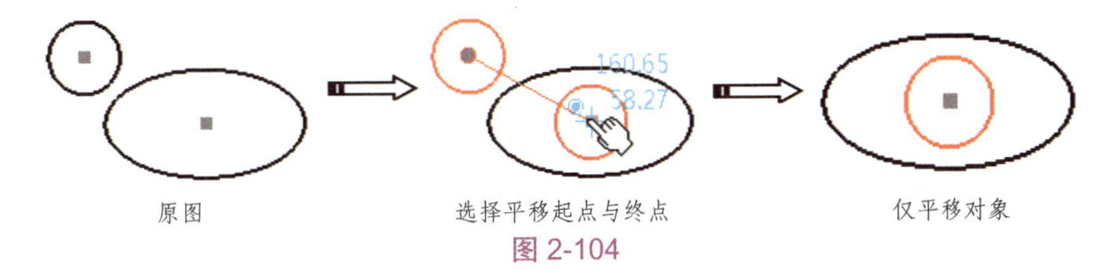

图 2-104

6. 若选中【复制模式】复选框，小圆被复制到椭圆圆心位置，如图 2-105 所示。

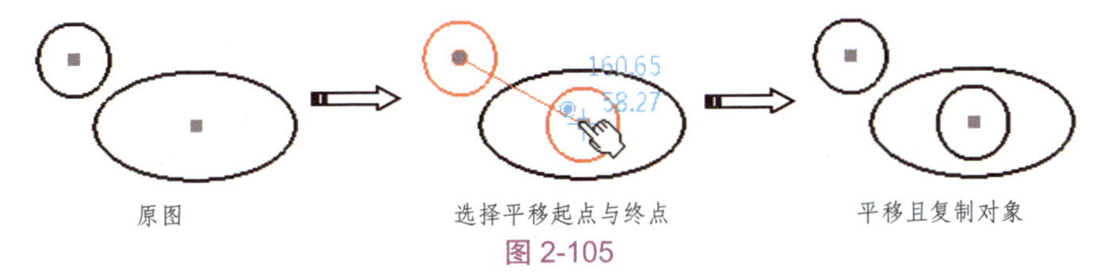

图 2-105

四、旋转

使用【旋转】命令可旋转所选图形对象并创建副本对象。

1. 在绘图区中绘制图形。
2. 单击【旋转】按钮，弹出图 2-106 所示的【旋转定义】对话框。

- 角度：旋转角度值，正值表示逆时针旋转，负值表示顺时针旋转。
- 约束守恒：保留所选几何约束。

图 2-106

3. 选取要进行旋转操作的图形对象，如选取图 2-107（a）所示的轮廓线（不包括中心线）。

4. 指定旋转基点 P1 和定义角度的起始点 P2。

5. 在【旋转定义】对话框中取消选中【复制模式】复选框，再在【值】文本框中输入 90。

6. 所选对象将逆时针旋转 90°，即 P2 点旋转到 P3 点位置，如图 2-107（b）所示。

> **提示：** 若【复制模式】复选框被选中，将复制轮廓线，然后将其旋转到指定角度，如图 2-107（c）所示。

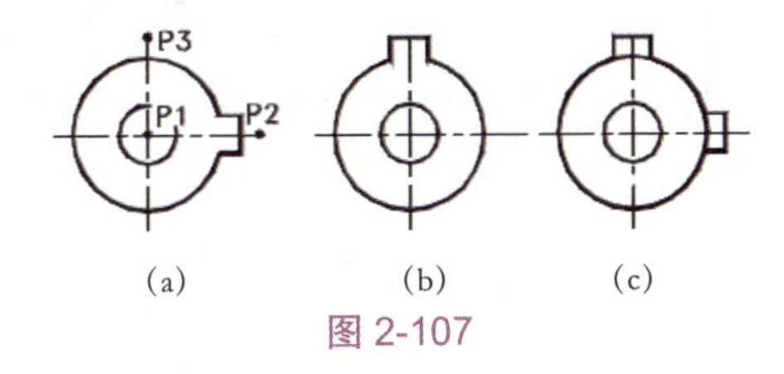

图 2-107

五、缩放

【缩放】命令用于对所选图元按比例进行缩放操作。

1. 在绘图区中绘制图形。
2. 单击【操作】工具栏中的【缩放】按钮，弹出【缩放定义】对话框。
3. 定义缩放相关的参数，选择要缩放的图形，再选择图形底边直线的中点为缩放中心点。
4. 单击【确定】按钮，系统自动完成缩放操作，如图 2-108 所示。

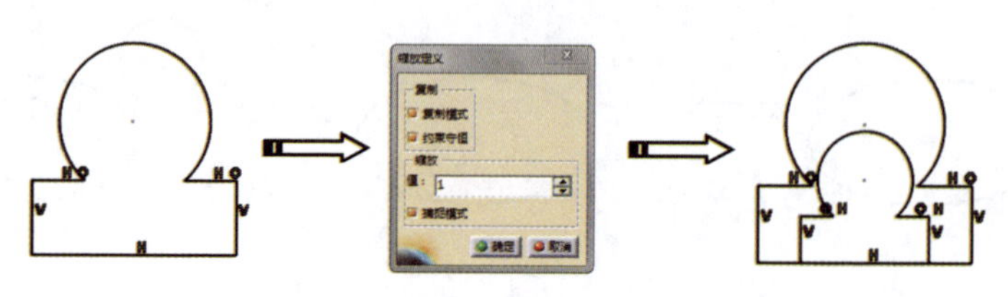

图 2-108

六、偏置

【偏置】命令用于对直线、圆等草图元素进行偏移复制。

单击【操作】工具栏中的【偏置】按钮后，【草图工具】工具栏中会显示 4 种偏置方式，如图 2-109 所示。

图 2-109

- 无拓展：仅偏置选择的某个图元，如图 2-110 所示。

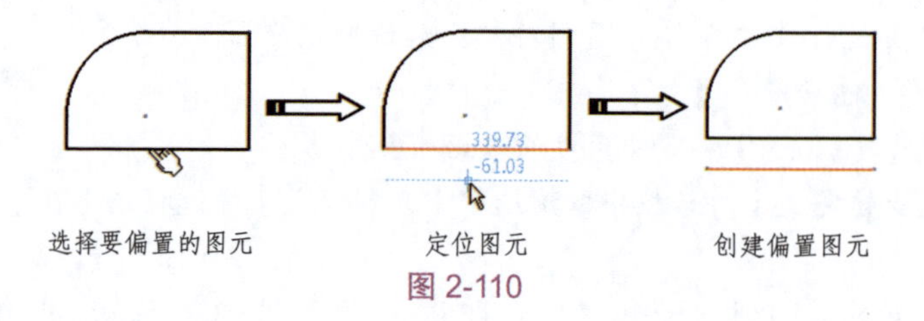

图 2-110

- 相切拓展：选择要偏置的图元后，与之相切的图元将一同被偏置，如图 2-111 所示。

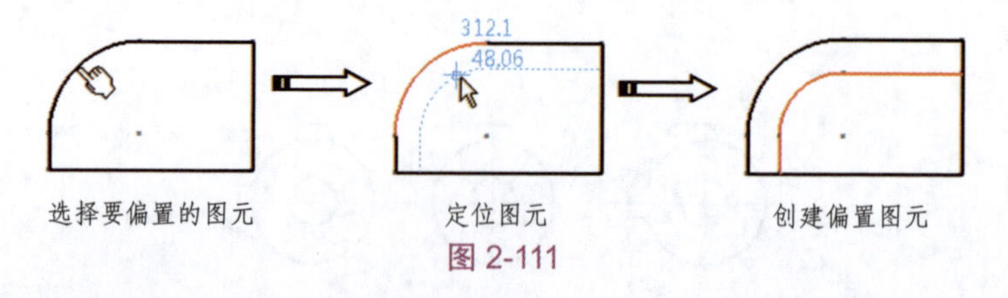

图 2-111

> **提示：**如果对直线进行偏置，得到的结果与“无拓展”方式相同。

- 点拓展：在要偏置的图元上选取一点，与该点相连接的所有图元都将被偏置，如图 2-112 所示。

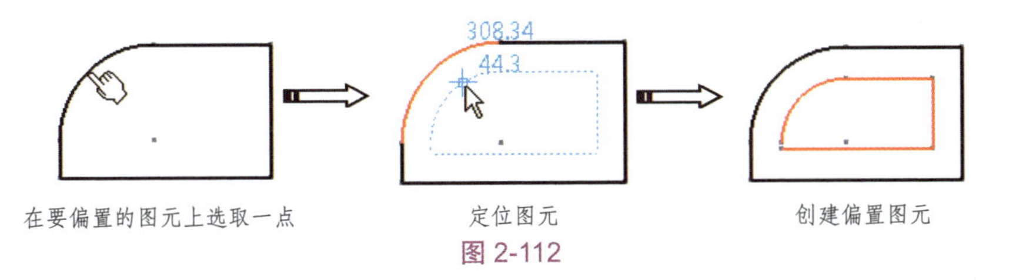

图 2-112

- 双侧偏置：此方式由“点拓展”方式延伸而来，在所选图元的两侧创建偏置图元，如图 2-113 所示。

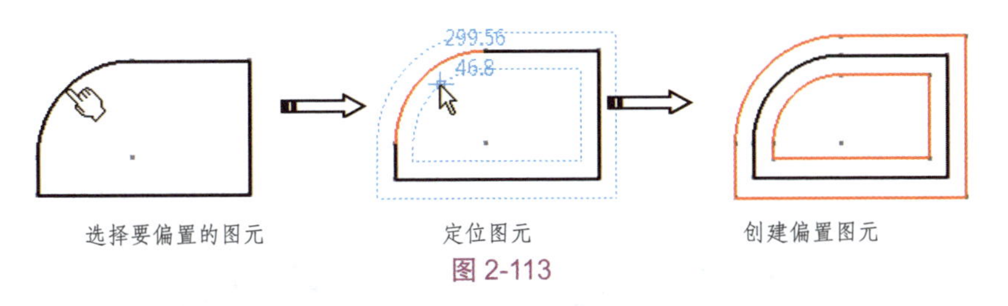

图 2-113

> **提示：**如果将鼠标指针置于允许创建偏置图元的区域之外，将出现 符号。例如，图 2-114 所示的偏置允许的区域在图元的上下两侧，而图元的左右两侧为错误的偏置区域。

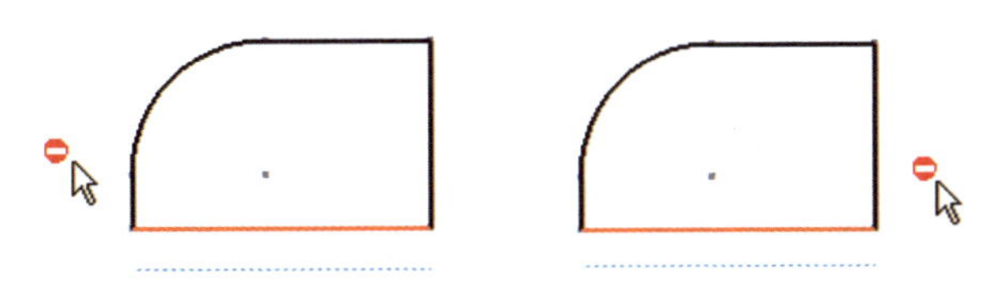
图 2-114

2.3.5 获取三维形体的投影

三维形体由平面或曲面围成，每个面以直线或曲线作为边界。通过获取三维形体的面和边在工作平面的投影，可以得到平面图形，还可以获取三维形体与工作平面的交线。利用这些投影和交线，可以构成新的图形。

单击【投影 3D 元素】按钮右下角的下三角按钮，将显示获取三维形体表面投影的【3D 几何图形】工具栏，如图 2-115 所示。

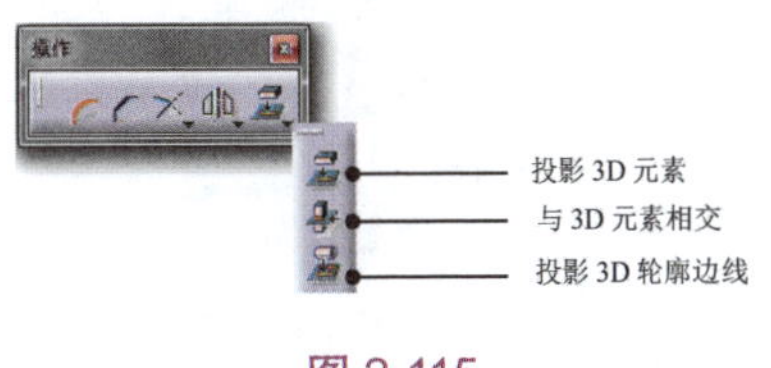

图 2-115

一、投影 3D 元素

【投影 3D 元素】命令可用来获取三维形体

的面、边在工作平面上的投影。执行该命令后选取待投影的面或边，即可在工作平面上得到其投影。

如果需要同时获取多个面或边的投影，应该先选择多个面或边，然后单击【投影 3D 元素】按钮。

图 2-116 所示为壳体零件，单击【投影 3D 元素】按钮，选择要投影的平面后，在草图工作平面上得到底面的投影。

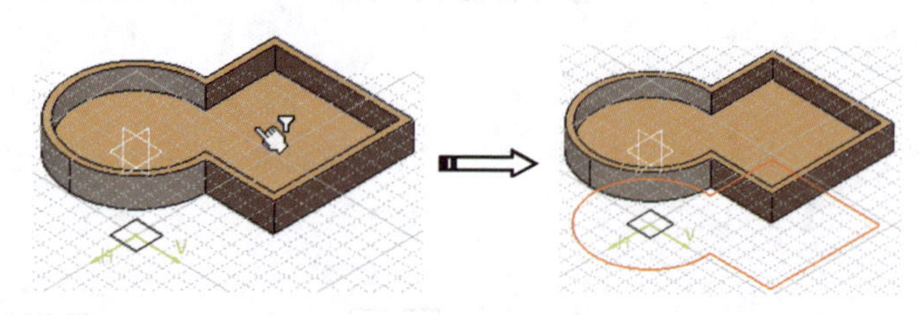

图 2-116

提示： 如果选择垂直于草图工作平面的面，将投影出该面的轮廓曲线，如图 2-117 所示。

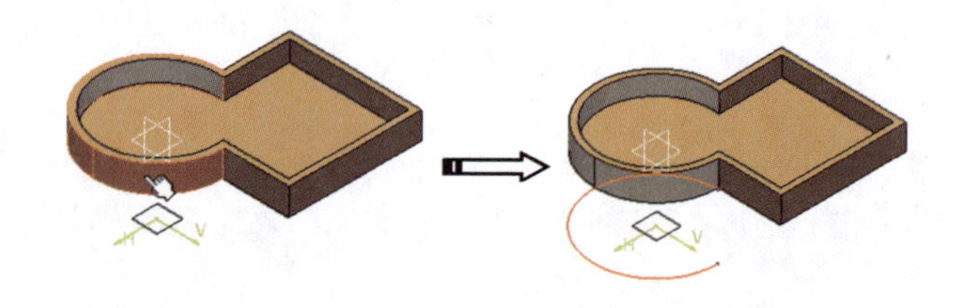

图 2-117

如果选择侧边的圆弧曲面，可在工作平面上投影出圆弧曲线。

二、与 3D 元素相交

【与 3D 元素相交】命令用来获取三维形体与工作平面的交线。如果三维形体与工作平面相交，单击【与 3D 元素相交】按钮，选择与工作平面相交的面、边，即可在工作平面上得到其交线或交点。

图 2-118 所示是一个与工作平面斜相交的模型，按住 Ctrl 键选择相交的多个曲面，再单击【与 3D 元素相交】按钮，即可得到它们与工作平面的交线。

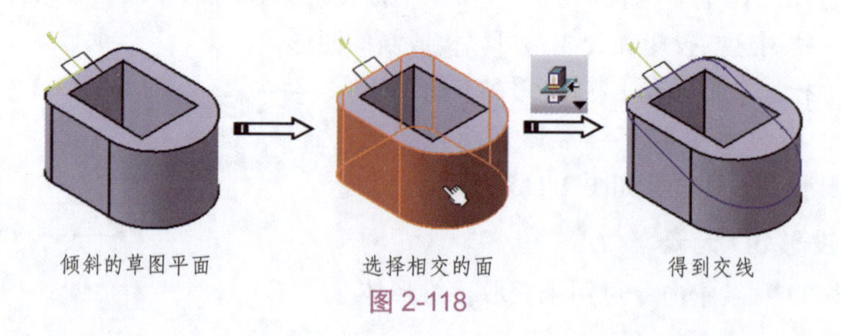

图 2-118

三、投影 3D 轮廓边线

【投影 3D 轮廓边线】命令用来获取曲面轮廓的投影。选择该工具，选择待投影的曲面，即可在工作平面上得到曲面轮廓的投影。

例如，图 2-119 所示为一个具有球面和圆柱面的手柄，单击【投影 3D 轮廓边线】按钮，选择圆柱面，将在工作平面上得到圆柱轮廓边线；再单击【投影 3D 轮廓边线】按钮，选择球面，将在工作平面上得到球面轮廓。

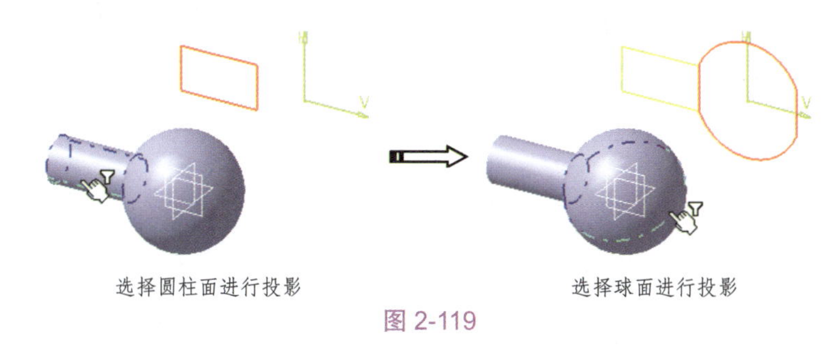

选择圆柱面进行投影　　选择球面进行投影

图 2-119

> **提示：** 使用此命令时不能投影与工作平面垂直的平面或曲面。此外，投影得到的曲线不能移动和修改属性，但可以删除。

【例 2-1】绘制与编辑草图。

利用图形绘制与编辑命令，绘制出图 2-120 所示的草图。

1. 新建零件文件。在菜单栏中执行【开始】/【机械设计】/【草图编辑器】命令，选择 *xy* 平面作为草图平面，进入草图模式。

2. 利用【轴】命令绘制基准中心线，如图 2-121 所示。

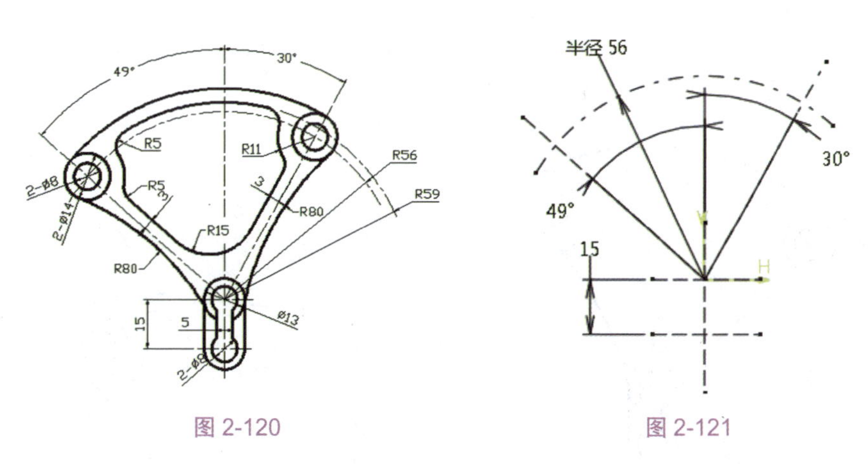

图 2-120　　图 2-121

3. 利用【圆】命令绘制图 2-122 所示的圆，再利用【直线】命令绘制竖向线段，如图 2-123 所示。

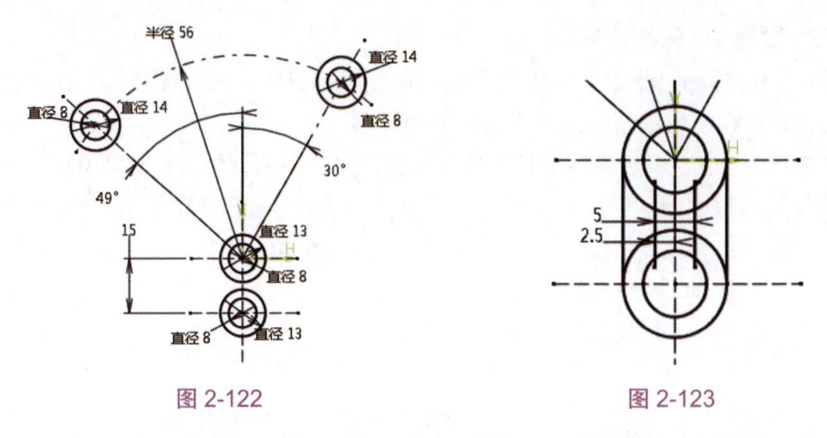

图 2-122　　图 2-123

4. 在【操作】工具栏中单击【圆角】按钮，再在【草图工具】工具栏中单击【不修剪】按钮，创建半径为 80 的圆角，如图 2-124 所示。

5. 利用【三点弧】命令绘制图 2-125 所示的相切连接弧。

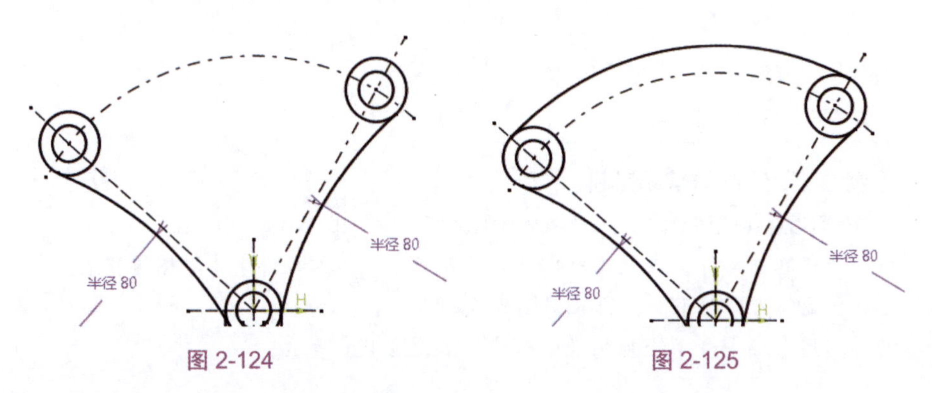

图 2-124　　图 2-125

6. 修剪图形，结果如图 2-126 所示。

7. 利用【弧】命令绘制图 2-127 所示的 3 段圆弧。

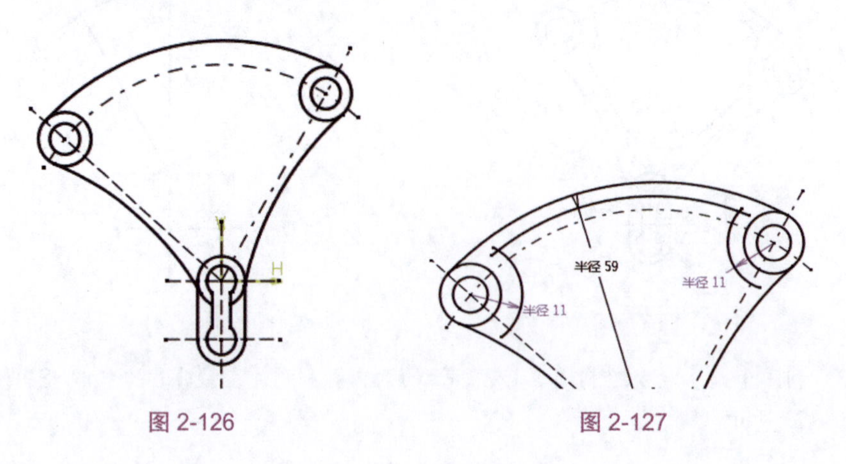

图 2-126　　图 2-127

8. 利用【直线】命令绘制两条平行线，如图 2-128 所示。

9. 在【操作】工具栏中单击【圆角】按钮，再在【草图工具】工具栏中单击【修剪所有图元】按钮，创建图 2-129 所示的圆角。

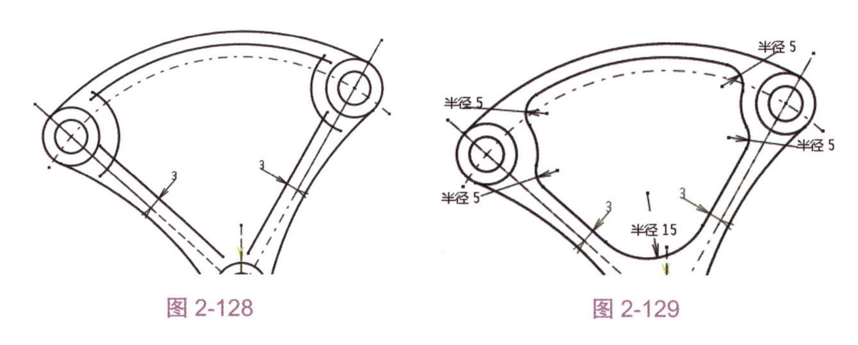

图 2-128　　图 2-129

10. 至此，草图的绘制完成，将结果保存。

2.4 添加几何约束

在草图模式下，利用几何约束功能，可以便捷地绘制出需要的图形。CATIA V5-6R2020 草图模式中提供了自动几何约束和手动几何约束功能。

2.4.1 自动几何约束

当用户激活了自动几何约束功能后，绘制图形的过程中会自动产生几何约束，以辅助定位。CATIA V5-6R2020 的自动几何约束工具在【草图工具】工具栏中，如图 2-130 所示。

图 2-130

提示：要想重复（连续）执行某个几何约束命令，需先双击相应命令。

一、栅格约束

栅格约束是指用栅格约束鼠标指针的位置，使鼠标指针只能在栅格的格点上移动。图 2-131（a）所示为在关闭栅格约束的状态下，用鼠标指针确定的线段，图 2-131（b）所示为在打开栅格约束的状态下，用鼠标指针在同样的位置确定的线段。显然，在打开栅格约束的状态下，绘制精度更高。

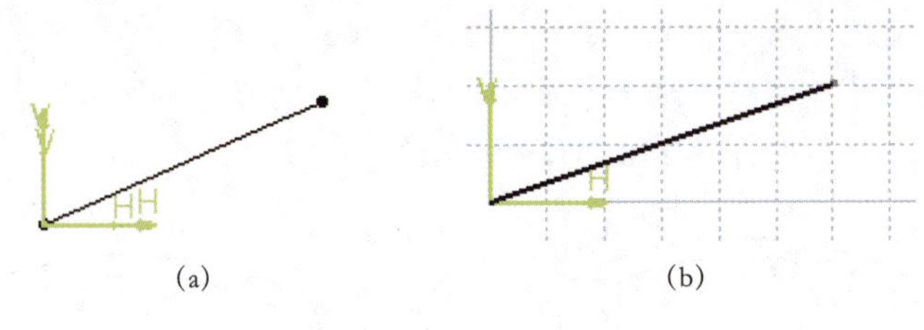

(a)　　　　　　　　　　(b)

图 2-131

在菜单栏中执行【工具】/【选项】命令，打开【选项】对话框，在对话框左侧选择【机械设计】节点下的【草图编辑器】节点，可通过选中或取消选中【草图编辑器】选项卡中的【显示】复选框打开或关闭栅格约束，如图 2-132 所示。

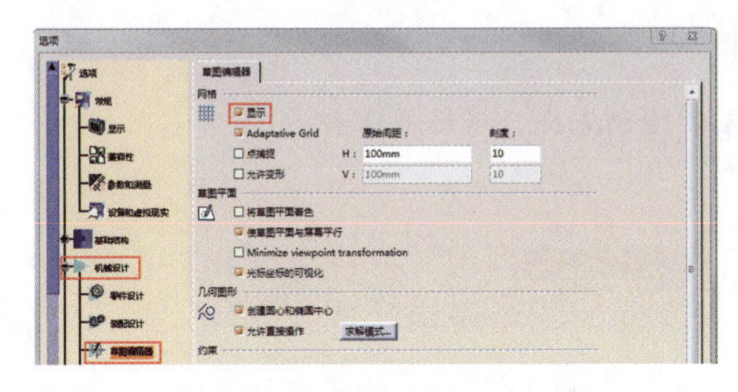

图 2-132

要精确约束点的位置，可在【草图工具】工具栏中单击【点对齐】按钮，将点约束到栅格的刻度点上，图标显示为橙色表示栅格约束为打开状态，如图 2-133 所示。

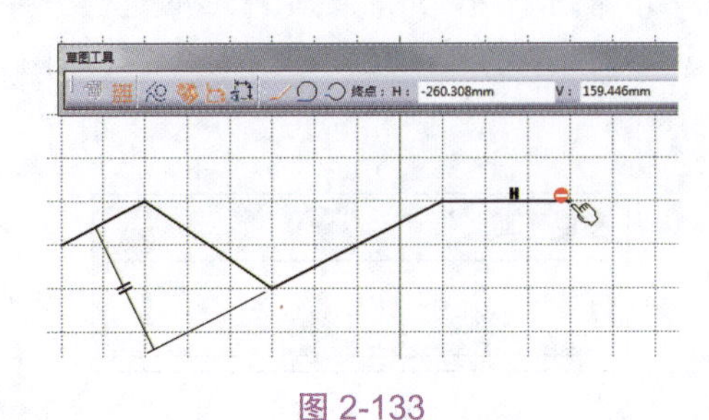

图 2-133

二、构造 / 标准元素

当需要将草图实线变成虚线时，可以使用两种方法：一种是设置图形属性，如图 2-134 所示；另一种是在【草图工具】工具栏中单击【构造 / 标准元素】按钮。

图 2-134

使实线变为构造图元，其实也是一种约束行为。单击【构造 / 标准元素】按钮，可以使线型在实线与虚线之间切换，如图 2-135 所示。

三、几何约束

在【草图工具】工具栏中单击【几何约束】按钮后，在绘制几何图形的过程中会自动生成几何约束，显示各种约束符号，如图 2-136 所示。

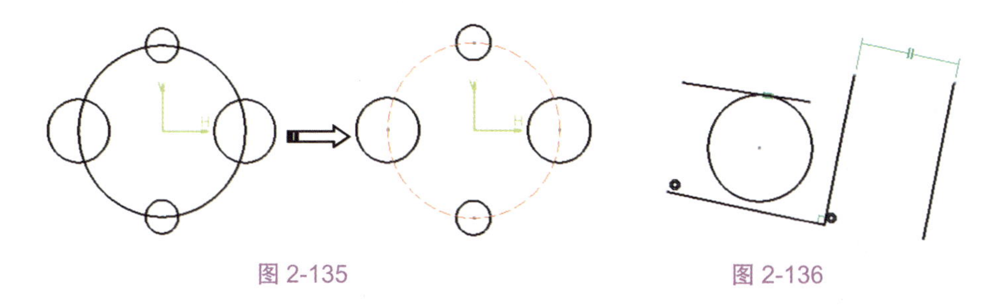

图 2-135　　图 2-136

2.4.2 手动几何约束

手动几何约束的作用是约束图元本身的位置或图元之间的相对位置。当图元被约束时，其附近会显示相应的符号，如表 2-1 所示。被约束的图元在它的约束被改变之前，将始终保持现有的状态。

表 2-1

几何约束的种类	符号	图元的种类和数量
固定	⚓	任意数量的点、直线等图元
水平	H	任意数量的直线
铅垂	V	任意数量的直线
平行	⊣⊢	任意数量的直线
垂直	∟	两条直线
相切	//	两个圆或圆弧
同心	◎	两个圆、圆弧或椭圆
对称	·|·	直线两侧的两个相同种类的图元
相合	○	两个点、一条直线与一个圆（或圆弧）、一个点与一条直线、一个圆与一个圆弧

【约束】工具栏中的手动几何约束工具如图 2-137 所示。

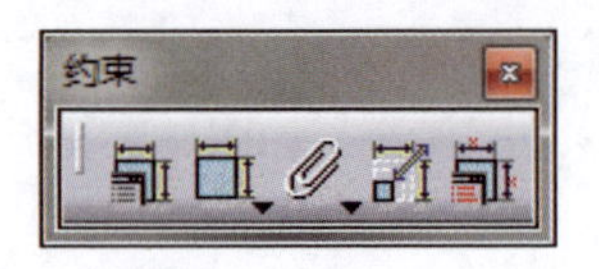

图 2-137

一、对话框中定义的约束

【对话框中定义的约束】命令可用于约束图形对象的几何位置，同时添加、解除或改变对象几何约束的类型。

其使用方法如下。

1. 选取待添加或需改变几何约束的图元。

2. 单击【对话框中定义的约束】按钮，弹出图 2-138 所示的【约束定义】对话框。该对话框中共有 17 种约束类型，所选图元的种类和数量决定了利用该对话框可定义约束的种类和数量。若选取一条直线，可使用的约束类型有【固定】【水平】【竖直】【长度】。

3. 选中【固定】和【长度】复选框，单击【确定】按钮，即可在选取的直线旁标注尺寸和显示固定符号，如图 2-139 所示。

4. 关闭【约束定义】对话框后，约束符号将自动消失。选择一种约束类型后，会弹出【警告】对话框，如图 2-140 所示，提示创建的约束是临时的。

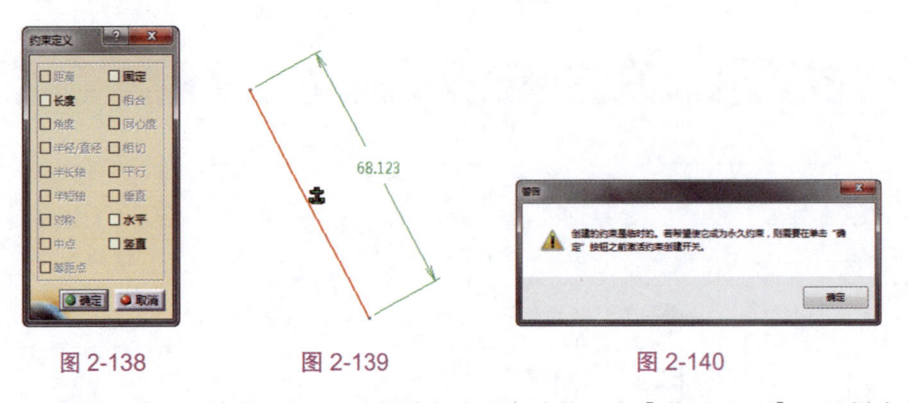

图 2-138　　图 2-139　　图 2-140

要想永久显示约束符号，必须激活自动约束功能（在【草图工具】工具栏中单击【几何约束】按钮）。

> **提示：**如果需解除图形对象的几何约束，删除几何约束符号即可。

二、接触约束

单击【接触约束】按钮，选取两个图元后，第二个图元将移动至与第一个图元相接触的位置。选取的图元的种类不同，接触的含义也不同，下面介绍几种图元组合的接触约束状态。

- 重合：若选取的两个图元中有一个是点或两个都是直线，那么第二个图元将会与第一个图元重合，如图 2-141（a）所示。
- 同心：若选取的两个图元是圆或圆弧，那么第二个图元将与第一个图元同心，如图 2-141（b）所示。
- 相切：若选取的两个图元不全是圆或圆弧，或者不全是直线，那么第二个图元将与第一个图元（包括延长线）相切，如图 2-141（c）、图 2-141（d）、图 2-141（e）所示。

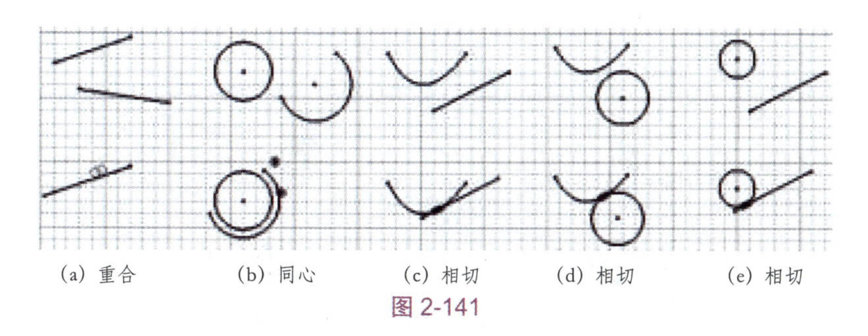
(a) 重合　(b) 同心　(c) 相切　(d) 相切　(e) 相切

图 2-141

> **提示：** 在图 2-141 中，第一行为接触约束前的两个图元，其中位于左上方的图元为第一个选取的图元。

三、固联约束

固联约束的作用是对图形元素集合进行约束，使成员之间存在关联关系，固联约束的图形有 3 个自由度。

添加固联约束后的元素集合可以移动、旋转，要想固定这些元素，必须使用其他几何约束。

例如，将图 2-142 所示的槽孔和矩形孔放置于较大的多边形内，操作步骤如下。

1. 绘制图形。
2. 使用固联约束约束槽孔，如图 2-143 所示。

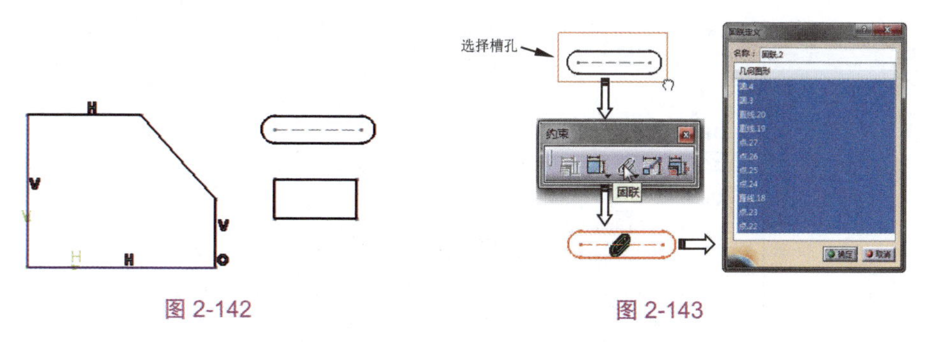

图 2-142　　图 2-143

3. 对矩形孔使用固联约束，如图 2-144 所示。

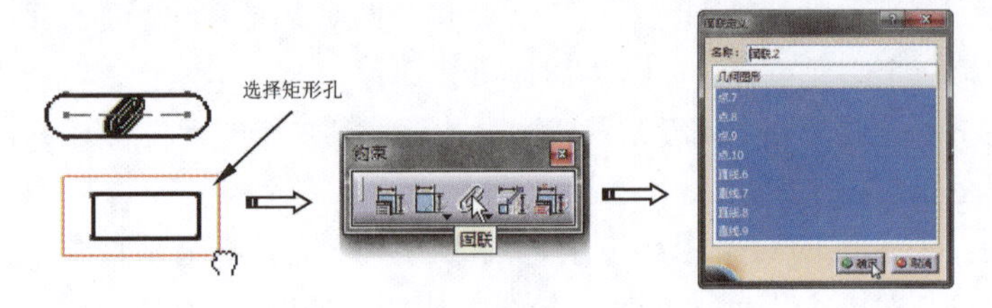

图 2-144

4. 将两个孔拖动到多边形内的任意位置，如图 2-145 所示。

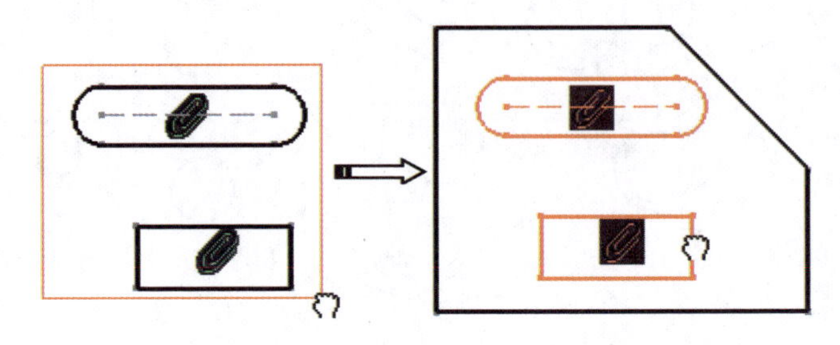

图 2-145

5. 使用【旋转】命令将矩形孔旋转 90°，如图 2-146 所示。

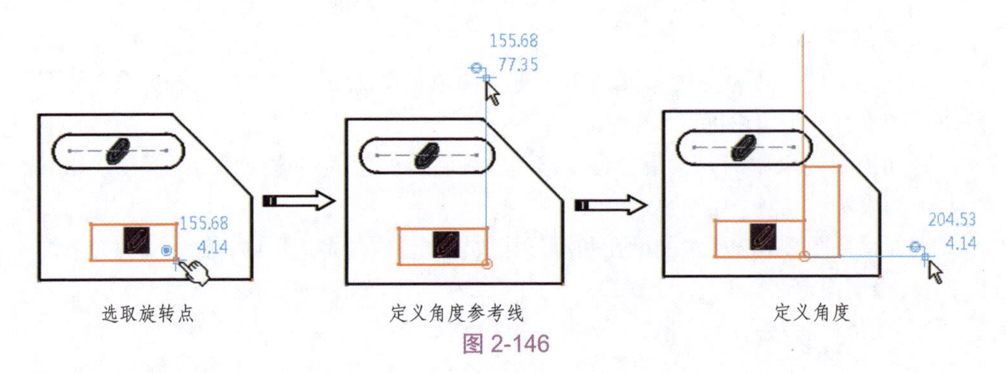

图 2-146

6. 删除矩形孔的固联约束，然后为其添加尺寸约束，改变矩形孔的尺寸，如图 2-147 所示。

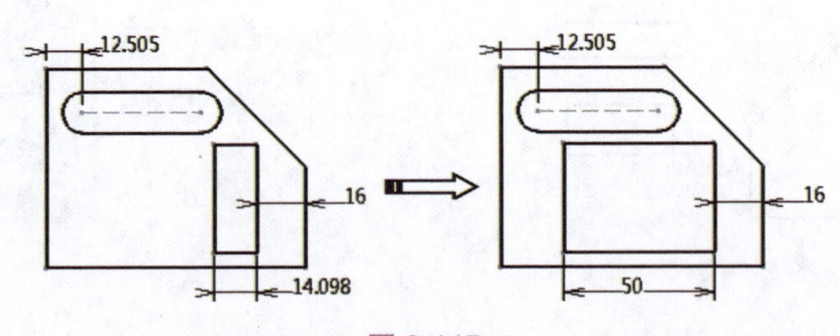

图 2-147

> ➘ **提示：**在改变矩形孔尺寸时，需为另一图形（槽孔）添加尺寸约束，使其在多边形内的位置不发生变化，图 2-148 所示为没有添加尺寸约束时槽孔的状态。

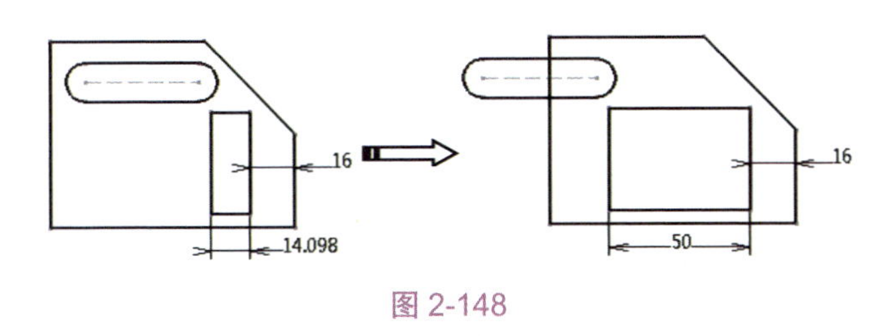

图 2-148

2.5　添加尺寸约束

尺寸约束是指用数值约束图形对象的大小，尺寸标注在相应的图形对象上。添加了尺寸约束的图形对象只能通过改变尺寸数值来改变大小，也就是尺寸驱动。进入零件设计模式后，将不再显示标注的尺寸和几何约束符号。

CATIA V5-6R2020 中的尺寸约束分为自动尺寸约束、手动尺寸约束和动画约束，下面介绍前两种常用的约束方式。

2.5.1　自动尺寸约束

自动尺寸约束有两种，一种是绘图时自动约束，另一种是绘图后添加自动约束。

一、绘图时自动约束

1. 在【轮廓】工具栏中单击【轮廓】按钮。
2. 在弹出的【草图工具】工具栏中单击【尺寸约束】按钮和【自动添加尺寸】按钮，开启尺寸约束功能。

在绘制图形的过程中，系统会自动添加尺寸约束到图元对象上，如图 2-149 所示。

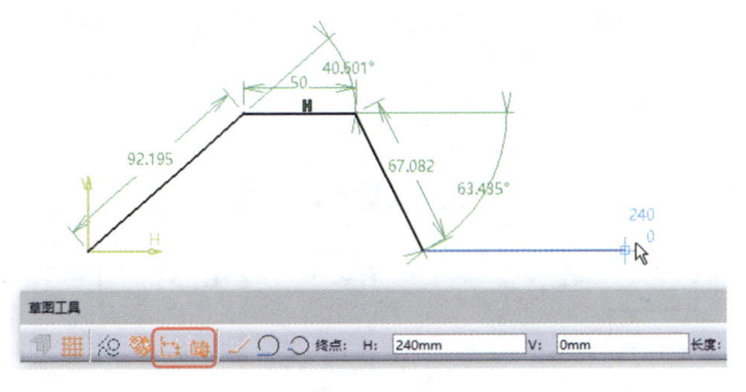

图 2-149

二、绘图后添加自动约束

绘图后，可以在【约束】工具栏中单击【自动约束】按钮，打开【自动约束】对话框。选择要添加自动约束的图元后，单击【确定】按钮即可创建自动尺寸约束，如图 2-150 所示。

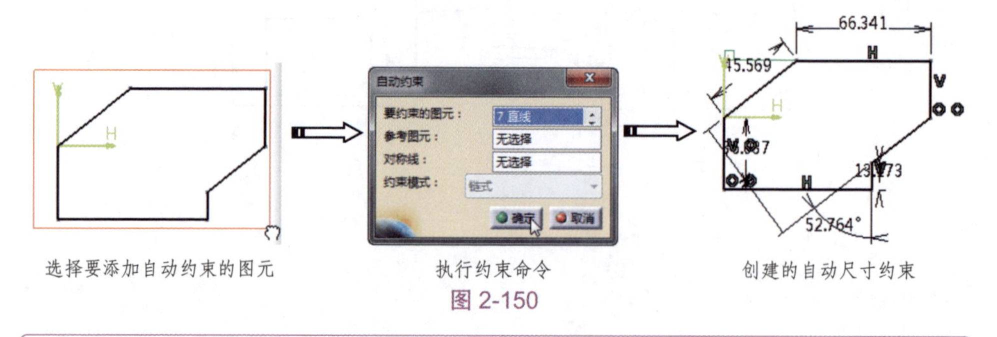

图 2-150

> **提示：**【自动约束】工具是一个综合约束工具，不仅会创建自动尺寸约束，还会产生几何约束。

【自动约束】对话框中各选项的含义如下。

- 要约束的图元：显示已选取图元的数量。
- 参考图元：用于确定尺寸约束的基准。
- 对称线：用于确定对称图形的对称轴。图 2-151 所示为在选择水平轴和竖直轴作为对称轴并选择了“链式”模式情况下的自动约束。

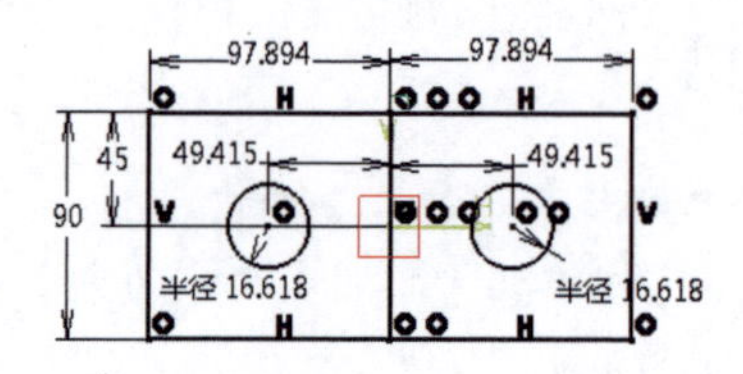

图 2-151

- 约束模式：用于确定尺寸约束的模式，有“链式”和“堆叠式”两种。图 2-152 所示为选择“链式”模式后创建的自动约束，图 2-153 所示为以最左和最底部的线段为基准并选择“堆叠式”模式后创建的自动约束。

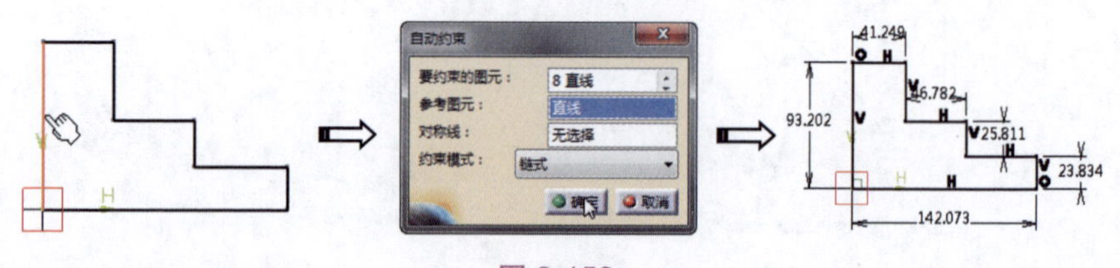

图 2-152

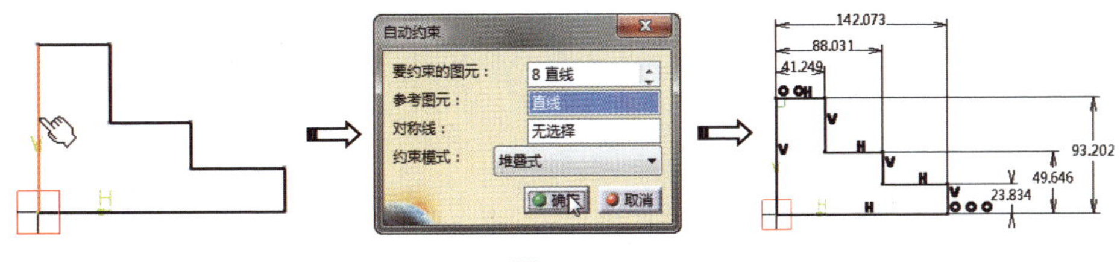

图 2-153

2.5.2 手动尺寸约束

在【约束】工具栏中单击【约束】按钮，然后逐一选择图元，可添加手动尺寸约束。

手动尺寸约束有 4 种类型，如图 2-154 所示。

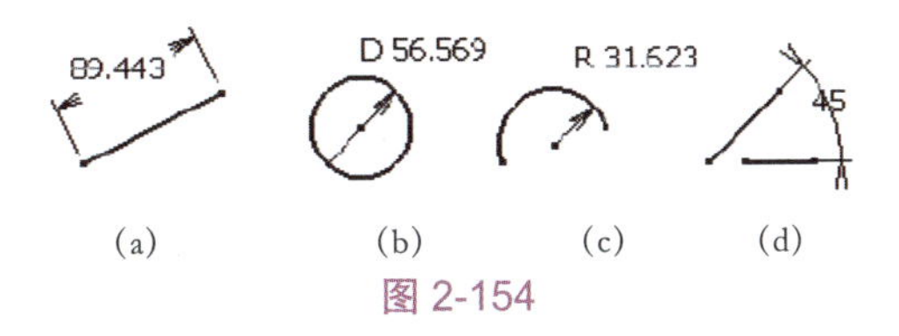

图 2-154

【例 2-2】利用尺寸约束关系绘制草图

利用绘图命令、几何约束、尺寸约束和编辑尺寸等功能绘制图 2-155 所示的草图。

1. 新建零件文件。在菜单栏中执行【开始】/【机械设计】/【草图模式】命令，再选择 *xy* 平面作为草图平面，进入草图模式。

2. 利用【轴】命令绘制图 2-156 所示的基准中心线。

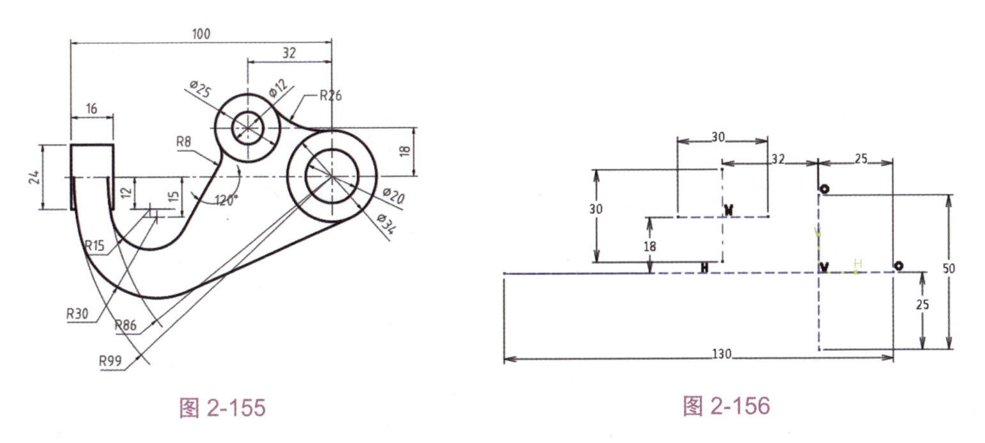

图 2-155　　图 2-156

3. 利用【圆】命令绘制 4 个圆，如图 2-157 所示。

4. 依次双击绘制的圆，然后在打开的【圆定义】对话框中修改圆的半径，结果如图 2-158 所示。

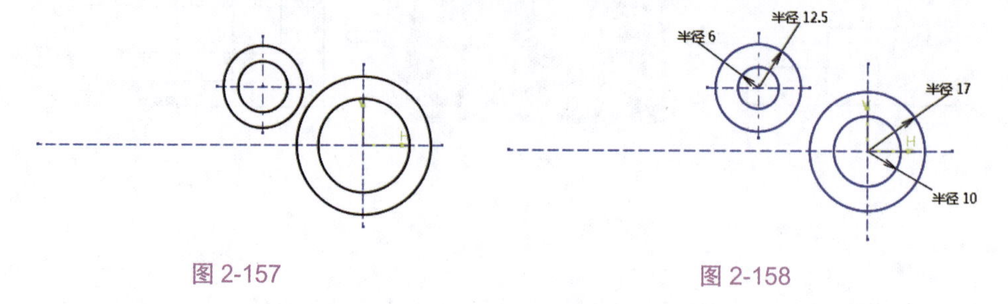

图 2-157　　　　图 2-158

5. 利用【矩形】命令绘制图 2-159 所示的矩形。

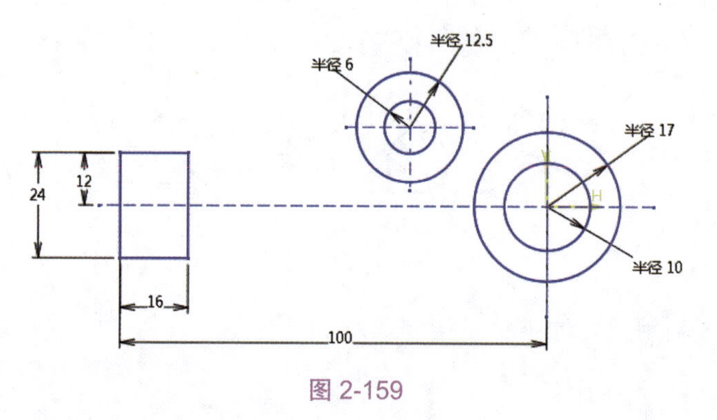

图 2-159

6. 利用【弧】命令绘制图 2-160 所示的两段圆弧。

7. 利用【弧】命令绘制图 2-161 所示的两段圆弧，这两段圆弧分别与步骤 6 中绘制的圆弧相切。

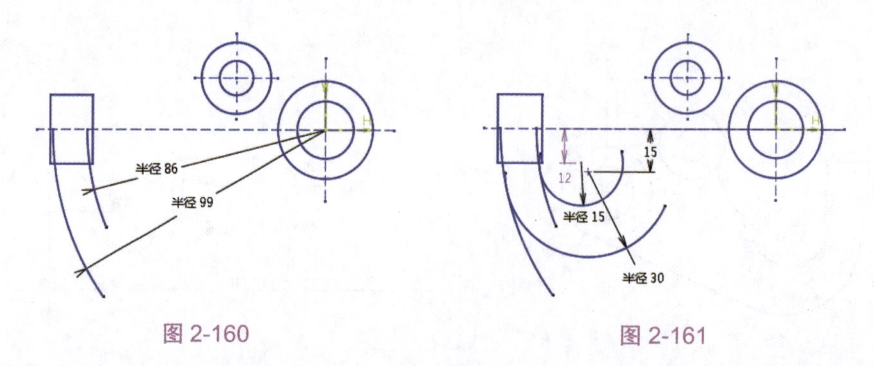

图 2-160　　　　图 2-161

8. 利用【直线】命令绘制两条线段，且两条线段分别与步骤 7 中绘制的圆弧相切，如图 2-162 所示。

9. 在【操作】工具栏中单击【圆角】按钮，再在【草图工具】工具栏中单击【修剪第一图元】按钮，创建半径为 8 的圆角，如图 2-163 所示。

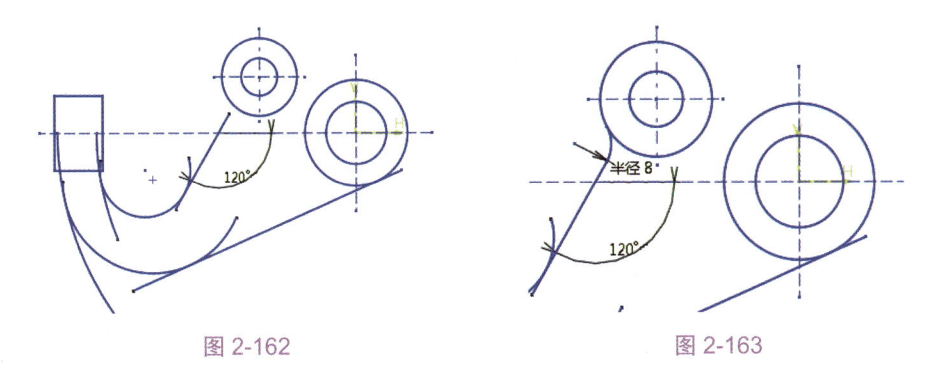

图 2-162　　　　图 2-163

10. 在【操作】工具栏中单击【圆角】按钮，再在【草图工具】工具栏中单击【不修剪】按钮，创建半径为 26mm 的圆角，如图 2-164 所示。

11. 修剪图形，最终的草图如图 2-165 所示，将结果文件保存。

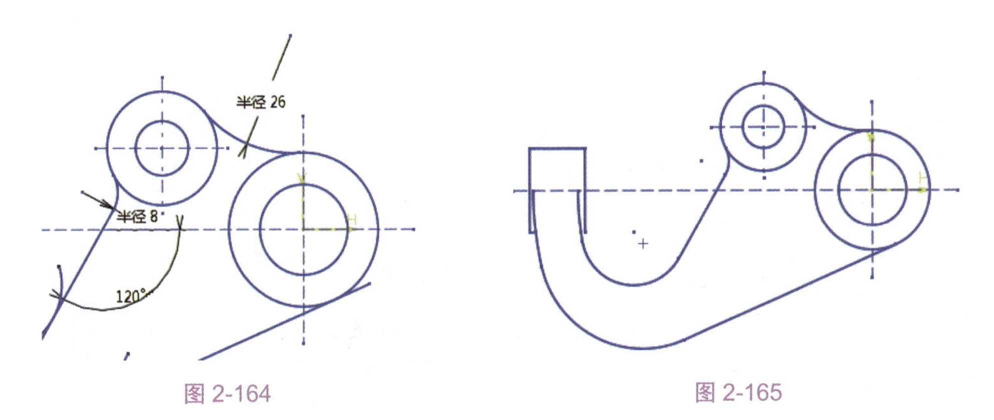

图 2-164　　　　图 2-165

第 3 章 CATIA 特征设计

零件设计模块是 CATIA 中进行机械零件的三维精确设计的功能模块，以界面直观易懂、操作丰富灵活著称。通过特征参数化造型可以极大地提高零件设计效率。本章讲解 CATIA 的基础特征（基于草图的特征）、工程特征设计和特征的变换操作等。

3.1 拉伸特征

拉伸特征（CATIA 中称为凸台）是指通过对在草图环境中绘制的轮廓线以多种方式进行拉伸得到三维实体特征。拉伸特征虽然简单，但它是常用的、基本的创建规则实体的造型方法，工程中的许多实体模型都可通过多个拉伸特征的叠加得到。

单击【基于草图的特征】工具栏中【凸台】按钮右下角的下三角按钮，弹出【凸台】工具栏，【凸台】工具栏中提供了 3 种创建凸台的工具，如图 3-1 所示。

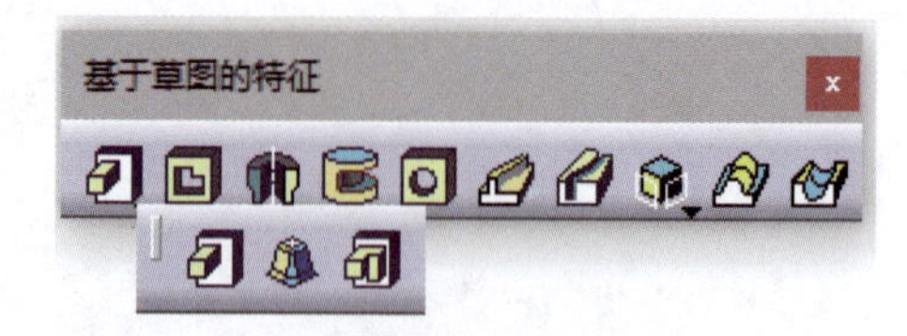

图 3-1

3.1.1 凸台

【凸台】工具用于将选定的草图轮廓线或曲面沿某一方向或两个方向拉伸一定的长度创建实体特征。用于创建凸台的草图轮廓线或曲面是凸台的基本图元，拉伸长度和方向是凸台的两个基本参数，如图 3-2 所示。

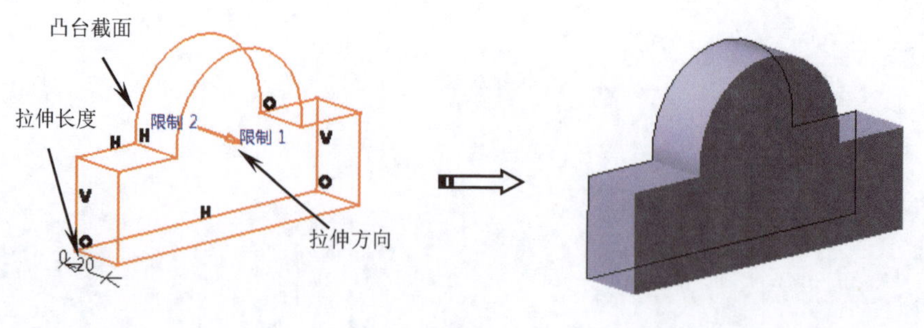

图 3-2

【例 3-1】支座零件设计。

使用【凸台】工具创建图 3-3 所示的支座零件。

基本步骤如下。

1. 新建零件文件。
2. 选择草图平面。
3. 绘制草图。
4. 创建凸台。

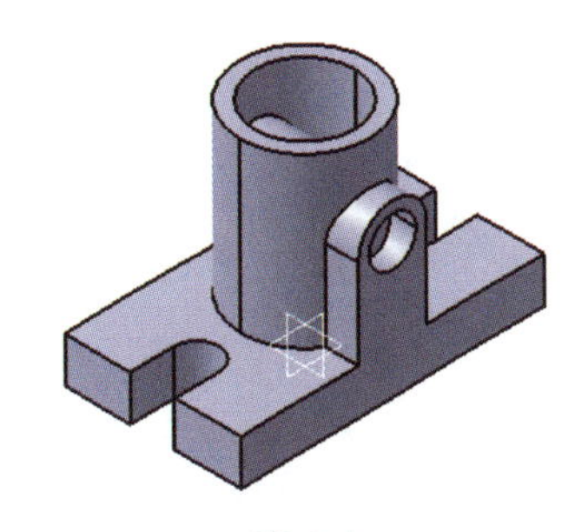

图 3-3

3.1.2 拔模圆角凸台

【拔模圆角凸台】工具用于创建带有拔模角和圆角特征的凸台，如图 3-4 所示。

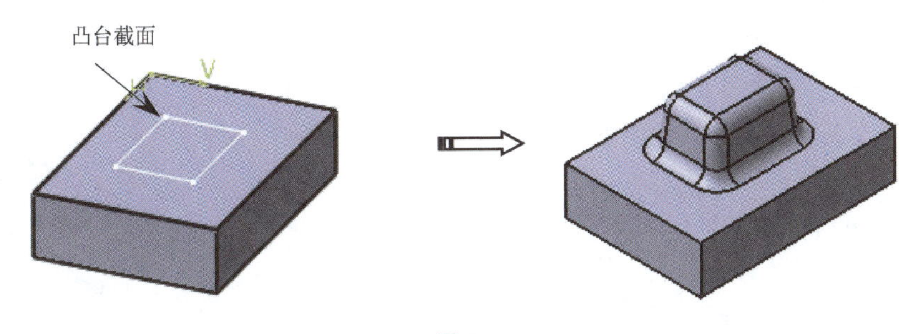

图 3-4

> **提示：** 在创建拔模圆角凸台特征时，必须先完成凸台截面轮廓线的绘制。

单击【基于草图的特征】工具栏中的【拔模圆角凸台】按钮，选择草图截面后，弹出【定义拔模圆角凸台】对话框，如图 3-5 所示。图中 5deg 即 5°。

创建拔模圆角凸台的参数图解如图 3-6 所示。

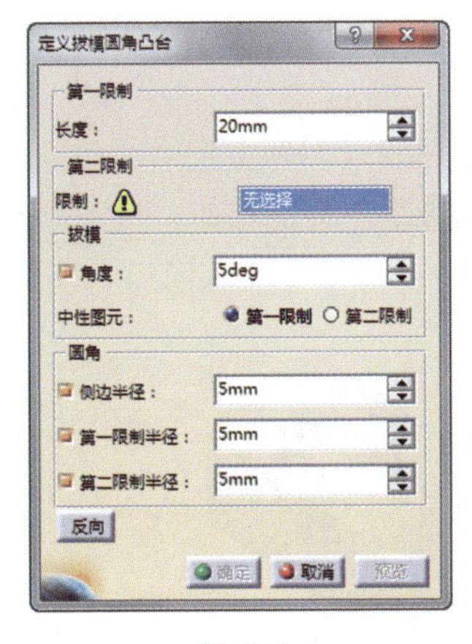

图 3-5

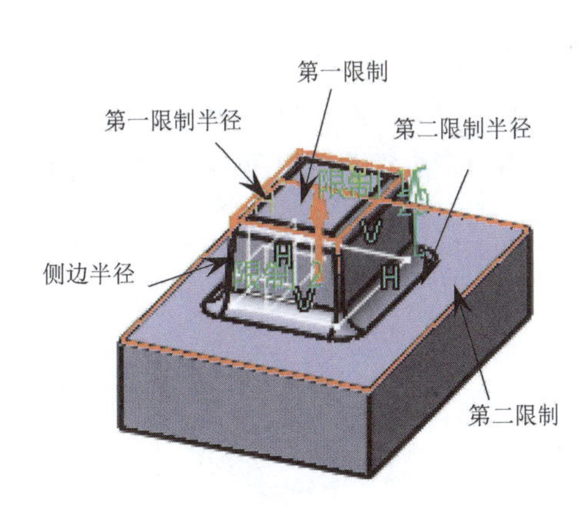

图 3-6

【例 3-2】创建拔模圆角凸台。

使用【拔模圆角凸台】工具创建图 3-7 所示的零件模型。

基本步骤如下。

1. 打开源文件“3-2.CATPart”。
2. 选择草图平面。
3. 绘制草图。
4. 创建拔模圆角凸台。

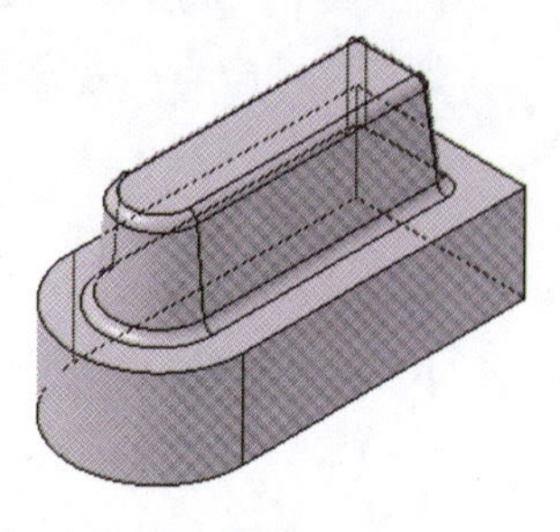

图 3-7

3.1.3　多凸台

【多凸台】工具用于在同一草图截面轮廓中定义不同封闭截面轮廓并以不同长度值进行拉伸，所有轮廓必须是封闭且不相交的。

【例 3-3】创建多凸台。

使用【多凸台】工具创建图 3-8 所示的多凸台模型。

基本步骤如下。

1. 打开源文件“3-3.CATPart”。
2. 创建多凸台。

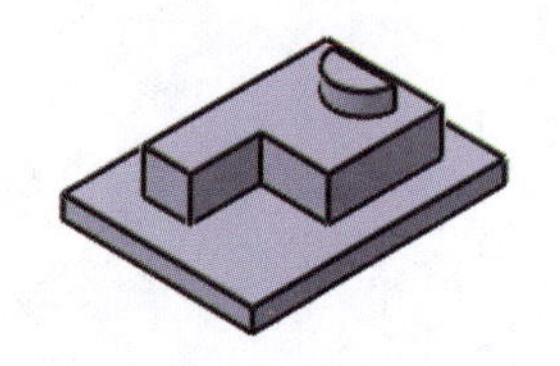

图 3-8

3.1.4　凹槽特征

与 3 个凸台特征创建工具相对应的 3 个凹槽特征创建工具如图 3-9 所示。

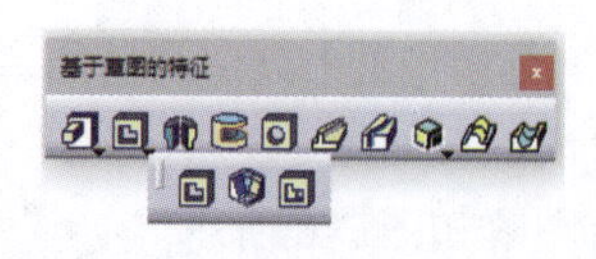

图 3-9

一、凹槽

【凹槽】工具可以对在草图环境中绘制的封闭轮廓线以多种方式进行拉伸，并移除实体材料以形成空腔，如图 3-10 所示。凹槽特征与凸台特征相似，只不过凸台是增加实体，而凹槽是移除实体。

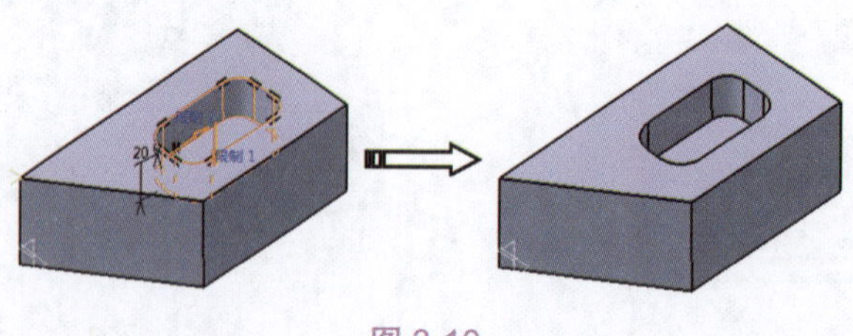

图 3-10

二、拔模圆角凹槽

【拔模圆角凹槽】工具用于创建带有拔模角和圆角特征的凹槽特征，系统不但会对凹槽的侧面进行拔模，还会在凹槽的顶部与底部创建倒圆角，如图 3-11 所示。

单击【基于草图的特征】工具栏中的【拔模圆角凹槽】按钮，会弹出【定义拔模圆角凹槽】对话框，如图 3-12 所示。

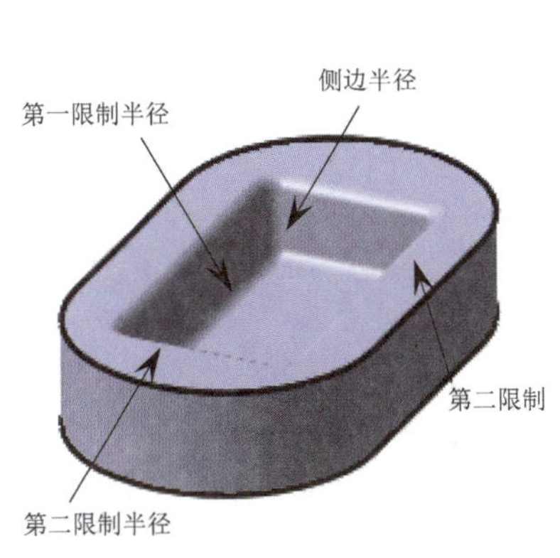

图 3-11

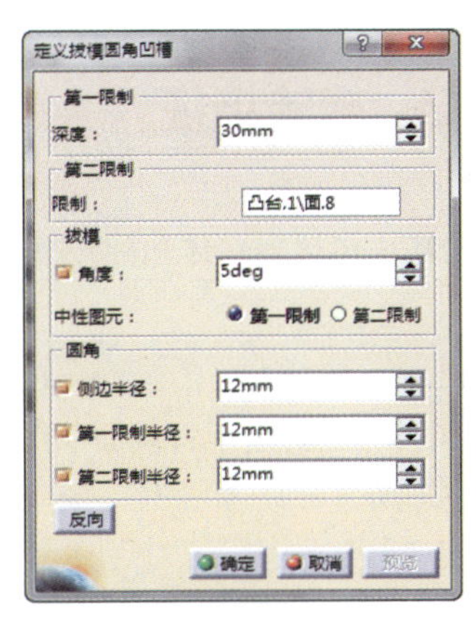

图 3-12

三、多凹槽

【多凹槽】工具用于在同一草图截面上指定不同的封闭轮廓来创建多个凹槽特征，如图 3-13 所示。

单击【基于草图的特征】工具栏中的【多凹槽】按钮，选择凹槽截面后，弹出【定义多凹槽】对话框。【多凹槽】工具可以依次剪切出不同长度的多个凹槽特征，但所有轮廓必须是封闭且不相交的。

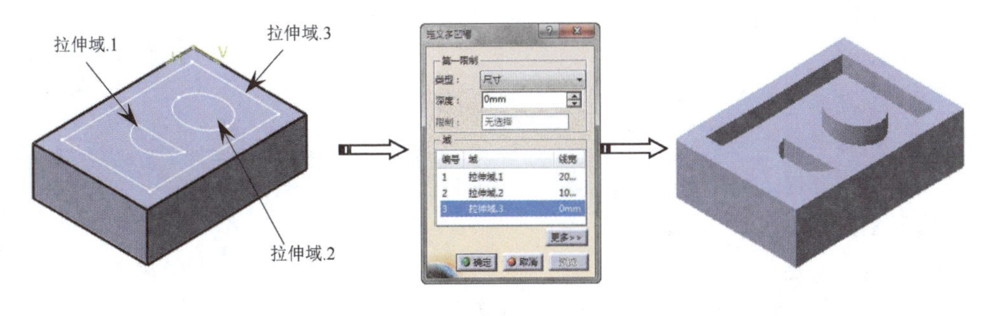

图 3-13

【例 3-4】支架孔零件设计。

使用【凸台】工具和【凹槽】工具创建图 3-14 所示的支架孔零件。

基本步骤如下。

1. 新建零件文件。
2. 选择草图平面。
3. 绘制草图。
4. 创建凸台。
5. 创建凹槽。

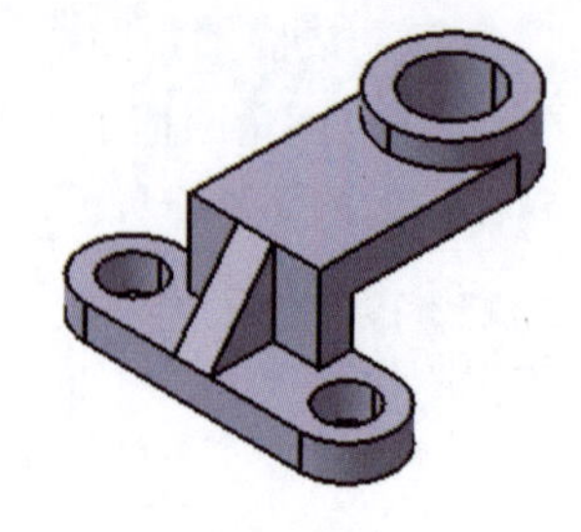

图 3-14

3.2　旋转特征

旋转特征包括旋转体和旋转槽。

3.2.1　旋转体

【旋转体】工具用于将截面草图绕某一中心轴按指定的角度旋转而得到实体特征，如图 3-15 所示。

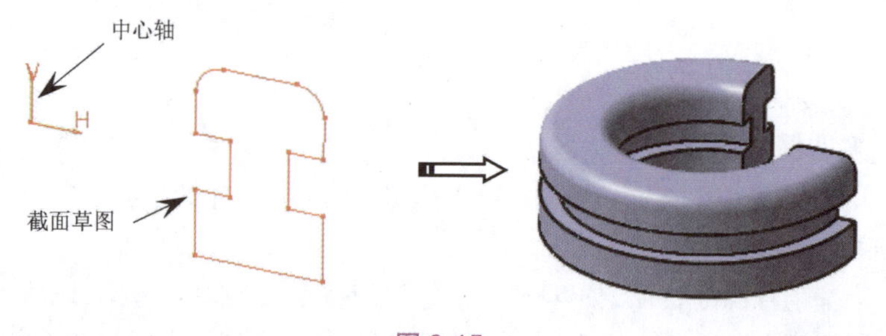

图 3-15

【例 3-5】罐体零件设计。

使用【旋转体】工具创建图 3-16 所示的罐体零件。

基本步骤如下。

1. 新建零件文件。
2. 选择草图平面。
3. 绘制草图。
4. 创建旋转体。
5. 再次创建旋转体。

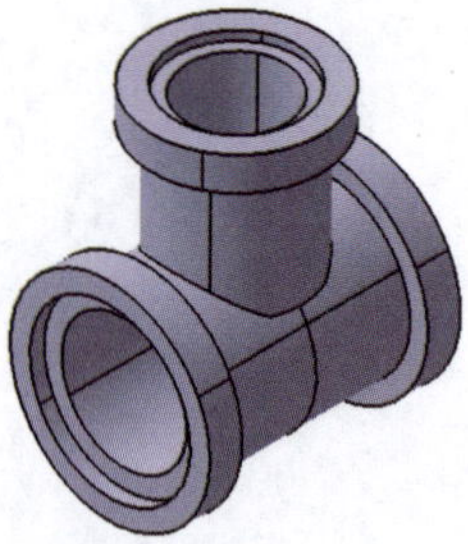

图 3-16

3.2.2　旋转槽

【旋转槽】工具用于将轮廓绕中心轴旋转并在旋转时从零件模型中将材料去除，可以得到旋转槽特征，如图 3-17 所示。旋转槽特征与旋转体特征相似，只不过旋转体是增加实体，而旋转槽是移除实体。

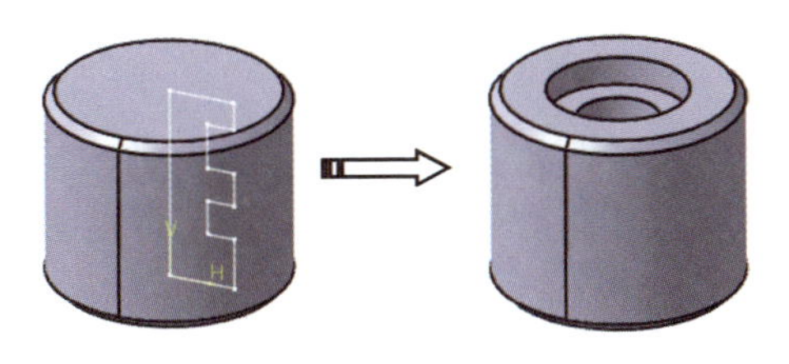

图 3-17

3.3 扫描特征

CATIA 中的“肋”并非指加强筋，而是指扫描特征，包括扫描加实体特征（肋特征）和扫描切除实体特征（开槽特征）。

3.3.1 肋特征

【肋】工具用于将草图轮廓沿一条中心导向曲线扫掠以创建肋特征。草图轮廓通常是封闭的，而中心导向曲线可以是草图也可以是空间曲线，可以是封闭的也可以是开放的。

【例 3-6】内六角扳手设计。

使用【肋】工具创建图 3-18 所示的内六角扳手零件。

基本步骤如下。

1. 新建零件文件。
2. 选择草图平面。
3. 绘制草图。
4. 创建肋特征。

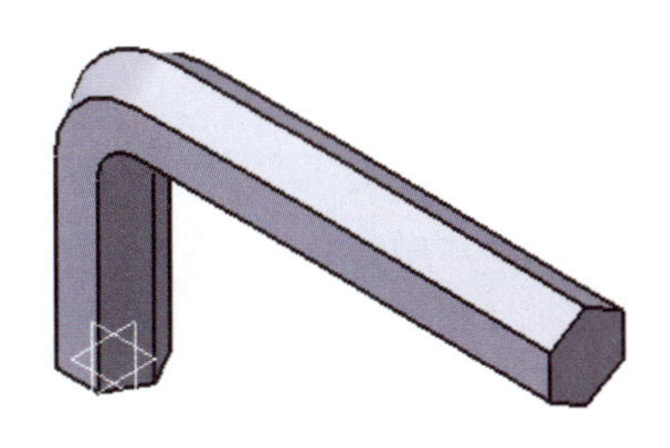

图 3-18

3.3.2 开槽特征

【开槽】工具用于在实体上以扫掠的形式创建扫描切除特征，如图 3-19 所示。开槽特征与肋特征相似，只不过肋特征是增加实体，而开槽特征是切除实体。

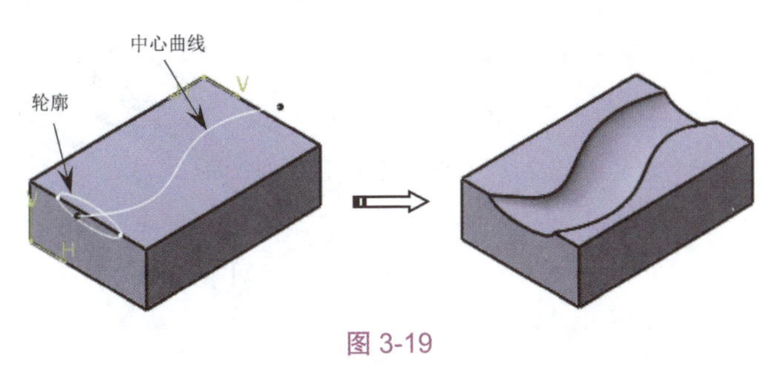

图 3-19

3.4 放样与混合特征

在 CATIA 中，多截面实体指的是放样实体，已移除的多截面实体指的是放样切除实体。

3.4.1 多截面实体

【多截面实体】工具用于将两个或两个以上不同位置的封闭截面轮廓沿一条或多条引导线以渐进方式扫掠形成的实体，如图 3-20 所示。

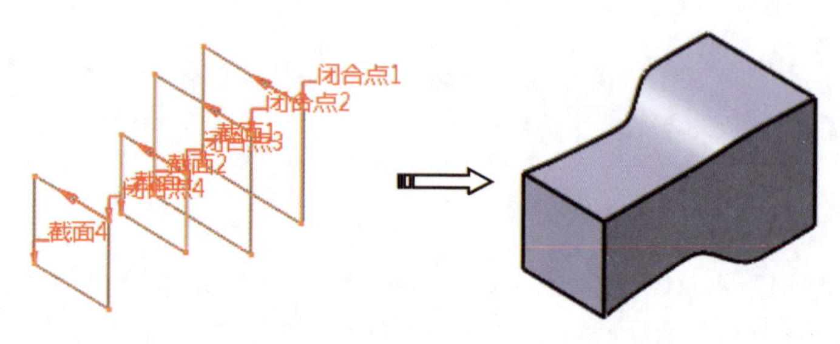

图 3-20

【例 3-7】创建多截面实体。

使用【多截面实体】工具创建图 3-21 所示的模型零件。

基本步骤如下。

1. 打开源文件“3-7. CATPart”。
2. 创建肋特征。

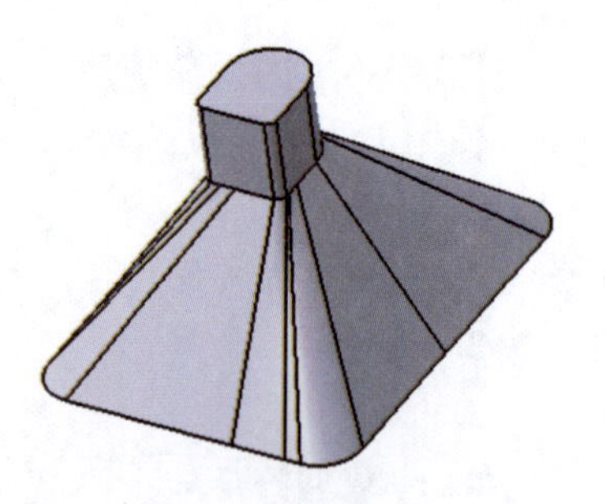

图 3-21

3.4.2 已移除的多截面实体

【已移除的多截面实体】工具用于通过多个截面轮廓的渐进扫掠在已有实体上去除材料生成特征，如图 3-22 所示。已移除的多截面实体特征与多截面实体特征相似，只不过多截面实体是增加实体，而已移除的多截面实体是切除实体。

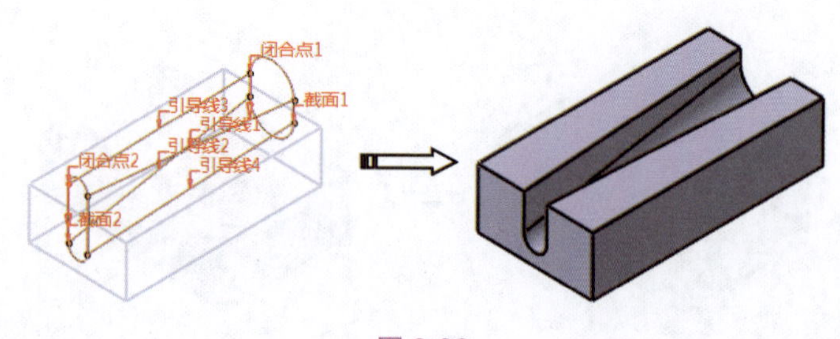

图 3-22

3.4.3 实体混合特征

【实体混合】工具用于将两个草图截面（轮廓）分别沿着两个方向拉伸而生成交集实体，如图 3-23 所示。单击【基于草图的特征】工具栏中的【实体混合】按钮，会弹出【定义混合】对话框，如图 3-24 所示。

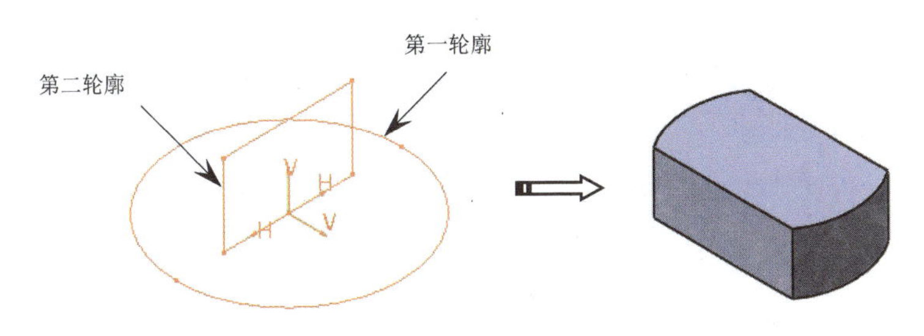

图 3-23

图 3-24

【例 3-8】阶梯键零件设计。

使用【实体混合】工具创建图 3-25 所示的阶梯键零件。

基本步骤如下。

1. 新建零件文件。
2. 选择草图平面。
3. 绘制草图。
4. 创建实体混合特征。

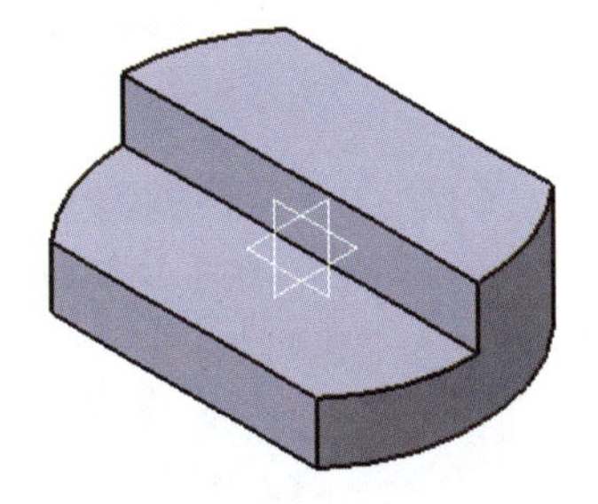

图 3-25

3.5 工程特征设计

工程特征是指在已有实体的基础上建立的附特征，如倒角、拔模、螺纹、抽壳、孔、加强肋等，相关工具集中在【修饰特征】工具栏和【基于草图的特征】工具栏中。

3.5.1 倒圆角

CATIA V5-6R2020 提供了多种创建倒圆角特征的工具。单击【修饰特征】工具栏中【倒圆角】按钮右下角的三角形按钮，可打开【圆角】工具栏，如图 3-26 所示。

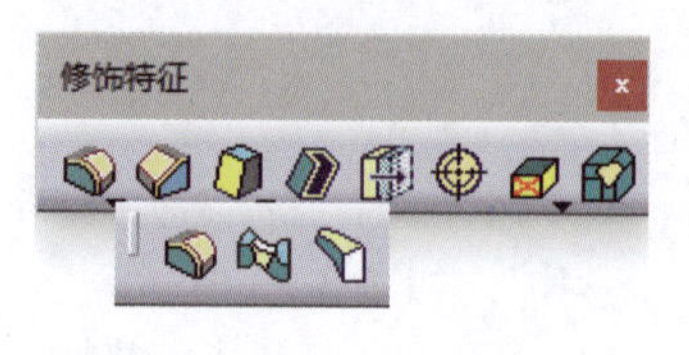

图 3-26

一、倒圆角

【倒圆角】工具用于在实体的指定边线上建立曲面圆角特征，如图 3-27 所示。

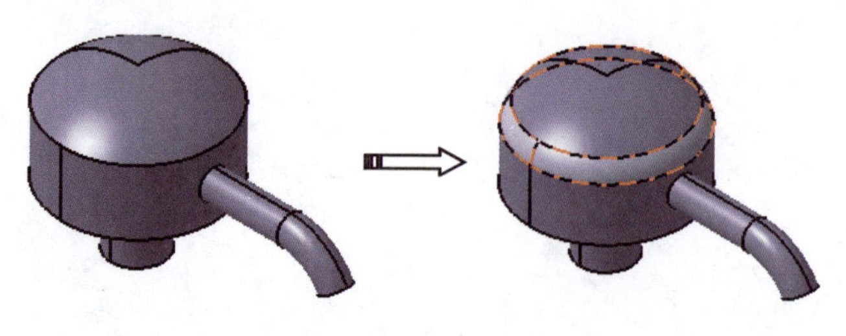
图 3-27

单击【倒圆角】按钮，会弹出【倒圆角定义】对话框，如图 3-28 所示。

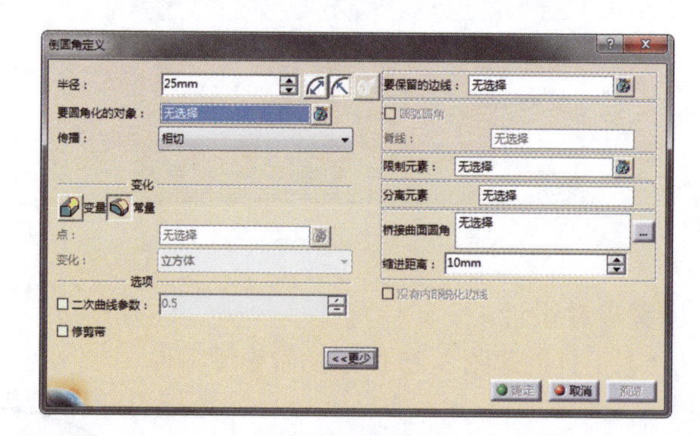

图 3-28

【例 3-9】进行倒圆角操作。

使用【倒圆角】工具给图 3-29 所示的模型创建倒圆角。

基本步骤如下。

1. 打开源文件“3-9.CATPart”。
2. 创建倒圆角。

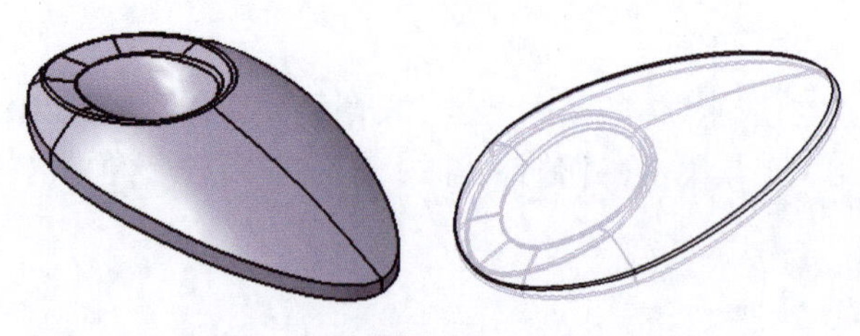
图 3-29

二、面与面的圆角

【面与面的圆角】工具用于在具有夹角的两个曲面之间创建圆角，如图3-30所示。两个曲面可以是相连的，也可以是不相连的。对于相连的两个曲面，圆角半径应小于曲面尺寸（包括长度和宽度）；对于不相连的两个曲面，圆角半径应大于两曲面之间最短距离的1/2。

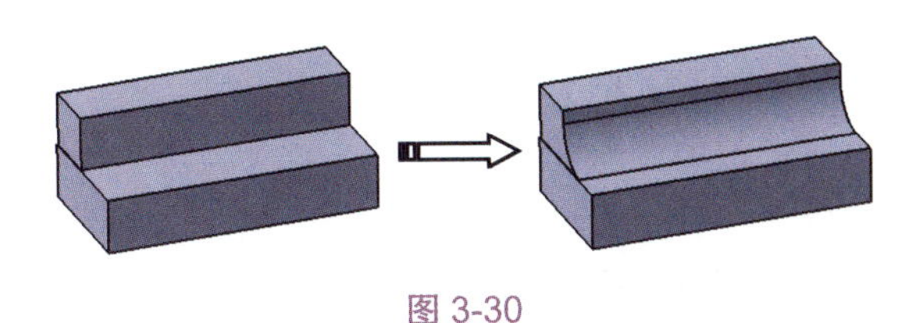

图 3-30

单击【修饰特征】工具栏中的【面与面的圆角】按钮，会弹出【定义面与面的圆角】对话框，如图3-31所示。

【例 3-10】创建面与面的圆角。

使用【面与面的圆角】工具给图3-32所示的模型创建圆角。

基本步骤如下。

1. 打开源文件“3-10.CATPart”。
2. 创建面与面的圆角。

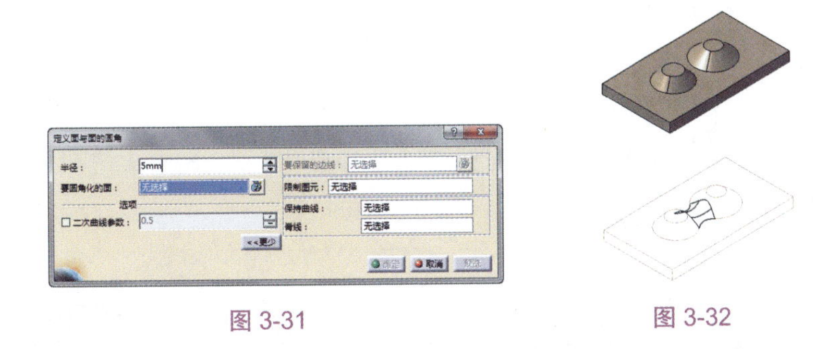

图 3-31　　　　图 3-32

三、三切线内圆角

【三切线内圆角】工具用于在指定的3个相交面上创建与这3个面均相切的圆角特征，如图3-33所示。

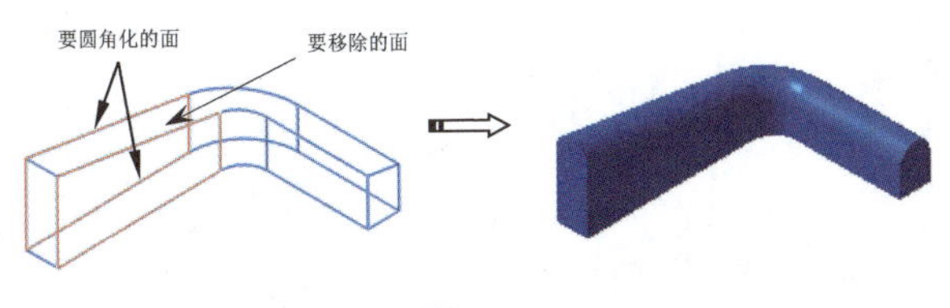

图 3-33

单击【修饰特征】工具栏中的【三切线内圆角】按钮，会弹出【定义三切线内圆角】对话框，如图 3-34 所示。

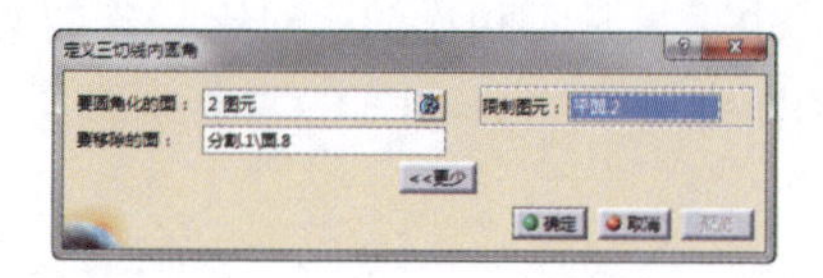

图 3-34

【例 3-11】创建三切线内圆角。

使用【三切线内圆角】工具给图 3-35 所示的模型创建圆角。

基本步骤如下。

1. 打开源文件“3-11.CATPart”。
2. 创建三切线内圆角。

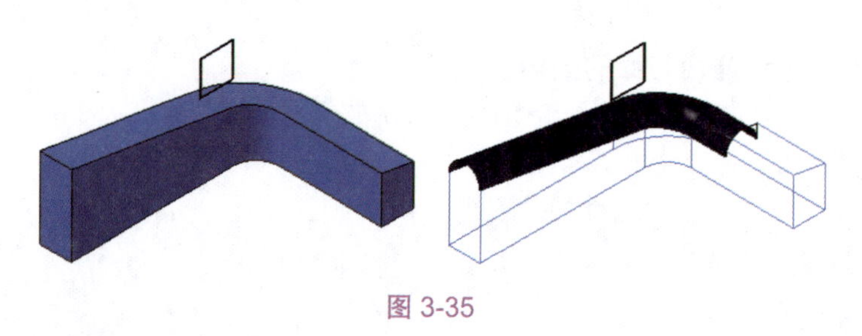

图 3-35

3.5.2　倒角

【倒角】工具用于在存在交线的两个面上建立倒角斜面，如图 3-36 所示。

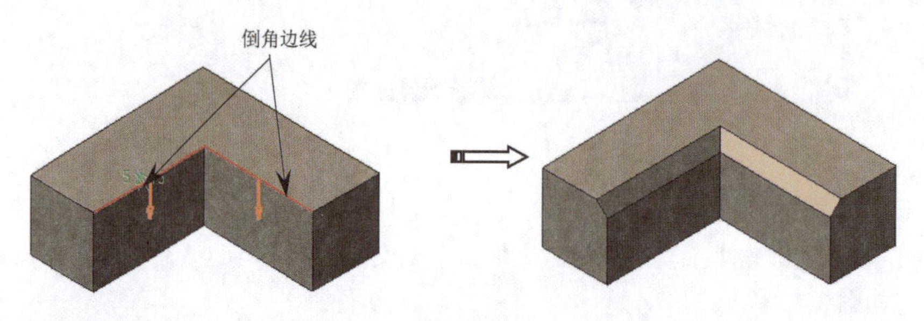

图 3-36

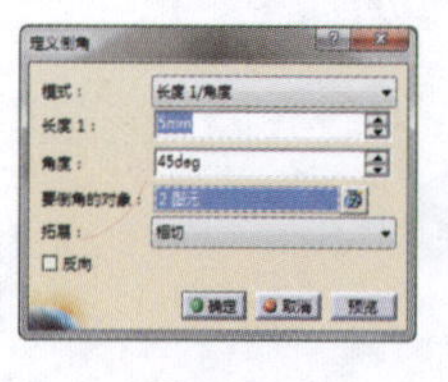

图 3-37

单击【倒角】按钮，会弹出【定义倒角】对话框，如图 3-37 所示。

在【模式】下拉列表中有【长度 1/ 角度】【长度 1/ 长度 2】两个选项，效果如图 3-38 所示。

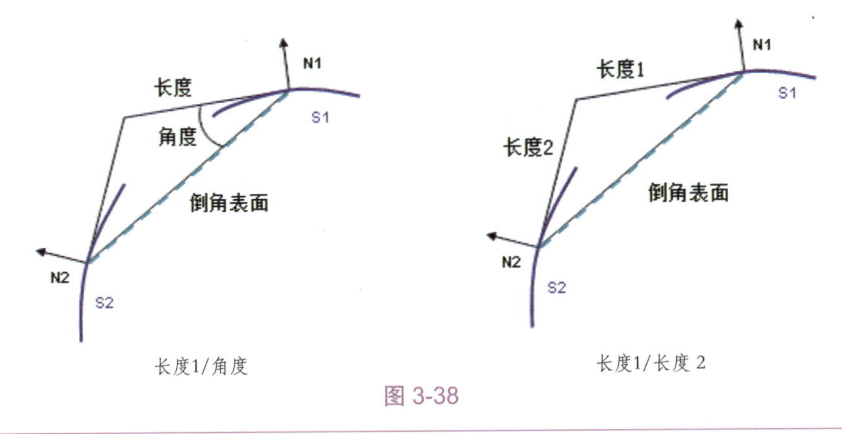

图 3-38

> **提示：**【反向】复选框主要用于非对称性倒角，例如创建长度 1 为 10mm、长度 2 为 20mm 的倒角特征，可反转调换两边的长度。

【例 3-12】创建倒角。

使用【倒角】工具给图 3-39 所示的模型创建倒角。

基本步骤如下。

1. 打开源文件“3-12.CATPart”。
2. 创建倒角。

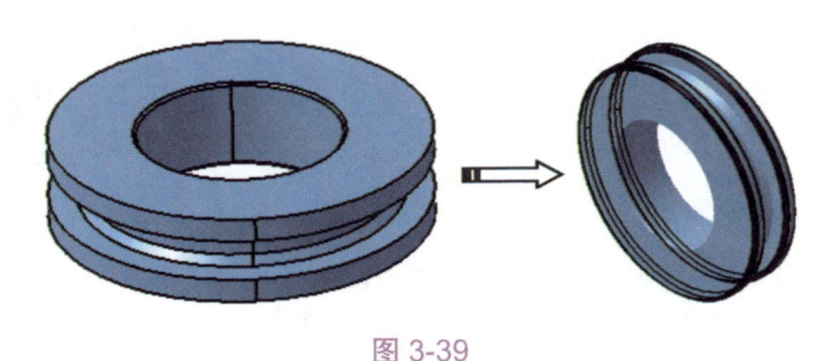

图 3-39

3.5.3 拔模

对于铸造、模锻和注塑等零件，为了便于起模、使模具与零件分离，需要在零件的拔模面上构造斜角，即拔模角。CATIA V5-6R2020 提供了多种创建拔模特征的方法，单击【修饰特征】工具栏中【拔模斜度】按钮右下角的下三角按钮，可打开【拔模】工具栏，如图 3-40 所示。

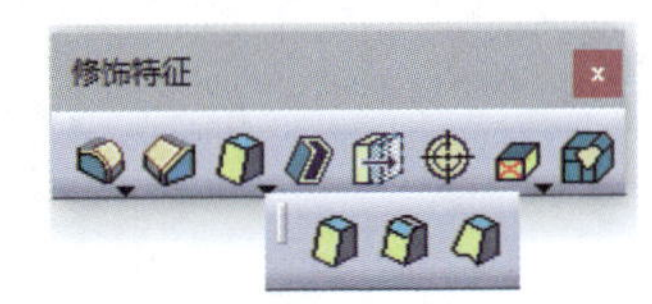

图 3-40

一、拔模斜度

【拔模斜度】工具是根据拔模面和中性元素（实体表面、平面或基准面）之间的夹角等条件进行拔模的，如图 3-41 所示。

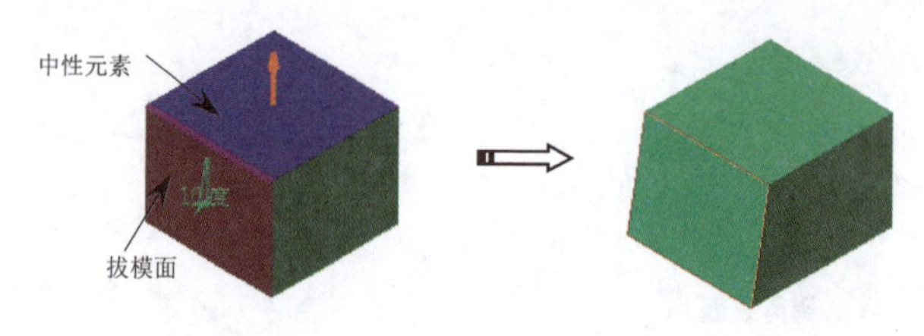

图 3-41

单击【拔模斜度】按钮，会弹出【定义拔模】对话框，如图 3-42 所示。

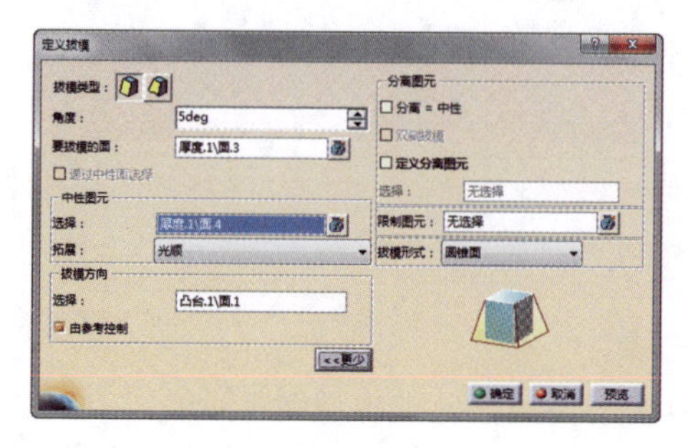

图 3-42

【例 3-13】创建简单拔模。

使用【拔模斜度】工具给图 3-43 所示的零件创建简单拔模。

基本步骤如下。

1. 打开源文件“3-13.CATPart”。
2. 创建简单拔模。

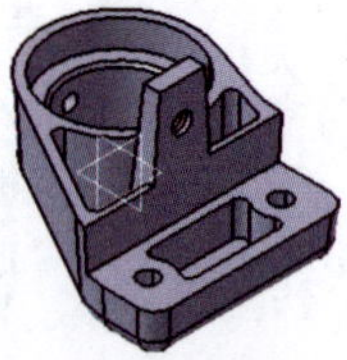

图 3-43

二、可变角度拔模

与【拔模斜度】工具不同的是，【可变角度拔模】工具用于在拔模面上创建拔模变化。在中性元素和拔模面的交线上，可利用交线顶点及交线上的任意点来定义不同的拔模角度，以此获得可变角度的拔模面，如图 3-44 所示。

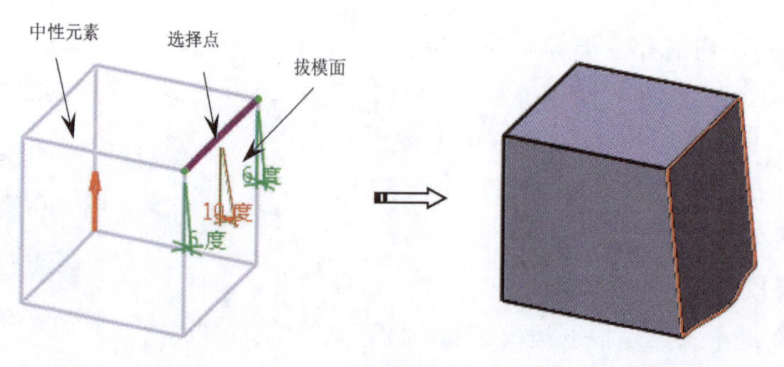

图 3-44

单击【可变角度拔模】按钮，会弹出【定义拔模】对话框，如图 3-45 所示。

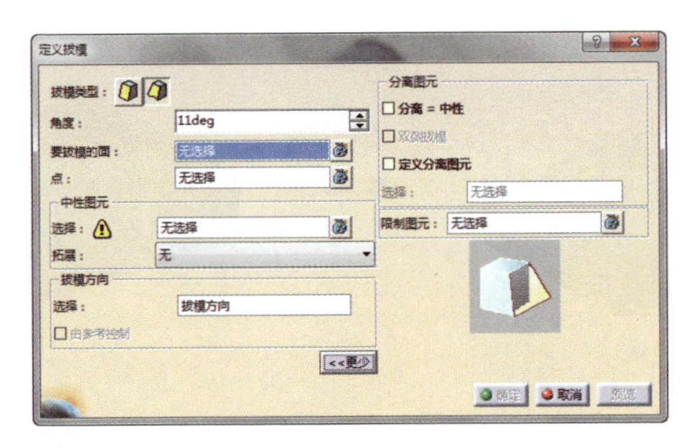

图 3-45

【例 3-14】进行可变角度拔模操作。

使用【可变角度拔模】工具给图 3-46 所示的零件创建可变角度拔模特征。

基本步骤如下。

1. 打开源文件“3-14.CATPart”。
2. 创建可变角度拔模特征。

三、拔模反射线

【拔模反射线】工具用于将模型表面的投影线作为中性图元来创建模型上的拔模特征。

【例 3-15】创建拔模反射线。

使用【拔模反射线】工具给图 3-47 所示的零件创建拔模反射线。

基本步骤如下。

1. 打开源文件“3-15.CATPart”。
2. 创建拔模反射线。

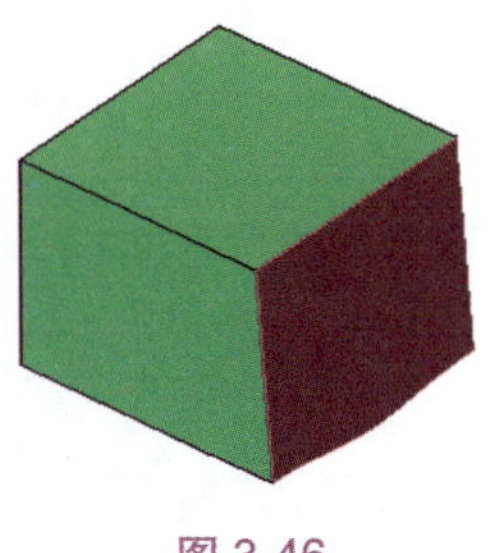

图 3-46

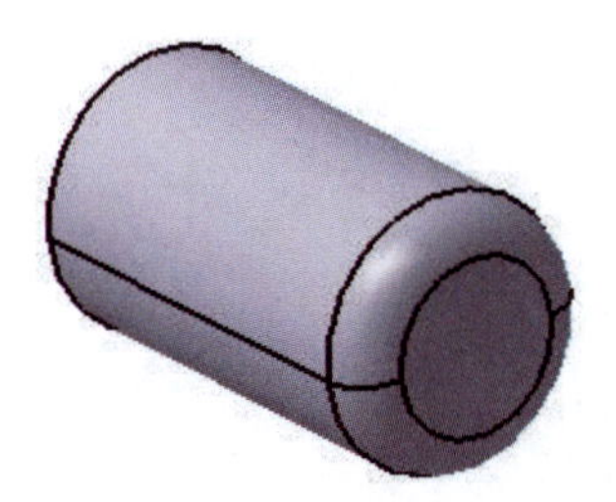

图 3-47

3.5.4 抽壳

盒体也称抽壳，【盒体】工具用于从实体内部除料或在外部加料，使实体中空化，形成薄壁形的零件，如图 3-48 所示。

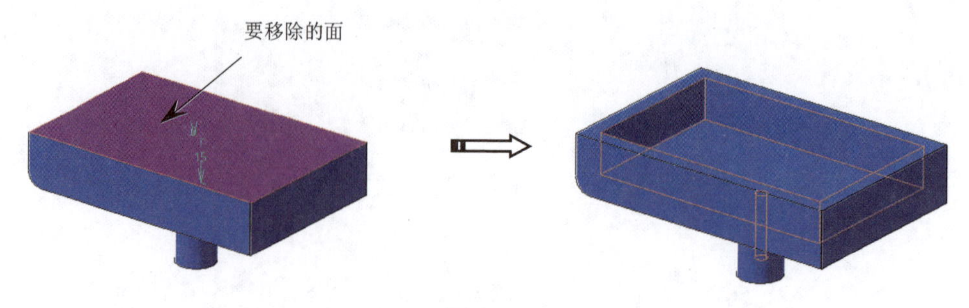

图 3-48

单击【修饰特征】工具栏中的【盒体】按钮，会弹出【定义盒体】对话框，如图 3-49 所示。

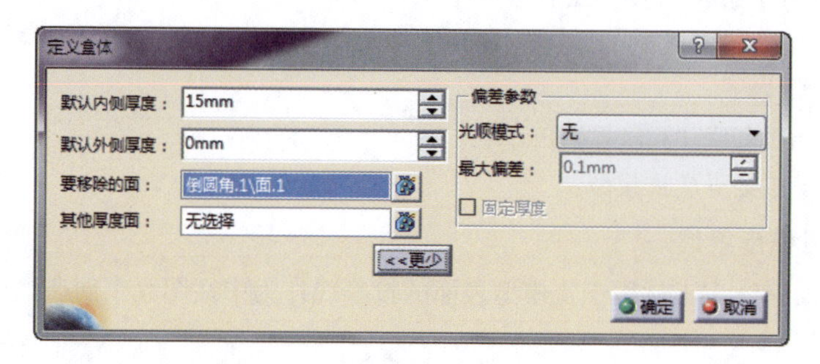

图 3-49

3.5.5　孔特征

【孔】工具用于在实体上钻孔，包括盲孔、通孔、锥形孔、沉头孔、埋头孔、倒钻孔等，如图 3-50 所示。

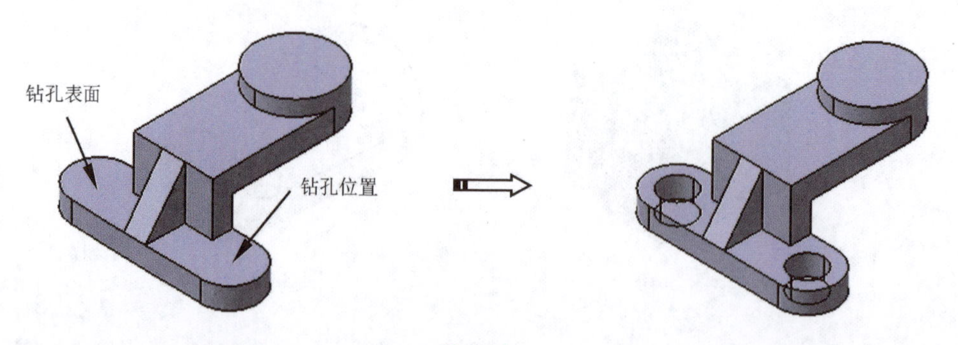

图 3-50

单击【基于草图的特征】工具栏中的【孔】按钮，选择钻孔的实体表面后，会弹出【定义孔】对话框，如图 3-51 所示。

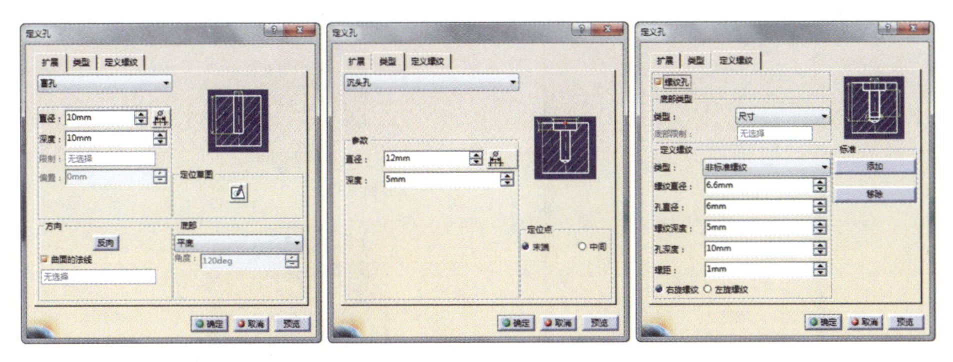

图 3-51

【例 3-16】在零件上创建孔特征。

使用【孔】工具在图 3-52 所示的零件上创建孔特征。

基本步骤如下。

1. 打开源文件“3-16.CATPart”。
2. 创建孔特征。
3. 圆形阵列孔特征。

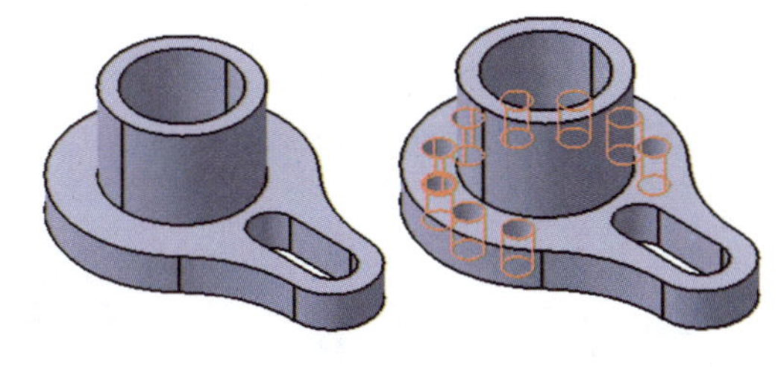

图 3-52

3.5.6 加强肋

【加强肋】工具用于在草图轮廓和现有零件之间添加指定方向和厚度的材料，在工程中一般用于提高零件的强度，如图 3-53 所示。

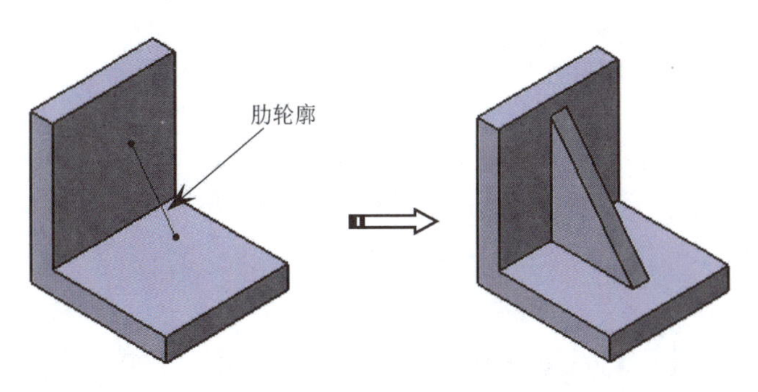

图 3-53

单击【基于草图的特征】工具栏中的【加强肋】按钮，会弹出【定义加强肋】对话框，如图 3-54 所示。

在【定义加强肋】对话框中选择【从侧面】模式或【从顶部】模式，可创建出不同的肋特征，如图 3-55 所示。

图 3-54

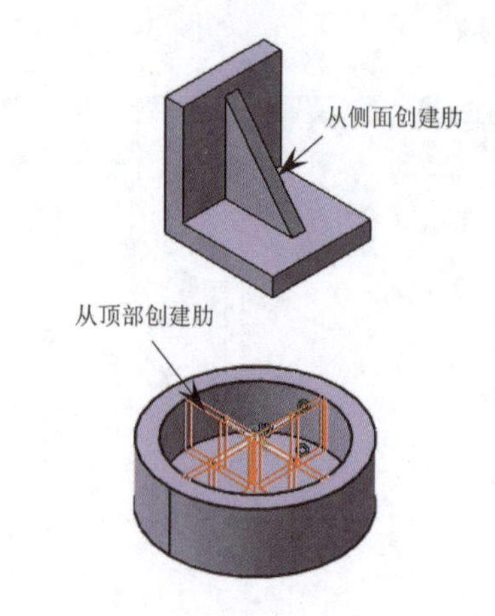

图 3-55

【例 3-17】创建加强肋特征。

使用【加强肋】工具在图 3-56 所示的零件上创建加强肋特征。

基本步骤如下。

1. 打开源文件“3-17.CATPart”。
2. 绘制草图。
3. 创建加强肋特征。

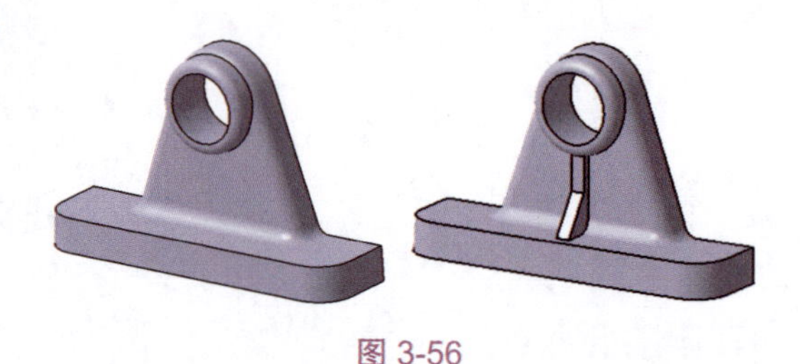

图 3-56

3.6 特征的变换操作

特征的变换是指对零件几何体中的局部特征进行位置与形状变换、创建副本（包括镜像和阵列）等操作（也可对零件几何体进行变换操作）。特征的变换工具包括平移、旋转、对称、定位、镜像、阵列、缩放和仿射等，是帮助用户进行高效建模的辅助工具。下面介绍一些常用的变换工具。

3.6.1 平移

【平移】工具用于在指定的方向、点或坐标上对工作对象进行平移操作。

平移操作对象也是当前工作对象，在进行平移操作前要先定义工作对象（右击零件几何体或特征，在弹出的快捷菜单中选择【定义工作对象】命令）。

【例 3-18】进行平移操作。

使用【平移】工具对图 3-57 所示的零件进行平移操作。

基本步骤如下。

1. 打开源文件“3-18.CATPart”。
2. 进行平移操作。

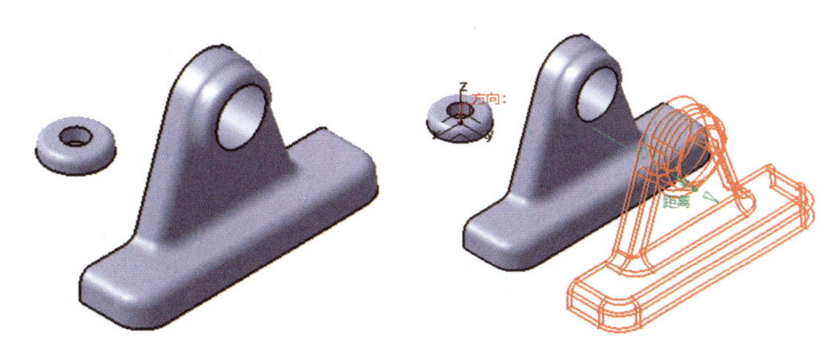

图 3-57

3.6.2 旋转

【旋转】工具用于将所选特征（或零件几何体）绕指定轴线旋转，使其移动到新位置，如图 3-58 所示。

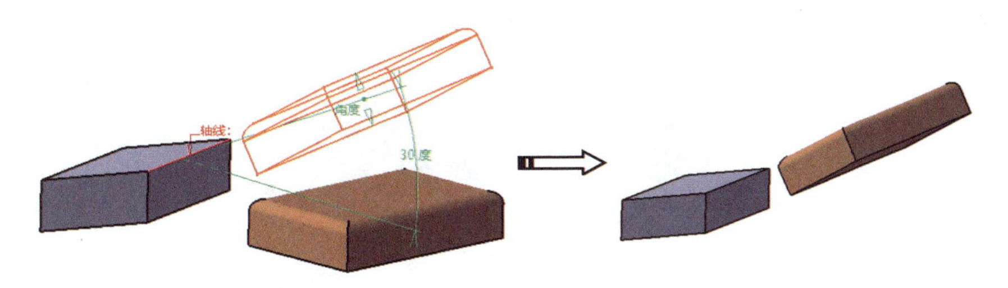

图 3-58

【例 3-19】进行旋转操作。

使用【旋转】工具对图 3-59 所示的零件进行旋转操作。

基本步骤如下。

1. 打开源文件“3-19.CATPart”。
2. 进行旋转操作。

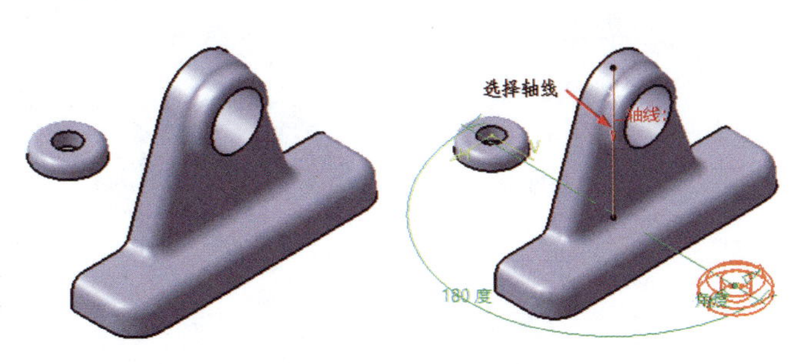

图 3-59

3.6.3　对称

【对称】工具用于将工作对象对称移动至参考图元一侧的相应位置上，源对象将不被保留，如图 3-60 所示。参考图元可以是点、线或平面。

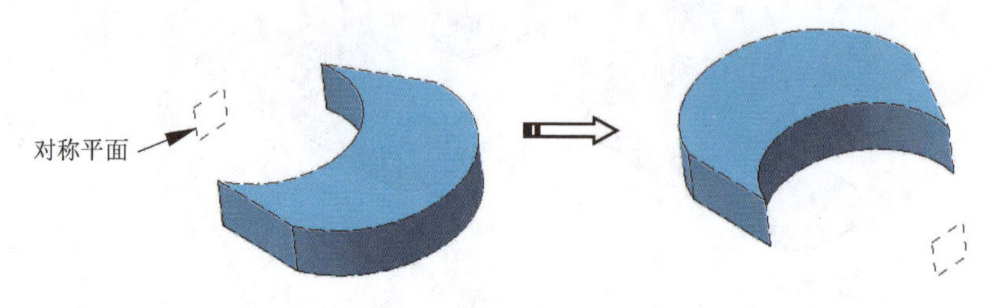

图 3-60

【例 3-20】进行对称操作。

使用【对称】工具对图 3-61 所示的零件进行对称操作。

基本步骤如下。

1. 打开源文件“3-20.CATPart”。
2. 进行对称操作。

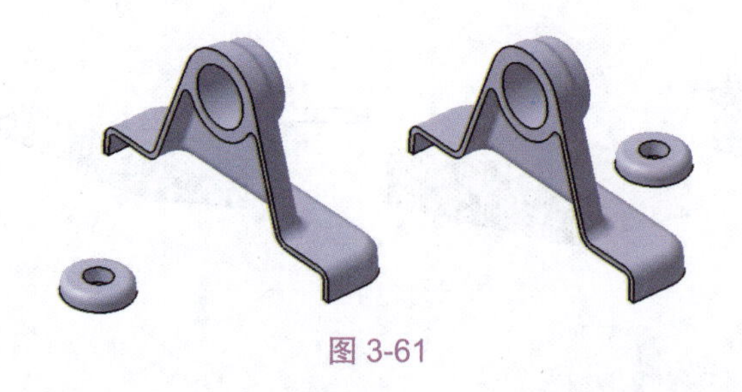

图 3-61

3.6.4　定位

【定位】工具用于将新轴系对当前工作对象进行重新定位，一次可以转换一个或多个图元对象。

【例 3-21】进行定位操作。

使用【定位】工具对图 3-62 所示的零件进行定位操作。基本步骤如下。

1. 打开源文件“3-21.CATPart”。
2. 进行定位操作。

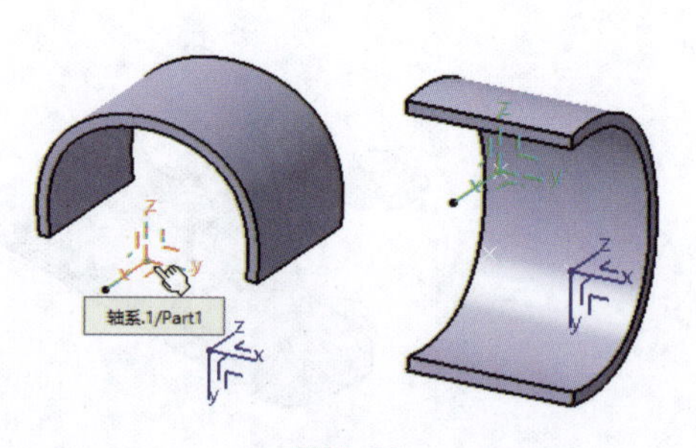

图 3-62

3.6.5　镜像

【镜像】工具用于将特征或零件几何体

相对于镜像平面进行镜像变换操作。【镜像】命令与【对称】命令的不同之处在于【镜像】命令会保留源对象，而【对称】会移除源对象。

【例 3-22】进行镜像操作。

使用【镜像】工具对图 3-63 所示的零件进行镜像操作。

基本步骤如下。

1. 打开源文件“3-22.CATPart”。
2. 进行镜像操作。

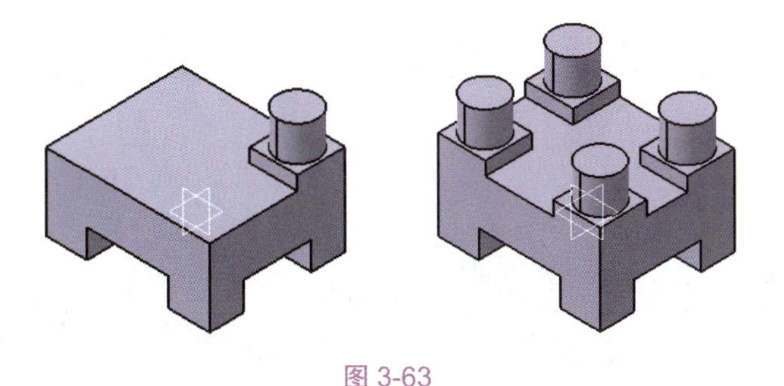

图 3-63

3.7　实战案例：传动零件设计

通过本实战案例，读者将掌握修饰特征命令与基础特征命令在零件设计中的基本用法。根据图 3-64 所示的零件图来建立模型。

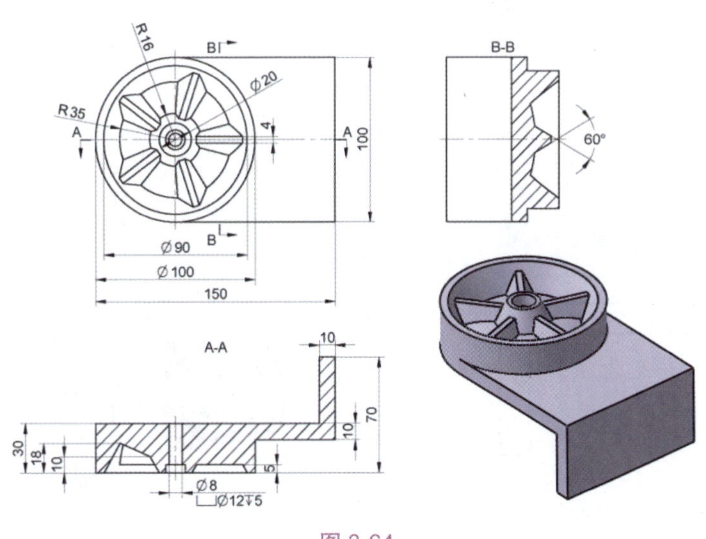

图 3-64

一、建模分析

（1）参照零件三视图，确定建模起点在剖面 A-A 中直径尺寸为 Ø100 的圆盘圆心点上。

（2）按照从下往上、由外向内、由大到小的顺序建立模型。

（3）所有特征的截面曲线均来自各个视图的轮廓。

（4）建模流程如图 3-65 所示。

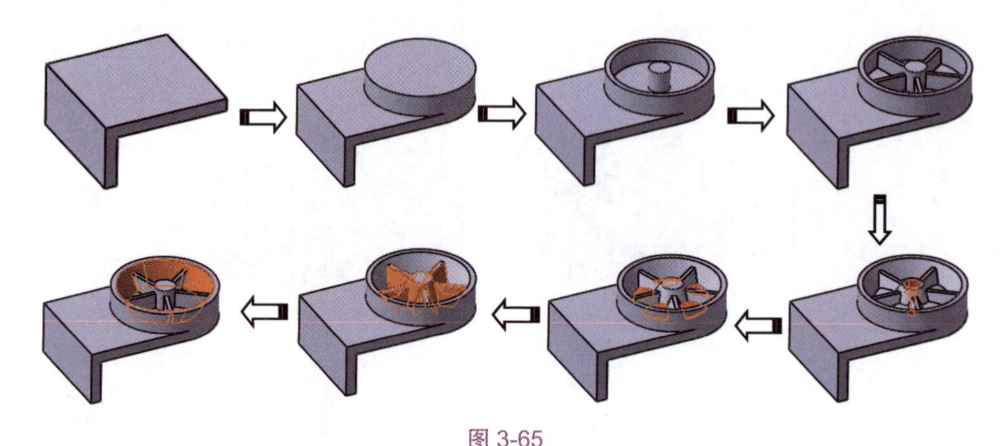

图 3-65

二、设计步骤

1. 启动 CATIA V5-6R2020，在菜单栏中执行【开始】/【机械设计】/【零件设计】命令，进入零件设计工作台。

2. 创建凸台特征 1。

（1）单击【凸台】按钮，打开【定义凸台】对话框。单击对话框中的【创建草图】按钮，然后选择 *zx* 平面作为草图平面，进入草图环境。

（2）在草图环境中绘制图 3-66 所示的草图 1。

（3）退出草图环境，在【定义凸台】对话框中选择拉伸类型为【尺寸】，并设置拉伸长度为 50mm，选中【镜像范围】复选框，单击【确定】按钮，完成凸台特征 1 的创建，如图 3-67 所示。

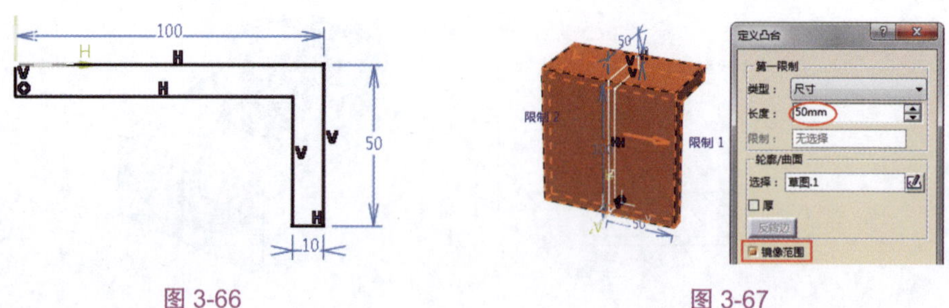

图 3-66　　图 3-67

3. 创建凸台特征 2。

（1）单击【凸台】按钮，然后在图 3-68 所示的凸台特征 1 的表面上绘制草图 2。

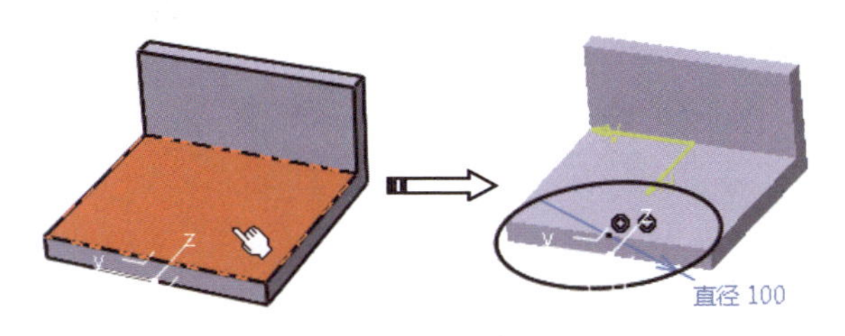

图 3-68

> **提示：** 在绘制圆时，圆心需与实体边的中点重合。

（2）退出草图环境，以默认的【尺寸】类型创建拉伸长度为 30mm 的凸台特征 2，如图 3-69 所示。

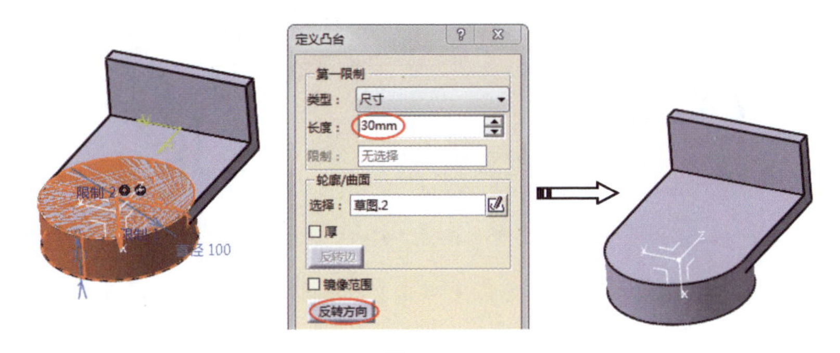

图 3-69

4. 创建凹槽特征。

（1）单击【凹槽】按钮，打开【定义凹槽】对话框。选择图 3-70 所示的草图平面，进入草图环境，绘制草图 3。

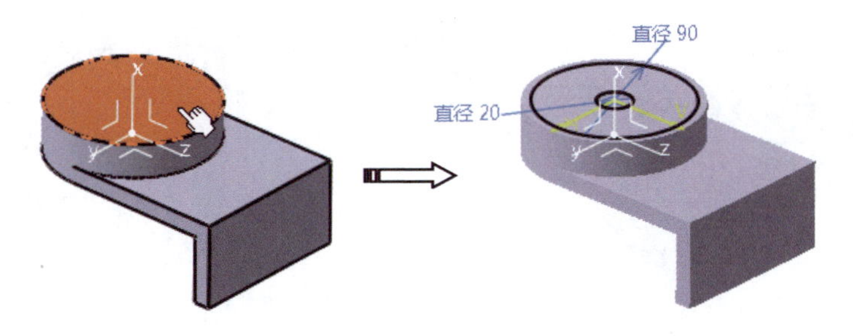

图 3-70

（2）退出草图环境，在【定义凹槽】对话框中设置深度为 20mm，单击【确定】按钮，完成凹槽特征的创建，如图 3-71 所示。

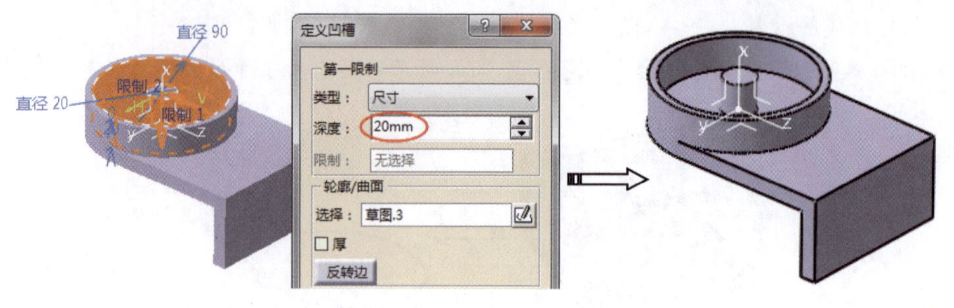

图 3-71

5. 创建加强肋特征。

（1）单击【参考元素】工具栏中的【平面】按钮，创建图 3-72 所示的平面 1。

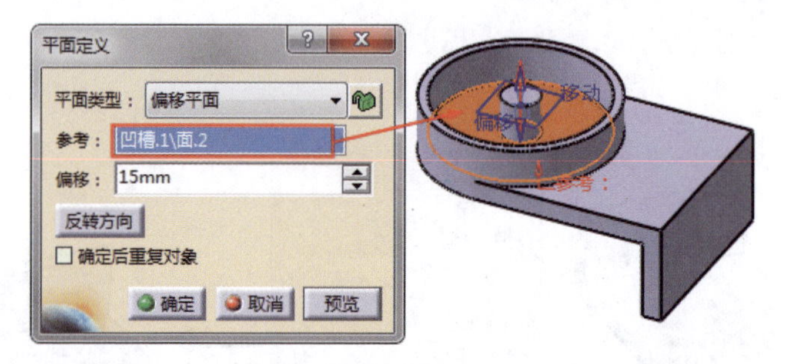

图 3-72

（2）在【基于草图的特征】工具栏中单击【加强肋】按钮，打开【定义加强肋】对话框。

（3）单击对话框中的【创建草图】按钮，选择平面 1 作为草图平面，进入草图环境，绘制草图 4，如图 3-73 所示。

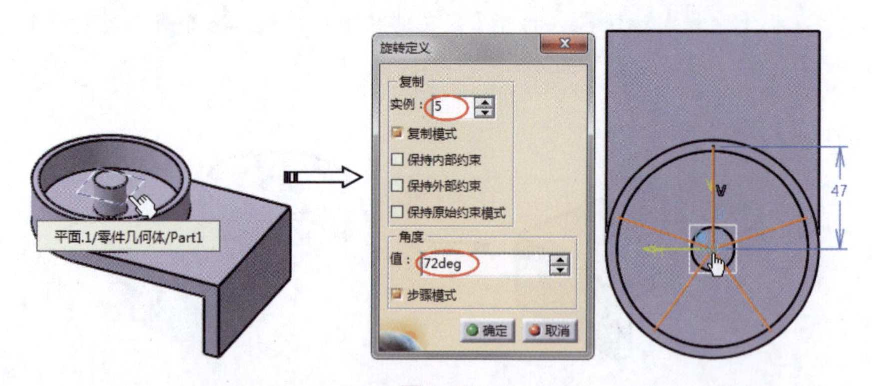

图 3-73

（4）退出草图环境，在【定义加强肋】对话框中选择【从顶部】模式，设置线宽中的厚度 1 为 4mm，单击【确定】按钮，完成加强肋特征的创建，如图 3-74 所示。

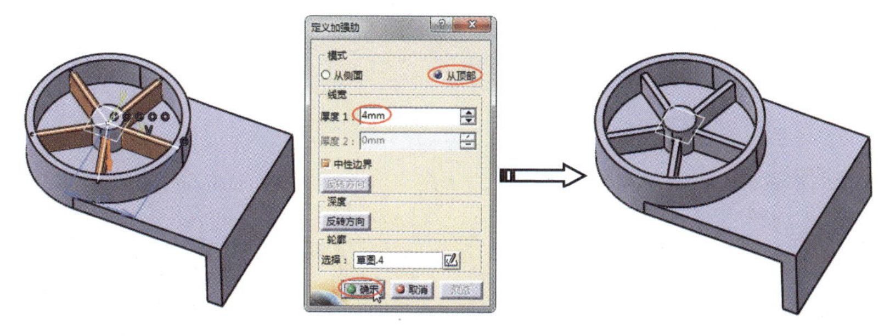

图 3-74

6. 创建拔模特征。在【修饰特征】工具栏中单击【拔模斜度】按钮，打开【定义拔模】对话框。依次选择要拔模的面、中性元素和拔模方向，设置拔模角度为 30°，单击【确定】按钮，完成拔模特征的创建，如图 3-75 所示。

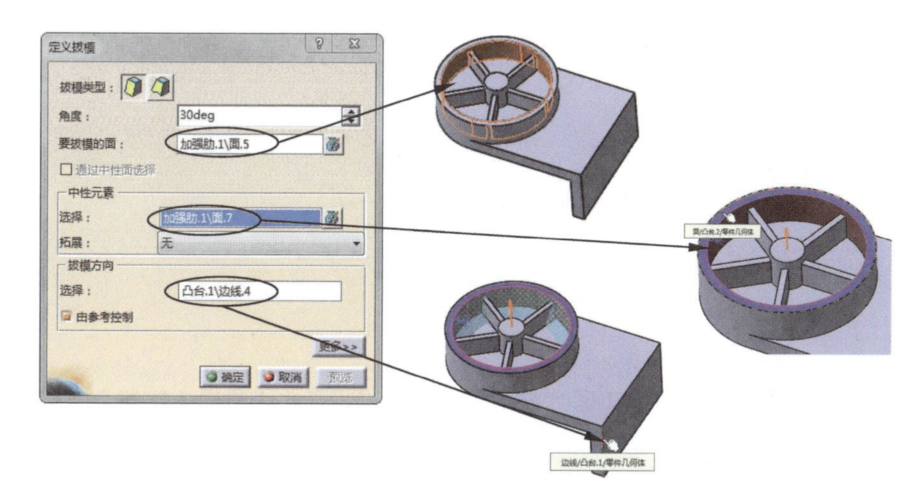

图 3-75

7. 用同样的方法对加强肋特征进行拔模定义。设置拔模角度为 30°，选取相同的模型边线为拔模方向，如图 3-76 所示。

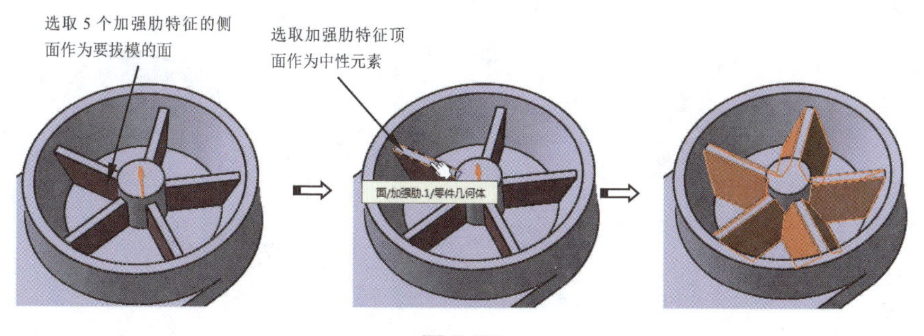

图 3-76

8. 对中间圆柱的侧面进行拔模定义，设置拔模角度为 30°，操作过程如图 3-77 所示。

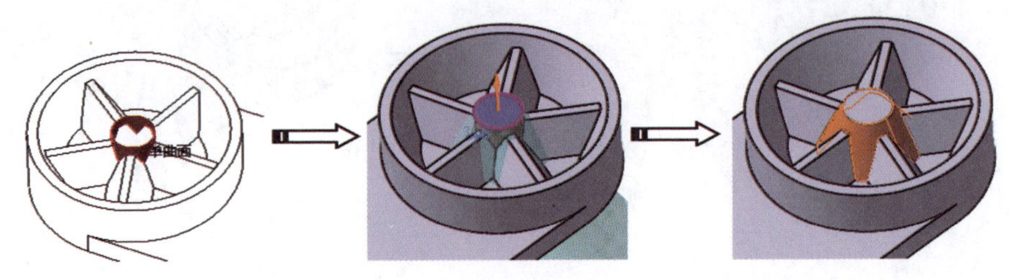

图 3-77

9. 使用【旋转体】工具创建旋转体特征。

（1）单击【旋转体】按钮，打开【定义旋转体】对话框。单击对话框中的【创建草图】按钮，选择 *zx* 平面作为草图平面，进入草图环境，绘制图 3-78 所示的草图 5。

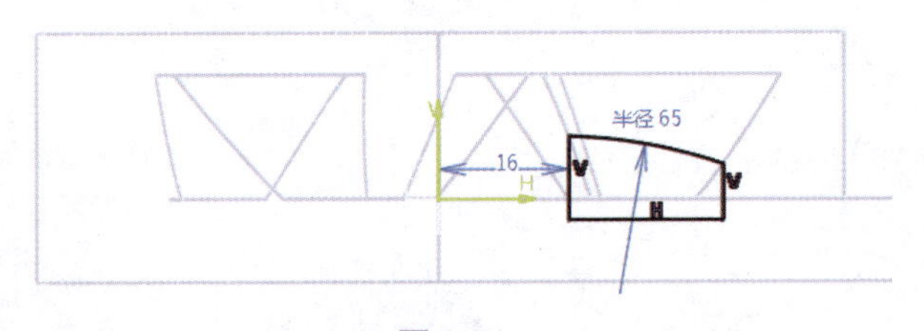

图 3-78

（2）退出草图环境，在【定义旋转体】对话框中单击【确定】按钮，创建旋转体特征，如图 3-79 所示。

10. 创建沉头孔特征。

（1）在【基于草图的特征】工具栏中单击【孔】按钮，选择中间圆柱的顶面作为孔放置面，随后打开【定义孔】对话框。

（2）在【类型】选项卡中选择【沉头孔】类型，设置孔标准为 Metric_Cap_Screws（公制螺纹）和 M8-Normal（M8 标准直径），如图 3-80 所示。

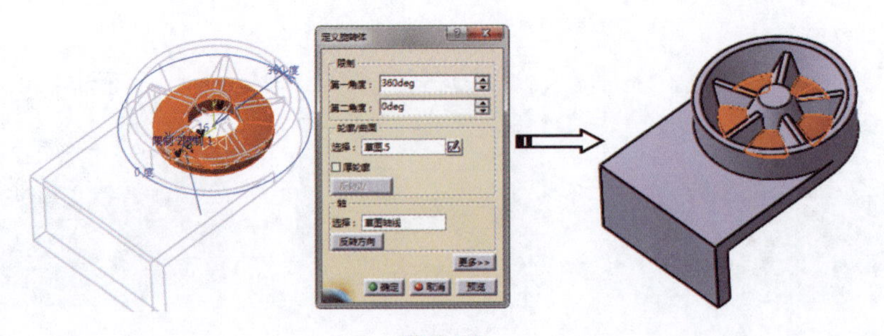

图 3-79

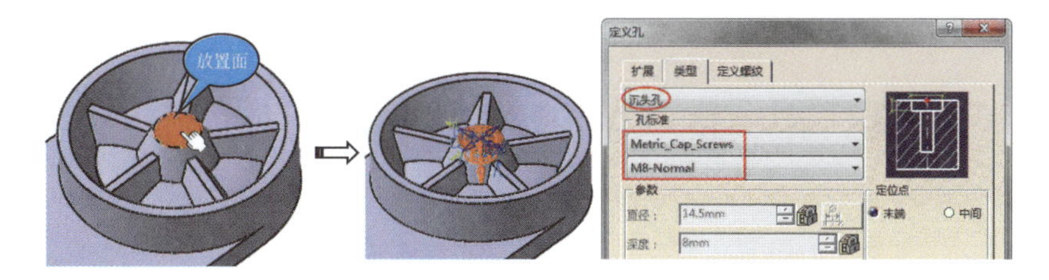

图 3-80

（3）在【扩展】选项卡中设置孔的深度为 50mm，如图 3-81 所示。

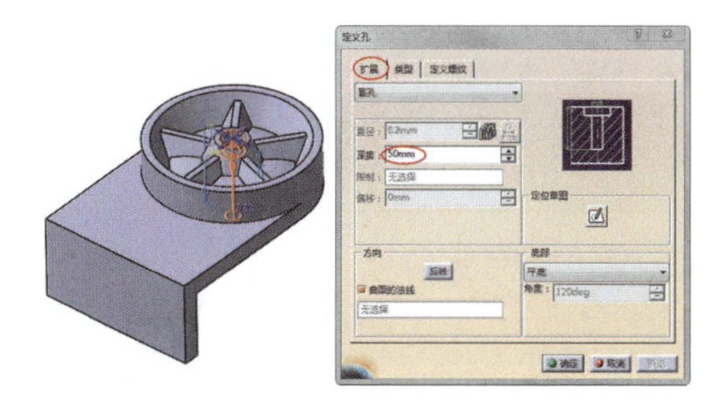

图 3-81

（4）单击【确定】按钮，完成沉头孔的创建。至此，完成零件的建模，结果如图 3-82 所示。

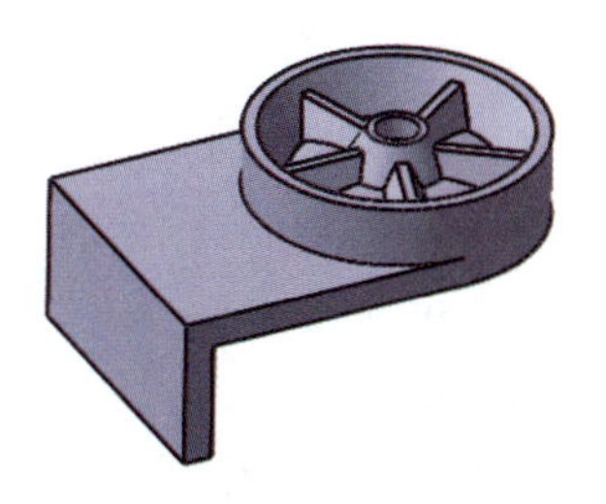

图 3-82

11. 将结果文件保存。

第 4 章 AI 辅助零件参数化设计

机械零件的标准化设计是三维建模绕不开的话题。通常机械零件的标准化建模采用 3 种方式，第 1 种方式是常规建模（从绘制草图开始建模），第 2 种方式是利用建立方程式驱动曲线进行参数化建模，第 3 种方式是利用 CATIA 二次开发技术建立标准件、常用件数据模型库。本章将着重介绍后两种方式，并介绍运用 AI 技术辅助完成设计。

4.1 AI 辅助设计概述

AI 辅助设计是指利用 AI 技术来辅助设计，提高设计效率和质量。它可以应用于各个领域，包括工业设计、建筑设计、图形设计等。

AI 是一个十分宽泛的概念，包括各种应用和技术。除了对话生成，AI 还可以应用于图像识别、语音识别、机器学习、自动驾驶等领域。AI 的发展涉及多个学科和技术领域，包括计算机科学、统计学、数学等。

目前，市面上尚未出现能够深度集成到 CATIA 中的 AI 工具。现有的 AI 辅助设计功能，主要是借助 ChatGPT 等外部 AI 模型来实现。

ChatGPT 是基于 AI 技术的一种应用，它使用了 AI 模型（如 ChatGPT-3.5、ChatGPT-4.0）来实现自然语言处理和对话生成。AI 是广义的概念，指的是模拟和模仿人类智能的计算机系统。而 ChatGPT 是 AI 在对话领域的具体应用。

ChatGPT 使用了深度学习和自然语言处理技术，通过训练，它能够理解用户的输入并生成合理的回答。它可以与用户进行对话、回答问题、提供建议等。ChatGPT 的训练数据包括互联网上的大量文本，因此其具备广泛的知识和强大的语言理解能力。

图 4-1 所示为 ChatGPT 的官方平台界面，用户可通过该界面与 ChatGPT 进行交互，体验其强大的自然语言处理能力。

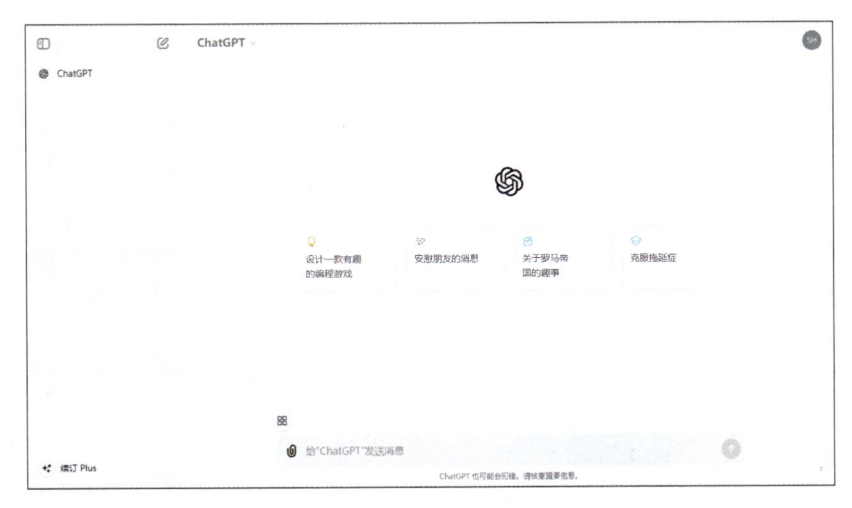

图 4-1

4.2　参数化建模概述

在 CATIA 中，有时利用传统的建模方式设计机械标准件、常用件无法满足企业的设计标准化及智能化要求。基于此，可采用 CATIA 的参数化建模功能进行标准设计。参数化建模是基于参数与公式（也叫关系式或表达式）进行的，因此首先要了解参数和公式的基本概念。

4.2.1　参数的概念

参数为设计对象提供额外的描述，是参数化设计中的关键组件。它们与模型紧密关联，用于指定模型的不同属性。例如，在“族表”中定义“成本”参数后，可以为族表中的各个实例赋予不同的值以区分它们。另外，参数还能与关系一同使用，以便通过调整参数值来更改模型的外观和尺寸。

在实践中，设计师经常需要创建一系列在构造和建模方法上高度相似的产品，如不同齿数的齿轮或不同直径的螺钉。如果能够通过修改已完成的模型得到另一种模型（如将 30 齿的齿轮修改为 40 齿），将极大地节省时间并提高模型的复用性。这正是参数存在的意义。

> **提示：** 确定一个长方体模型的形状和大小需要哪些参数？长方体模型创建完成后，怎样更改其形状和大小呢？

只需指定长方体模型的长、宽和高，就可以明确其形状和大小。要改变其形状和大小，通常需要编辑或重新定义模型并修改尺寸。是否有更简单的方式呢？

在 CATIA 中，可以把长方体的长、宽和高设为参数，并与图形尺寸关联。这样，只需调整参数值，就能轻易地调整模型的形状和大小。

一、设置参数化建模环境

在零件设计工作台中进行特征设计时，特征树默认不显示用户定义的参数和公式。要显示它们，需要调整系统设置。

在菜单栏中执行【工具】/【选项】命令，打开【选项】对话框。在对话框左侧的配置树中选择【常规】节点下的【参数和测量】节点，右侧将显示参数和测量设置的相关选项。在【知识工程】选项卡中选中图 4-2 所示的选项。

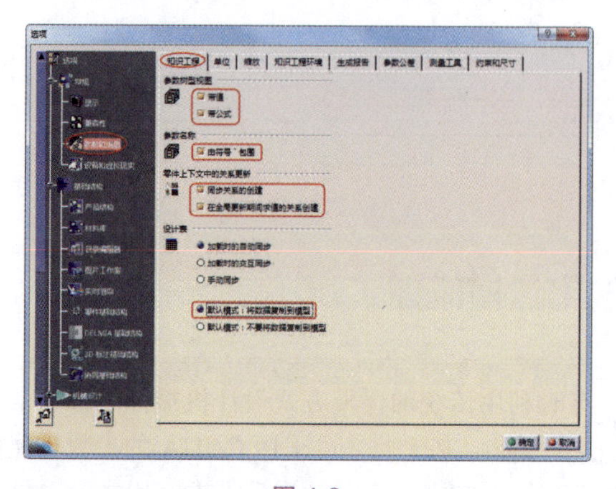

图 4-2

选择【基础结构】节点下的【零件基础结构】节点，然后在对话框右侧的【显示】选项卡中设置与参数和公式相关的选项，如图 4-3 所示。

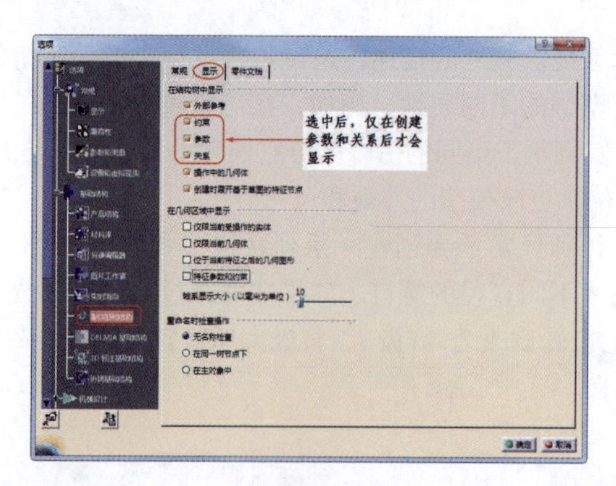

图 4-3

二、定义参数

在 CATIA 中，可以在模型中添加一组参数，通过修改参数值来实现对模型的修改。在菜单栏中执行【开始】/【机械设计】/【零件设计】命令，进入零件设计工作台，建立一个模型，然后在菜单栏中执行【工具】/【公式】命令，弹出【公式】对话框，如图 4-4 所示。可以在对话框（也称参数管理器）中定义参数和公式。

（1）按优化模式工作。

单击【选中后按优化模式工作】按钮，可以增量或非增量模式工作。增量意味着必须递进地选择特征，从而访问其参数。

优化模式的【公式】对话框如图 4-5 所示。

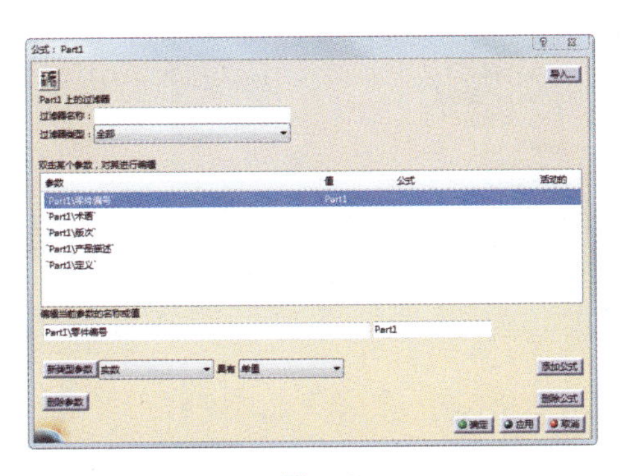

图 4-4

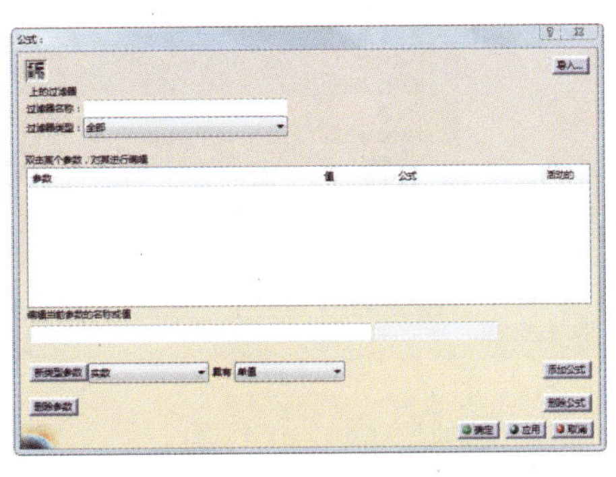

图 4-5

（2）过滤器。

当在【过滤器类型】下拉列表中选择一种参数类型后，【过滤器名称】文本框中会显示该参数的名称，在参数编辑列表中可看到以下信息。

- 参数名称。
- 参数值。
- 对参数赋值的公式。
- 此公式的活动状态。

（3）参数编辑列表。

参数编辑列表中包含特征树中可用的参数，对当前行的元素可以在列表下的区域中进行编辑，如图 4-6 所示。

图 4-6

在列表中双击某一行的参数，可以打开【公式编辑器】对话框，在此对话框中可以重命名当前参数以及编辑公式，还可以单击上下文菜单中的【清除文本字段】按钮来删除当前公式，如图 4-7 所示。

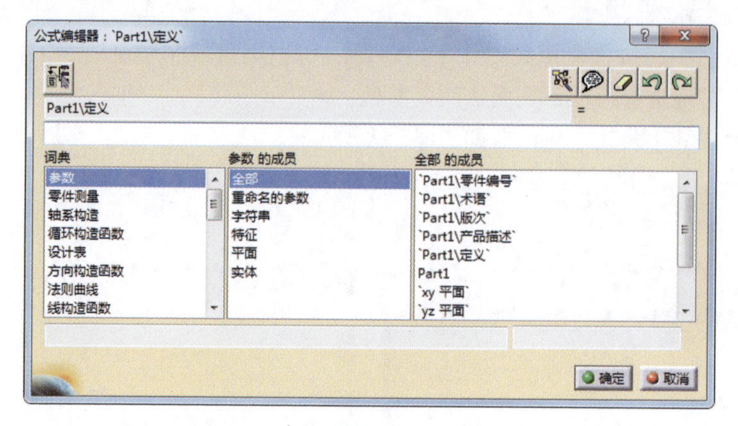

图 4-7

（4）其他按钮。

其他按钮的含义如下。

- 新类型参数：单击此按钮可以创建新的参数。可在参数类型列表中选择一种参数，再定义参数值。默认情况下，如果没有选择新参数，系统会自动以【实数】来定义，如图 4-8 所示。

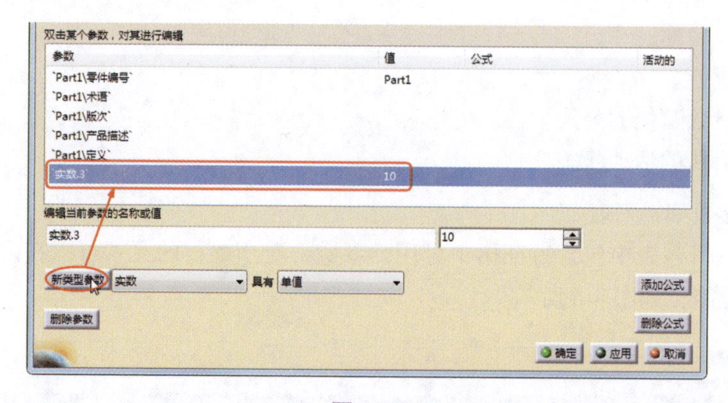

图 4-8

- 删除参数：在参数编辑列表中选择某个参数，单击【删除参数】按钮可删除该参数。
- 添加公式：单击此按钮，可在弹出的【公式编辑器】对话框中添加基于选定参数的公式，如图 4-9 所示。
- 删除公式：单击此按钮可以将添加的公式删除。

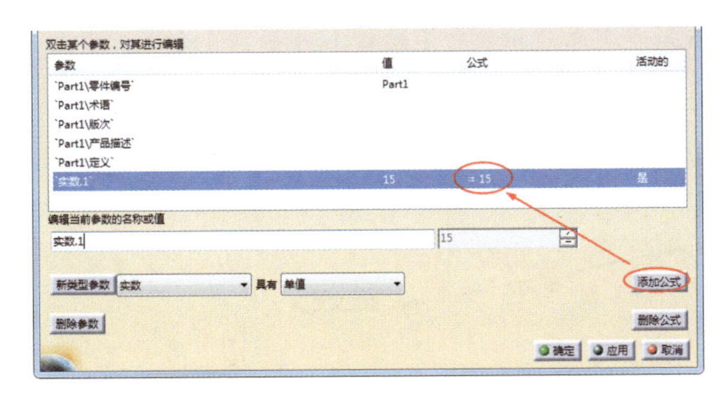

图 4-9

【例 4-1】简单零件的参数编辑。

1. 进入零件设计工作台。

2. 单击【草图】按钮，选择 *xy* 平面，进入草图工作台，在其中绘制一个矩形（尺寸可自行设置），如图 4-10 所示，然后退出草图工作台。

3. 单击【凸台】按钮，弹出【定义凸台】对话框。选择草图作为截面，拉伸长度可自行设置，如图 4-11 所示。

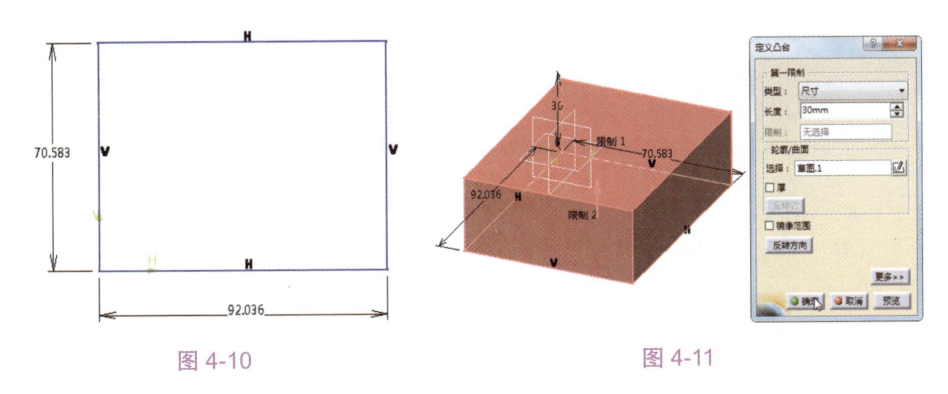

图 4-10

图 4-11

4. 在特征树中右击【凸台.1】节点，在弹出的快捷菜单中选择【凸台.1 对象】/【编辑参数】命令，凸台特征中显示关于此特征的所有参数，双击某个参数可以修改其值，如图 4-12 所示。

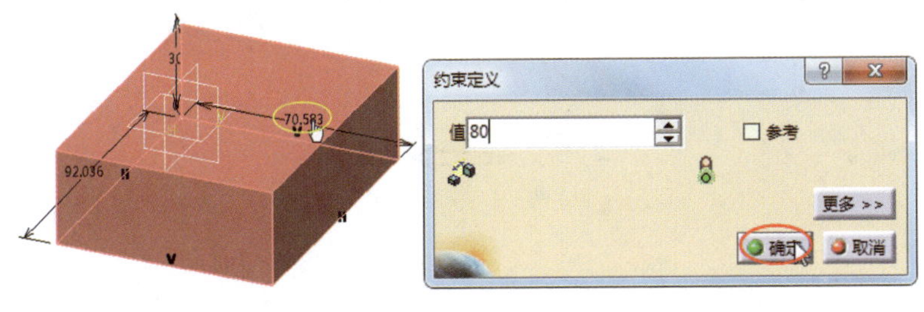

图 4-12

5. 编辑参数后在菜单栏中执行【编辑】/【更新】命令，更新参数值，结果如图 4-13 所示。

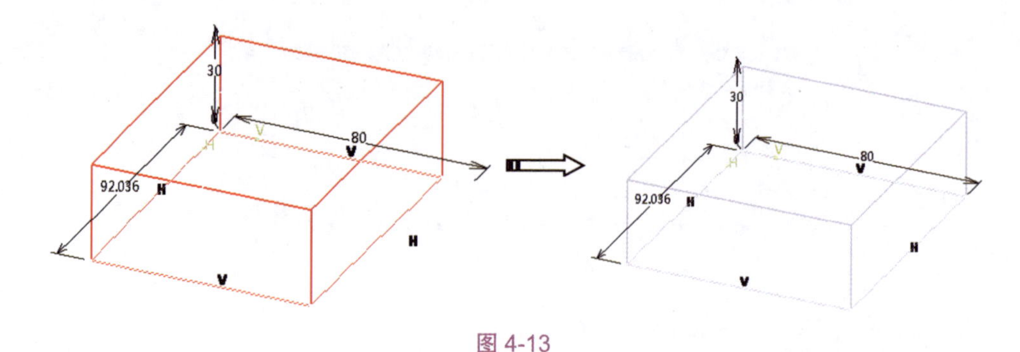

图 4-13

6. 可以在绘图区底部的【知识工程】工具栏中单击【公式】按钮 f(x)，在弹出的【公式】对话框中对参数值进行编辑和修改。例如，修改凸台的拉伸长度值，如图 4-14 所示。

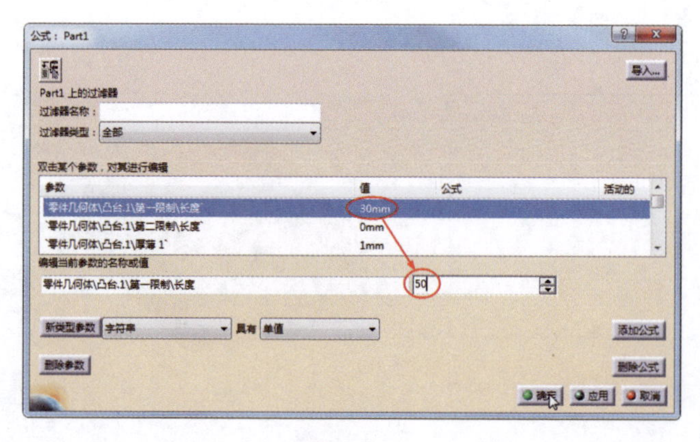

图 4-14

7. 修改参数值后进行更新操作，结果如图 4-15 所示。

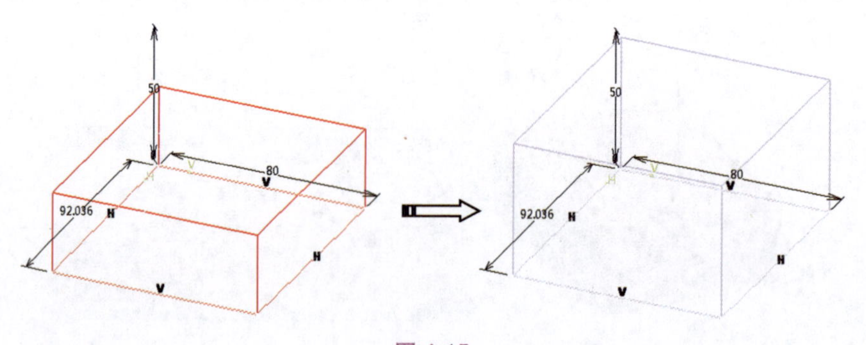

图 4-15

4.2.2 公式的概念

公式是参数化设计的核心部分。通过建立公式，可以在参数与其相关模型之间建立明确的“父子”联系。当参数发生变化时，公式可以确保模型更新后的形状和尺寸是规范的。

一、公式的基本组成和语言结构

公式是定义关系的语句，它由两部分组成：变量名和组成公式的字符串。将公式字符串计算后的值赋予左侧的变量，如图 4-16 所示。

公式的右侧可以是含有变量、函数、数字、运算符和符号的组合或常数，如图 4-17 所示。

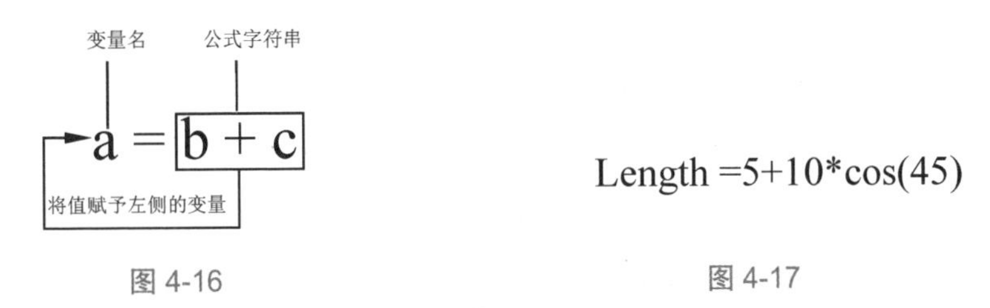

图 4-16　　图 4-17

公式有自己的语法，它通常模仿编程语言。下面介绍公式语言的下列元素：变量名、运算符、内置函数。

二、变量名

变量名是由字母与数字组成的字符串，但必须以字母开头，变量名可包含下画线（_），变量名的长度限制在 32 个字符内。

三、运算符

CATIA 运算符与其他计算机编程语言中的运算符相同，包括算术运算符、字符串运算符、关系运算符、逻辑运算符、条件运算符、赋值运算符等。

（1）算术运算符。

算术运算符有一元运算符与二元运算符。由算术运算符与操作数构成的公式叫算术公式。

- 一元运算符：-（取负）、+（取正）、++（增量）、--（减量）。
- 二元运算符：+（加）、-（减）、*（乘）、/（除）、%（求余）。

（2）字符串运算符。

字符串运算符只有一个，即“+”运算符，表示将两个字符串连接起来。例如：

string connec="abcd"+"ef"

其中，connec 的值为“abcdef”。“+”运算符还可以将字符型数据与字符串型数据或多个字符型数据连接在一起。

（3）关系运算符。

关系运算符用于对两个值进行比较，运算结果为布尔值 true（真）或 false（假）。常见的关系运算符有 >、<、>=、<=、==、!=，其含义依次为大于、小于、大于等于、小于等于、等于、不等于。

用于比较字符串的关系运算符只有“==”与“!=”运算符。

（4）逻辑运算符。

逻辑运算符用于结合多个关系式的计算结果，从而做出合理的判断。在编程语言中，最常用的逻辑运算符有 !（非运算符）、&&（与运算符）、||（或运算符）。

例如：

```
bool b1=!true;     // b1 的值为 false
bool b2=5>3&&1>2;     // b2 的值为 false
bool b3=5>3||1>2     // b3 的值为 true
```

（5）条件运算符。

条件运算符是编程语言中唯一的三元运算符，由符号“?”与“:”组成，通过操作 3 个操作数完成运算，其一般格式如图 4-18 所示。

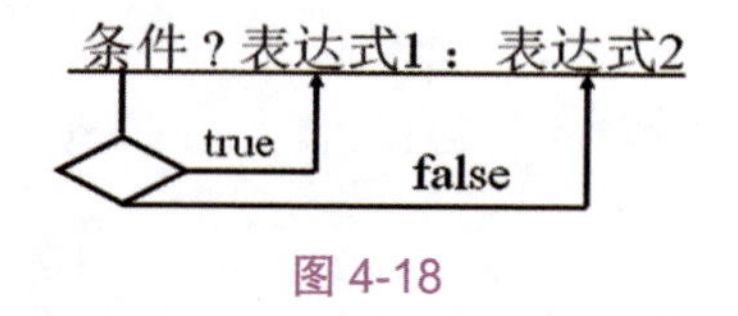

图 4-18

（6）赋值运算符。

在赋值公式中，赋值运算符左边的操作数叫左操作数，赋值运算符右边的操作数叫右操作数。左操作数通常是一个变量。

复合赋值运算符包括 *=、/=、%=、+=、-= 等。

由赋值运算符将一个变量和一个公式连接起来得到的公式称为赋值公式，它的一般格式如下。

```
< 变量 > < 赋值运算符 > < 公式 >
```

四、内置函数（机内函数）

在 CATIA 的公式中允许添加内置函数，常见的内置数学函数见表 4-1。

表 4-1

函数名	函数表示	函数含义	备注
int	int(v)	取整	
sin	sin(x/y)	正弦函数	x、y 为数学变量
cos	cos(x/y)	余弦函数	x、y 为数学变量

续表

函数名	函数表示	函数含义	备注
tan	tan(x/y)	正切函数	x、y 为数学变量
sinh	sinh(x/y)	双曲正弦函数	x、y 为数学变量
cosh	cosh(x/y)	双曲余弦函数	x、y 为数学变量
tanh	tanh(x/y)	双曲正切函数	x、y 为数学变量
abs	abs(x)	绝对值函数	结果为弧度
asin	asin(x/y)	反正弦函数	结果为弧度
acos	acos(x/y)	反余弦函数	结果为弧度
atan	atan(x/y)	反正切函数	结果为弧度
log	log (x)	自然对数	log (x)=ln(x)
log10	log10 (x)	常用对数	log10 (x)=lg(x)
exp	exp (x)	指数	e^x
fact	fact (x)	阶乘	x!
sqrt	sqrt (x)	平方根	
hypot	hypot (x,y)	直角三角形斜边	=sqrt(x^2+y^2)
ceil	ceil(x)	大于或等于 x 的最小整数	
floor	floor (x)	小于或等于 x 的最大整数	
Round	Round i()	圆周率 π	3.14159265358

4.2.3 宏的概念

CATIA 中的宏是一种用于自动化重复或复杂任务的脚本，通常用于简化设计流程，减少人为错误，提高生产效率。宏可以用 VBA（Visual Basic for Applications）或其他编程语言编写，并可以通过 CATIA 的宏录制功能来创建。

宏能实现各种功能，例如自动化几何建模、参数设置、批量操作等。通过使用内置的数学函数和逻辑控制语句，用户可以创建更为复杂和灵活的宏。

在 CATIA 宏编程中，需要注意以下几个问题。

一、初始化和变量声明

在开始编写宏之前，用户需要初始化与 CATIA 交互所需的所有对象和变量。例如，需要获取 CATIA 应用程序对象，以及可能还需要其他对象，如文档、零件或装配体等。初始化宏的 VB 代码如下。

```
Dim CATIA As Object
Set CATIA = GetObject(, "CATIA.Application")
```

二、环境检查

环境检查是必要的，因为宏通常依赖于特定条件，例如是否有文档打开、是否在正确的工作环境中等。进行环境检查的 VB 代码如下。

```
If CATIA.Documents.Count = 0 Then
    MsgBox "没有打开的文档"
    Exit Sub
End If
```

三、主要操作

主要操作是宏执行的核心部分，涉及几何建模、修改属性、参数设置等任务。用户需要对文档或其组成部分（如零件、装配体、草图等）进行具体操作。具体操作的 VB 执行代码如下。

```
Dim partDocument As PartDocument
Set partDocument = CATIA.ActiveDocument
```

四、使用内置数学函数和逻辑控制

在复杂的宏中，可能需要进行数学运算或逻辑判断。这时，可以利用 VBA 提供的数学函数或 CATIA 内置的数学函数，VB 代码如下。

```
Dim radius As Double
radius = 10
Dim area As Double
area = 3.14159265358 * (radius ^ 2)
```

五、错误处理

错误处理可以防止宏在遇到问题时崩溃，并给出用户友好的错误信息。添加错误处理代码可以提高宏的健壮性，VB 代码如下。

```
On Error Resume Next
' 代码块
If Err.Number <> 0 Then
    MsgBox "出现错误：" & Err.Description
End If
```

六、结束和清理

这一部分通常用于释放所有创建的对象和变量，以避免内存泄漏，VB 代码如下。

```
Set partDocument = Nothing
Set CATIA = Nothing
```

七、注释和文档

给代码添加注释并提供必要的文档，不仅有助于其他人理解代码，也便于自己日后进行维护。给代码添加注释的示例如下。

```
Sub CalculateCircleArea()
    Dim CATIA As Object
    Set CATIA = GetObject(, "CATIA.Application")

    ' 环境检查：确保有文档打开
    If CATIA.Documents.Count = 0 Then
        MsgBox "没有打开的文档"
        Exit Sub
    End If

    ' 获取当前活动文档（假设是一个零件文档）
    Dim partDocument As PartDocument
    Set partDocument = CATIA.ActiveDocument

    ' 声明半径和面积变量
    Dim radius As Double
    Dim area As Double

    ' 从用户那里获取半径值
    radius = InputBox("请输入圆的半径：")

    ' 计算面积
    area = 3.14159265358 * (radius ^ 2)

    ' 显示计算结果
    MsgBox "圆的面积为：" & area

    ' 清理资源
    Set partDocument = Nothing
    Set CATIA = Nothing
End Sub
```

八、CATIA Visual Basic 编辑器（VBA 代码编辑器）

在 CATIA 中，宏是一种脚本代码，并非应用程序，是通过在 Visual Basic 编辑器中编写 VBA 代码实现的。在工作台界面的菜单栏中执行【工具】/【宏】/【Visual Basic 编辑器】命令，或按 Alt+F11 组合键打开 Visual Basic 编辑器窗口，如图 4-19 所示。

用户除了使用 CATIA 中的常见工具进行参数化建模外，还可以通过 Visual Basic 编辑器编写代码来创建新的建模工具，也就是俗称的“CATIA 二次开发”。

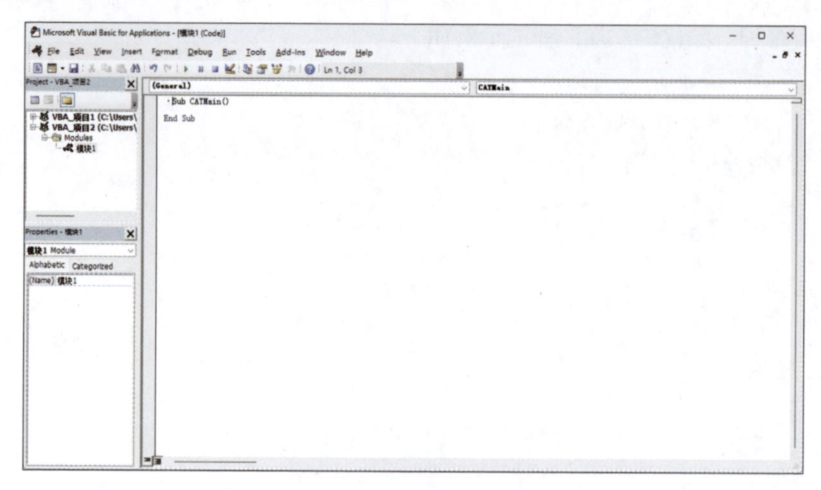

图 4-19

4.3　在 CATIA 中参数化设计齿轮零件

在进行齿轮参数化设计前，需要掌握关于齿轮的一些基本参数及公式。图 4-20 所示为齿轮与齿条的啮合示意，可帮助读者理解齿轮参数。

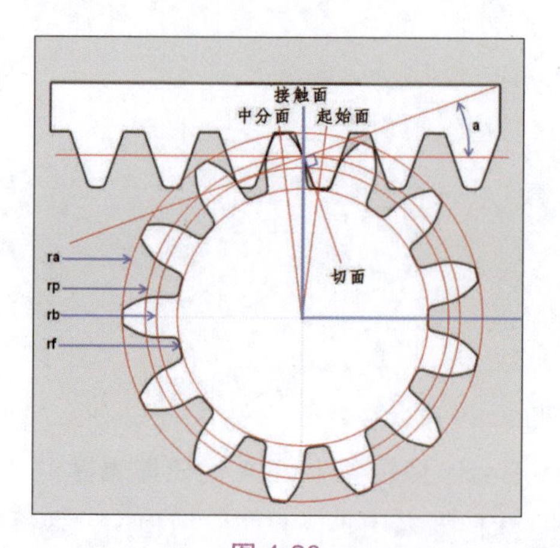

图 4-20

表 4-2 所示为本例齿轮设计参数与公式或参数值（范围）。

表 4-2

参数	参数类型或单位	公式或参数值（范围）	描述
a	角度（deg）	标准值：20deg	压力角（10deg ≤ a ≤ 20deg）

续表

参数	参数类型或单位	公式或参数值（范围）	描述
m	长度（mm）	—	模数
z	整数	—	齿数（$5 \leqslant z \leqslant 200$）
p	长度（mm）	m * π	齿距
ha	长度（mm）	m	齿顶高 = 齿顶到分度圆的高度
hf	长度（mm）	if m > 1.25,hf = m * 1.25; else hf = m * 1.4	齿根高 = 齿根到分度圆的深度
rp	长度（mm）	m * z / 2	分度圆半径
ra	长度（mm）	rp + ha	齿顶圆半径
rf	长度（mm）	rp – hf	齿根圆半径
rb	长度（mm）	rp * cos(a)	基圆半径
rr	长度（mm）	m * 0.38	齿根圆角半径
t	实数	0 ≤ t ≤ 1	渐开线变量
x	长度（mm）	rb *(cos(t * π) +sin(t * π)* t * π)	基于参数 t 的齿廓渐开线 x 坐标
y	长度（mm）	rb * (sin(t * π) –cos(t * π) * t * π)	基于参数 t 的齿廓渐开线 y 坐标
b	角度（deg）	10deg	斜齿轮的分度圆螺旋角
L	长度（mm）	—	齿轮的厚度

【例 4-2】圆柱直齿轮参数化设计。

圆柱直齿轮参数化设计的最终效果如图 4-21 所示。

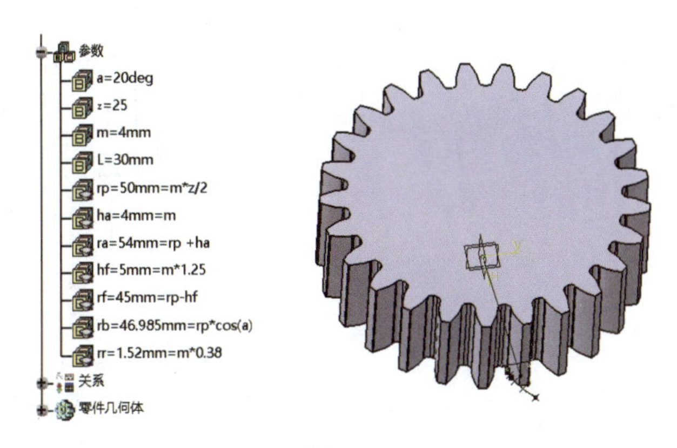

图 4-21

一、建立齿轮参数和渐开线函数公式

在本例中，没有采用【来自方程式的曲线】命令创建渐开线，而是采用创建样条曲线的方法创建渐开线。

1. 在菜单栏中执行【开始】/【机械设计】/【零件设计】命令，进入零件设计工作台。接着在菜单栏中执行【开始】/【知识工程模块】/【知识库工程专家】命令，进入知识工程模块。将特征树顶层的“Part.1”属性名称修改为“zhichilun”。

2. 在绘图区底部的【知识工程】工具栏中单击【公式】按钮 f(x)，弹出【公式】对话框。在【过滤器类型】下拉列表中选择【用户参数】选项，如图 4-22 所示。

3. 在参数类型列表中选择【角度】选项，单击【新类型参数】按钮，将角度参数添加到参数编辑列表中，然后设置角度参数的名称为 a，值为 20deg，如图 4-23 所示。

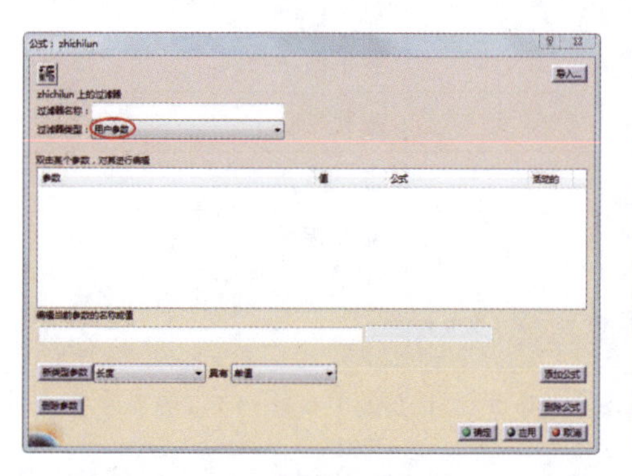

图 4-22

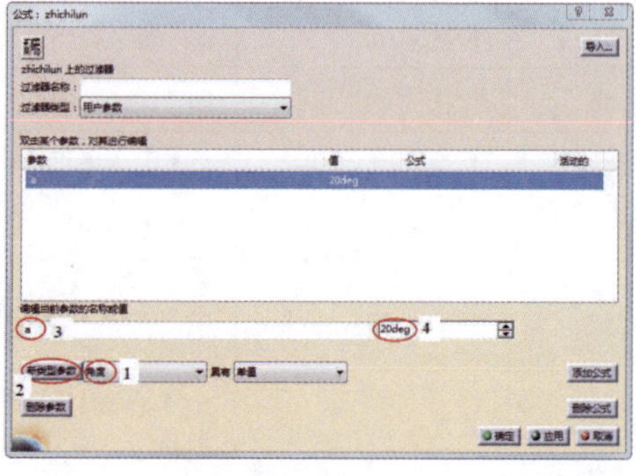

图 4-23

4. 依次创建表 4-2 中其他没有带公式的参数，创建的参数会在特征树的【参数】节点下列出，如图 4-24 所示。

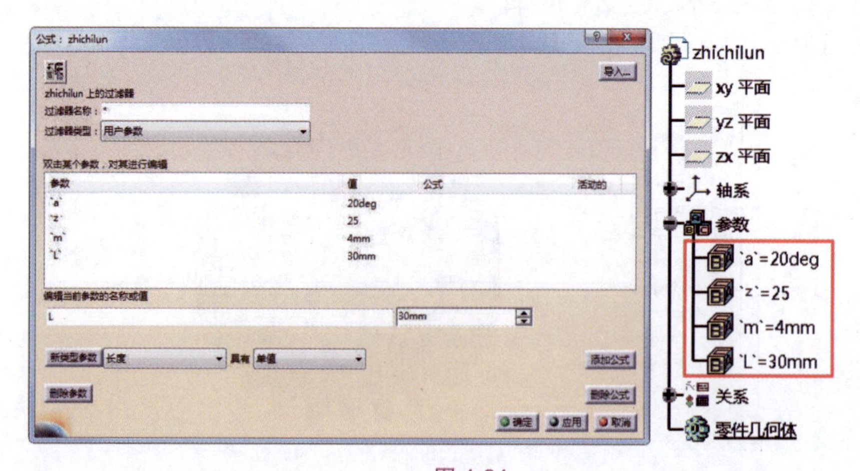

图 4-24

> **提示：** 如果特征树中没有显示【参数】节点和【关系】节点，可执行菜单栏中的【工具】/【选项】命令，打开【选项】对话框。在左侧的【选项】/【基础结构】/【零件基础结构】节点下单击，打开右侧的【显示】选项卡，然后在【在结构树中显示】选项组中勾选【参数】和【关系】复选框。

5. 创建表 4-2 中带公式的参数。例如创建 rp 参数，如图 4-25 所示。

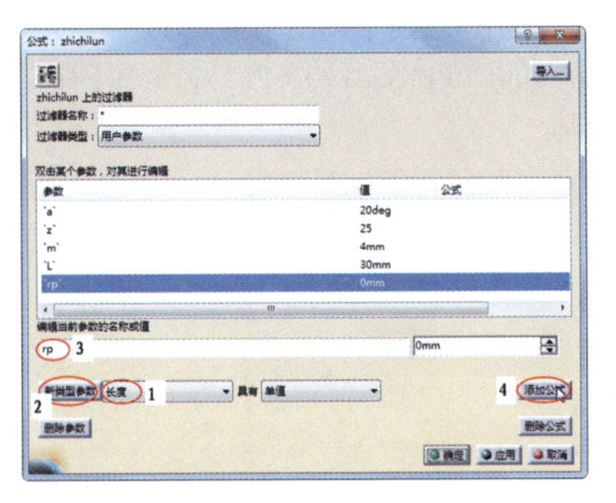
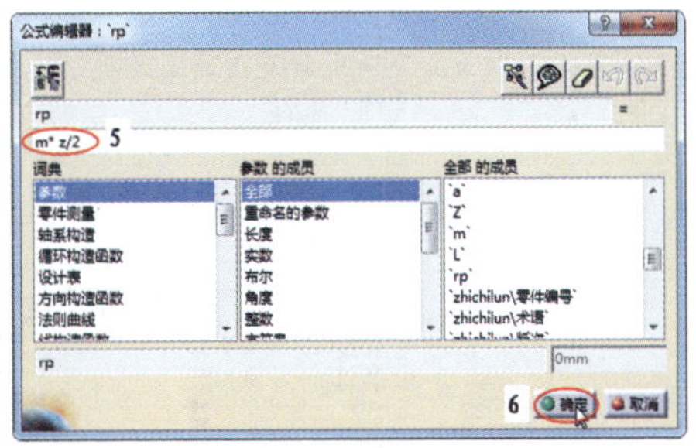

图 4-25

6. 创建表 4-2 中其他带公式的参数，效果如图 4-26 所示。

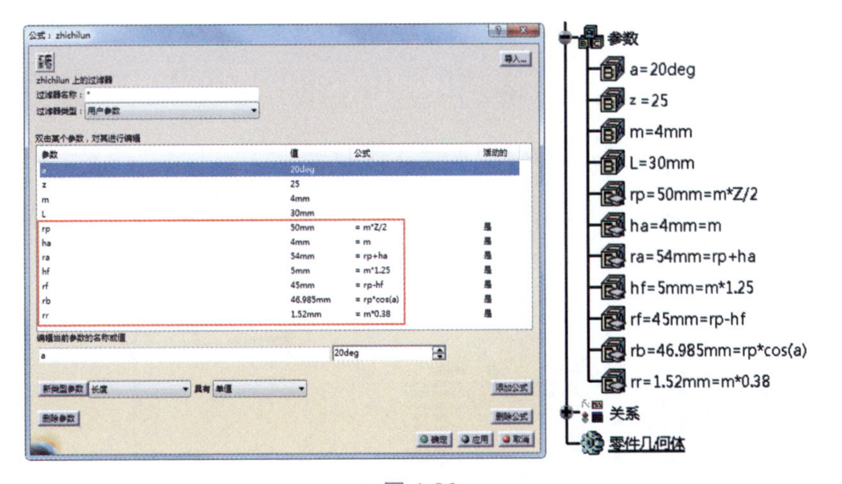

图 4-26

> **提示：** 在公式中输入字符时要注意区分英文字母大小写，参数定义中的英文字母与公式中的英文字母大小写应一致。

7. 定义 t 的函数式。在【知识工程】工具栏中单击【设计表】按钮右下角的三角形按钮，展开【关系】工具栏。单击【规则】按钮，弹出【法则曲线 编辑器】

图 4-27

对话框。在此对话框中设置法则曲线的名称为 x，如图 4-27 所示。

8. 单击【确定】按钮，弹出【规则编辑器：x 处于活动状态】对话框。设置新类型参数类型为【长度】，单击【新类型参数】按钮创建新参数，修改新参数的名称为 x；再创建【实数】参数，并将其命名为 t，接着在编辑器中输入“x= rb * (cos(t * PI*1rad) +sin(t * PI*1rad) * t * PI)”，单击【确定】按钮，完成 x 函数式的创建，如图 4-28 所示。

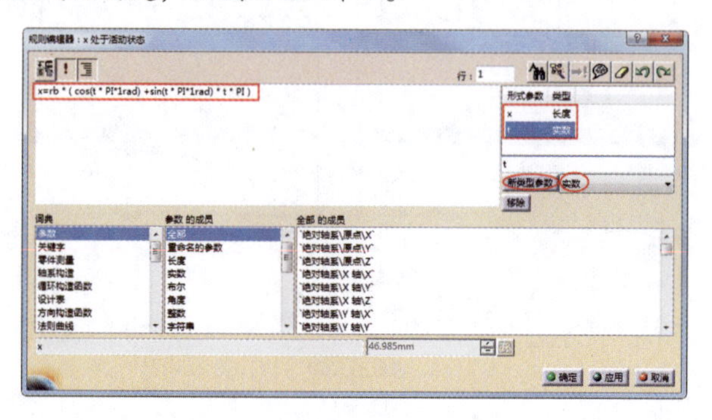

图 4-28

> **提示：** 在规则编辑器中，表达三角函数的角度要使用角度常量（如 1rad 或 1deg），而不是数字。另外，圆周率 π 要用 PI 替代。

9. 用相同的方法创建 y 函数式，如图 4-29 所示。

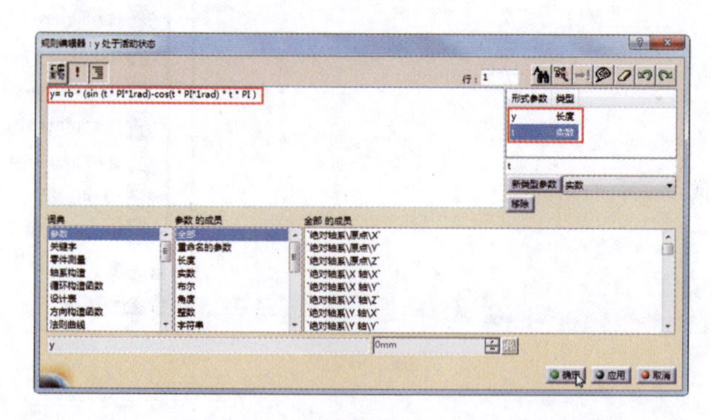

图 4-29

二、绘制齿轮轮廓渐开曲线

1. 在菜单栏中执行【开始】/【机械设计】/【线框和曲面设计】命令，进入线框和曲面设计工作台。

2. 绘制 rf 齿根圆曲线。在【线框】工具栏中单击【圆】按钮◯，弹出【圆定义】对话框。在绘图区中选择坐标系原点作为中心，或者在【中心】文本框中右击，在弹出的快捷菜单中选择【创建点】命令，在弹出的【点定义】对话框中设置点的坐标为 (0,0,0)。选择 *xy* 平面作为支持面。在半径文本框中右击，在弹出的快捷菜单中选择【编辑公式】命令，如图 4-30 所示。

3. 在弹出的【公式编辑器】对话框中选择 rf 参数，单击【确定】按钮，如图 4-31 所示，返回【圆定义】对话框。

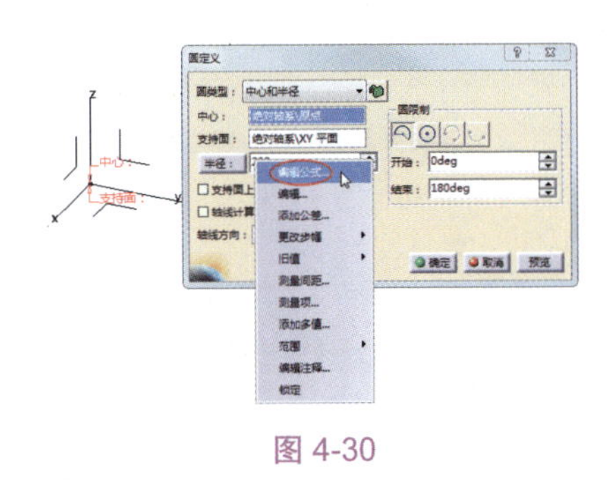

图 4-30

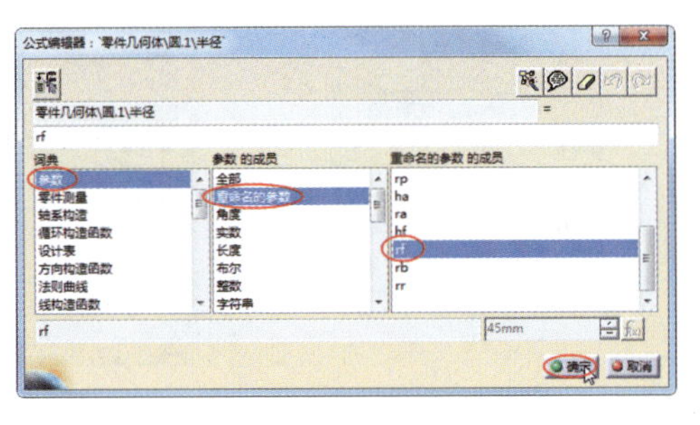

图 4-31

4. 单击【全圆】按钮⊙，再单击【确定】按钮，完成齿根圆曲线的创建，如图 4-32 所示。

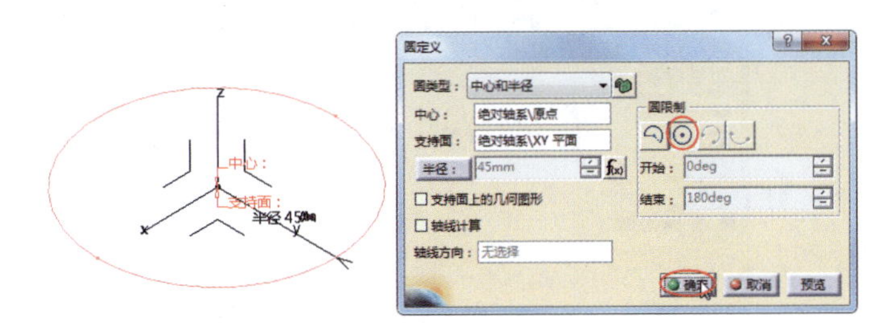

图 4-32

5. 用同样的方法依次创建基圆 rb、分度圆 rp 和齿顶圆 ra 曲线，如图 4-33 所示。

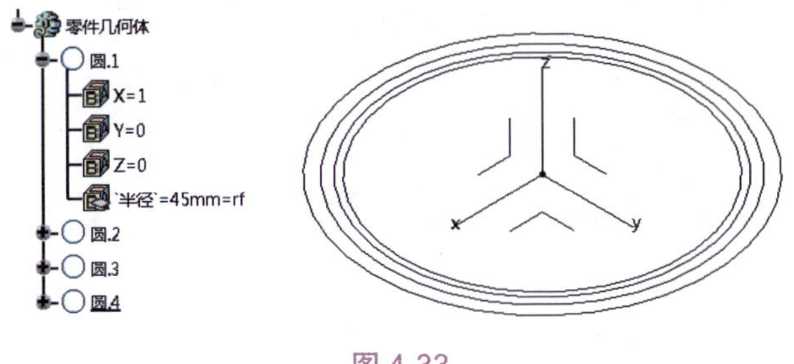

图 4-33

6. 接着创建渐开线。在 CATIA 中，渐开线的画法是，先建立几个渐开线上的点，然后利用【样条线】工具将点连接起来。在【线框】工具栏中单击【点】按钮■，弹出【点定义】对话框。在【点类型】列表中选择【平面上】类型，在绘图区中选择 *xy* 平面作为放置面，再在【H】文本框中右击，在弹出的快捷菜单中选择【编辑公式】命令，如图 4-34 所示。

7. 弹出【公式编辑器】对话框，在对话框的【词典】列表框中选择【参数】类型的【Law】成员和 Law 的【`关系\x`】成员，如图 4-35 所示。

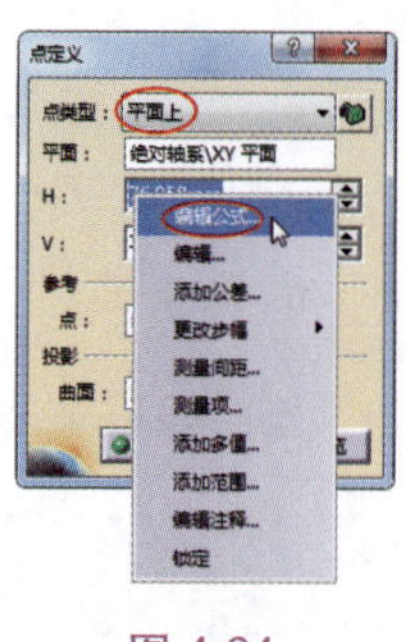

图 4-34

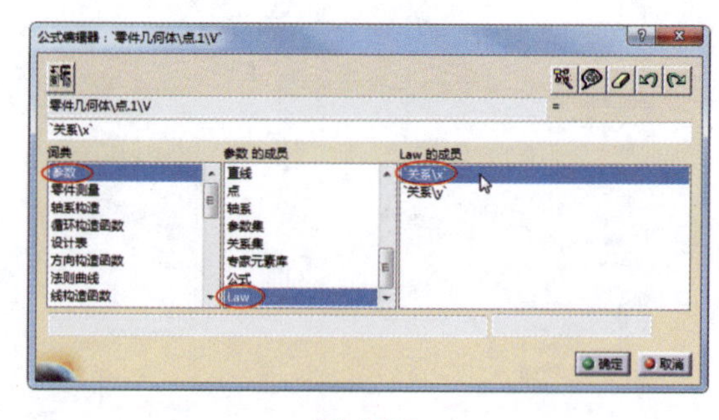

图 4-35

8. 在【词典】列表框中选择【法则曲线】，并双击法则曲线的成员，将其添加到上方的赋值文本框中，在括号中输入 0，单击【确定】按钮关闭对话框，如图 4-36 所示。

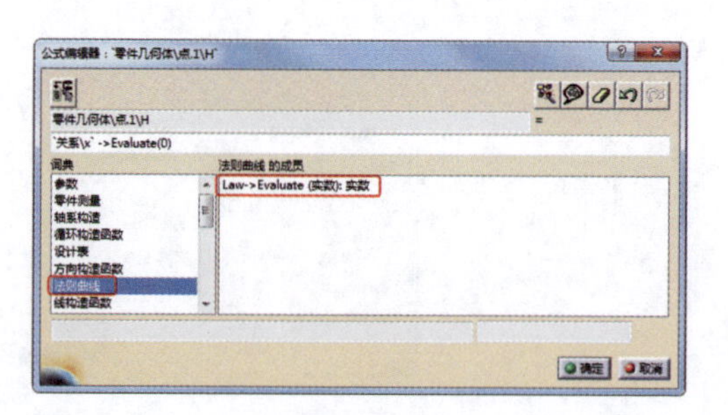

图 4-36

9. 在【点定义】对话框的【V】文本框中右击，在弹出的快捷菜单中选择【编辑公式】命令，在弹出的【公式编辑器】对话框中定义 V，如图 4-37 所示。

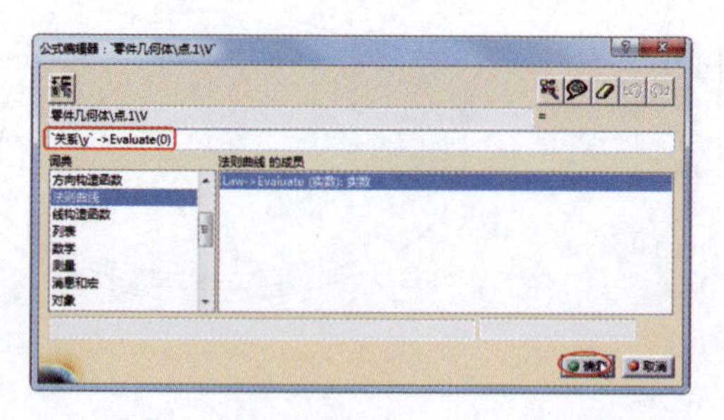

图 4-37

10. 在【点定义】对话框中单击【确定】按钮，完成渐开线上第一点的位置定义。再定义当 t 等于 0.05、0.1、0.15、0.2 及 0.25 时的点，结果如图 4-38 所示。

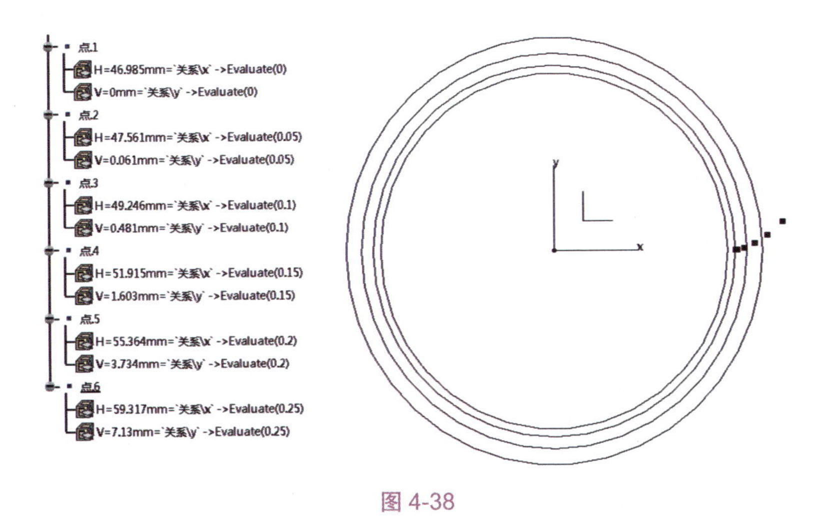

图 4-38

11. 在【线框】工具栏中单击【样条点】按钮，弹出【样条线定义】对话框。依次选择 6 个点，单击【确定】按钮，完成样条线的创建，如图 4-39 所示。

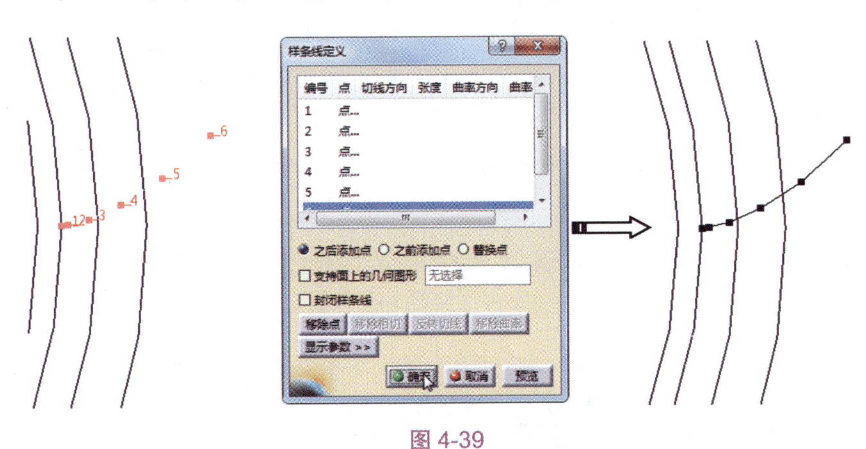

图 4-39

> **提示：**用户也可以采用【来自方程式的曲线】工具来创建渐开线。除了创建 x 和 y 的法则曲线外，还需要创建 z 的法则曲线，即在规则编辑器中定义函数式为“z = 0 * t”，以及 z 与 t 的新类型参数（类型分别为长度和实数）。然后执行菜单栏中的【插入】/【线框】/【来自方程式的曲线】命令，在特征树的【关系】节点下选择前面创建的 x、y 和 z 的函数式（法则曲线），完成渐开线的创建。

12. 在【操作】工具栏中单击【外插延伸】按钮，选择要延伸的样条线，将样条线延伸到齿根圆曲线上，如图 4-40 所示。

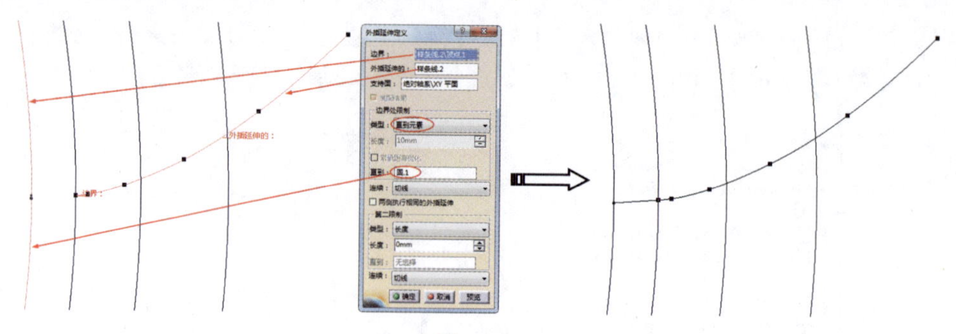

图 4-40

13. 单击【圆角】按钮，弹出【圆角定义】对话框。选择渐开线与齿根圆曲线进行倒圆角，选择 *xy* 平面作为支持面，在【半径】文本框中右击，在弹出的快捷菜单中选择【编辑公式】命令，弹出【公式编辑器】对话框；在此对话框中输入“m*0.38”，单击【确定】按钮，如图 4-41 所示。

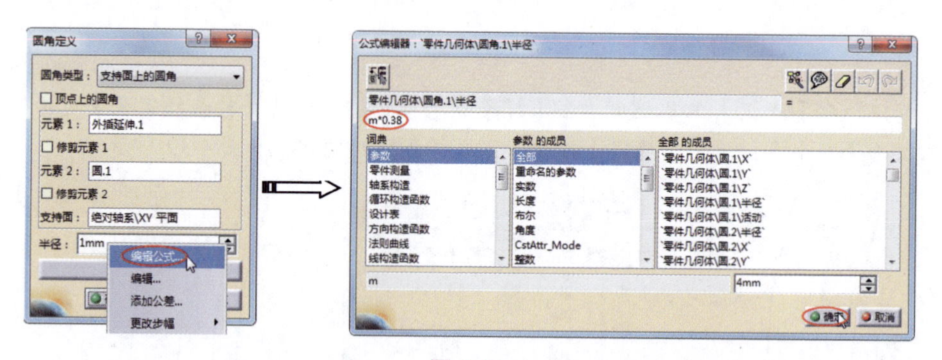

图 4-41

14. 返回【圆角定义】对话框。再单击【确定】按钮，完成圆角的定义，如图 4-42 所示。

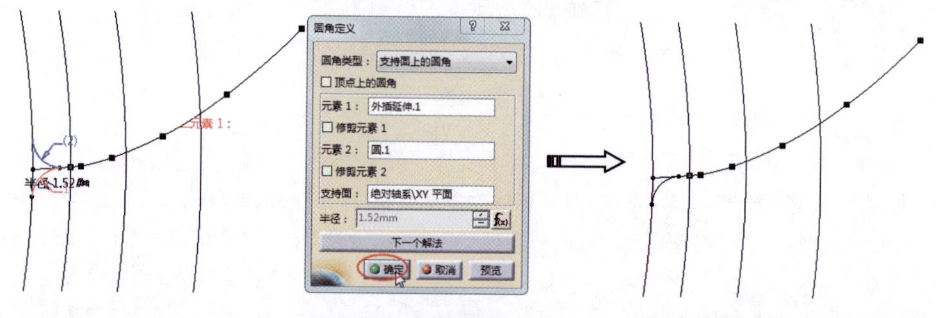

图 4-42

15. 利用【操作】工具栏中的【修剪】按钮修剪渐开线，得到齿轮的单边轮廓曲线，如图 4-43 所示。

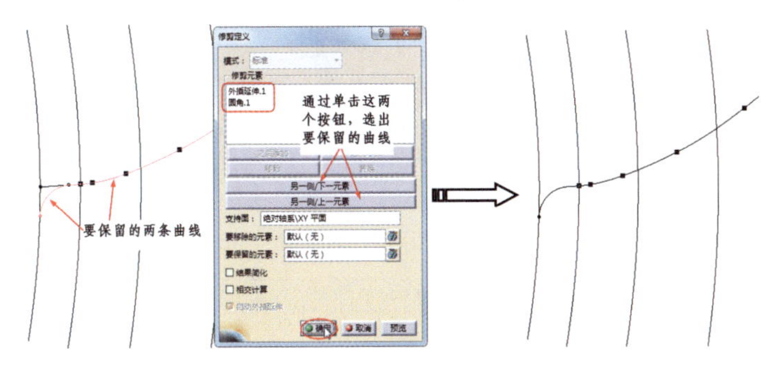

图 4-43

三、建立接触面与中分面

接触面（可以用直线代替）是穿过分度圆曲线与渐开线交点的，且经过分度圆圆心。做一个完整齿就需要创建中分面（可以用直线代替）来镜像渐开线。单齿的齿宽在分度圆上的角度为 180deg/z，所以中分面与接触面的角度应为 90deg/z。

1. 在【线框】工具栏中单击【相交】按钮，弹出【相交定义】对话框。选择渐开线与分度圆曲线以创建一个交点，如图 4-44 所示。

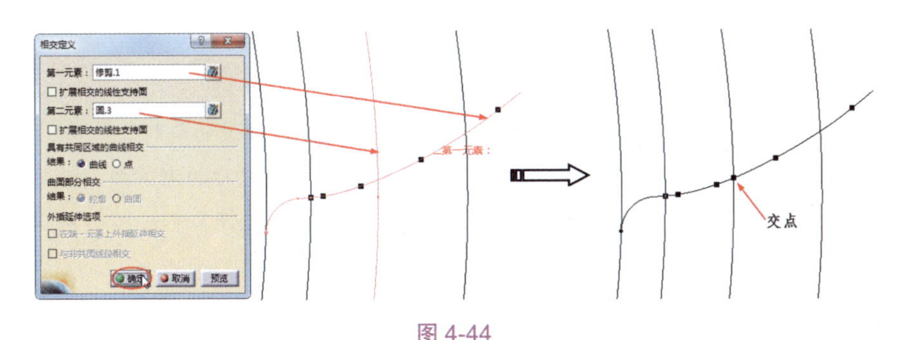

图 4-44

2. 单击【直线】按钮，连接坐标系原点和交点（步骤 1 创建的交点）以创建一条线段，代表齿的接触面，如图 4-45 所示。

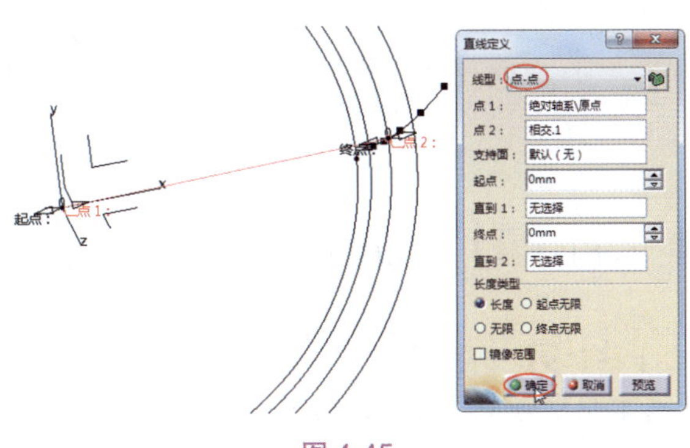

图 4-45

3. 在【操作】工具栏中单击【旋转】按钮，弹出【旋转定义】对话框。选择【轴线 - 角度】模式，然后选择要旋转的对象元素（步骤 2 创建的线段）、轴线（z 轴）。在【角度】文本框中右击，在弹出的快捷菜单中选择【编辑公式】命令，在弹出的【公式编辑器】对话框中输入“90 deg/z”，单击【确定】按钮，完成角度的公式定义，如图 4-46 所示。

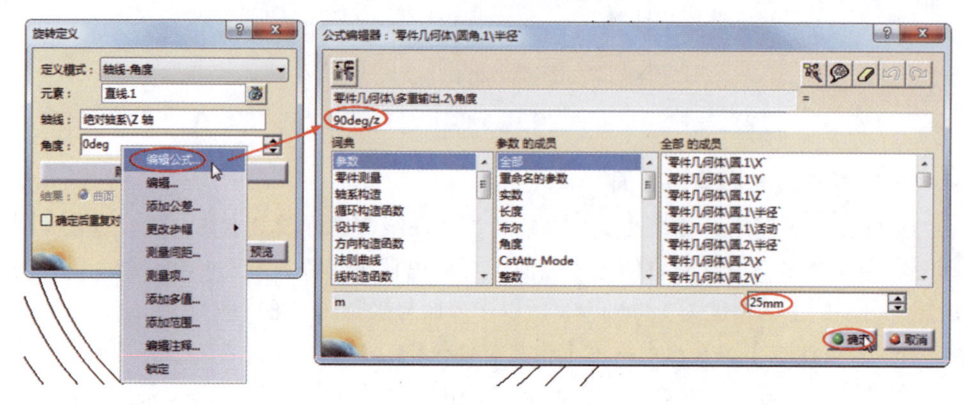

图 4-46

> **提示：** 注意 z 的大小写，在参数定义时用的是小写字母，因此这里也必须输入小写字母。

4. 在【旋转定义】对话框中单击【确定】按钮，完成线段的旋转。

5. 在【操作】工具栏中单击【对称】按钮，选择要对称的渐开线，选择旋转的线段作为对称参考，单击【确定】按钮，完成渐开线的对称复制，结果如图 4-47 所示。

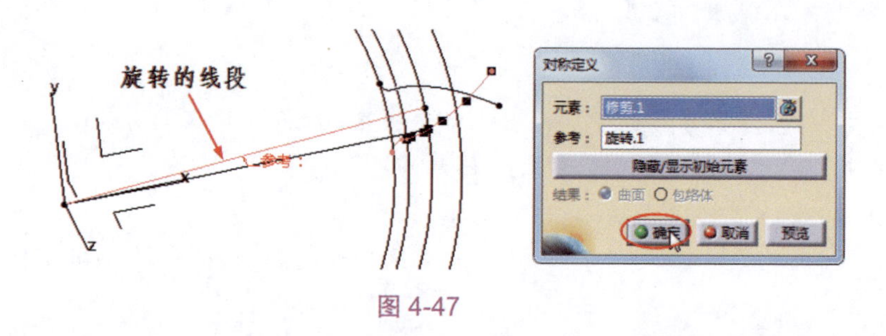

图 4-47

四、齿轮建模

1. 在菜单栏中执行【开始】/【机械设计】/【零件设计】命令，进入零件设计工作台。

2. 单击【凸台】按钮，弹出【定义凸台】对话框。选择齿根圆曲线作为草图截面，在【长度】文本框中右击，在弹出的快捷菜单中选择【编辑公式】命令，如图 4-48 所示。

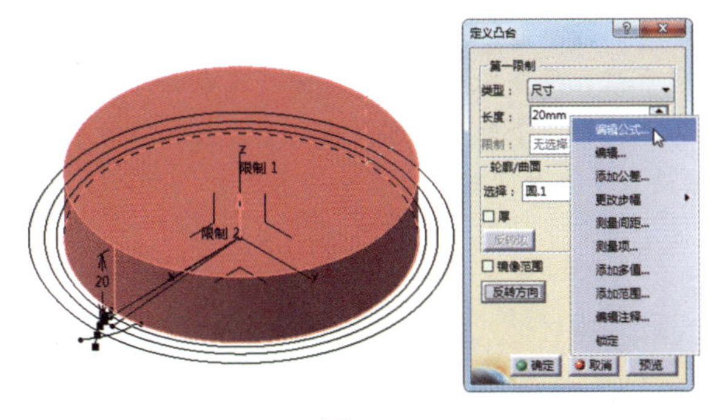

图 4-48

3. 在弹出的【公式编辑器】对话框中输入 L(齿轮厚度参数)，单击【确定】按钮，如图 4-49 所示，返回【定义凸台】对话框。

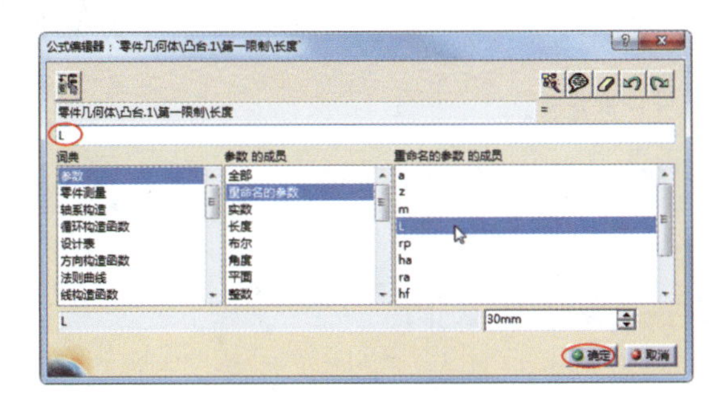

图 4-49

4. 单击【确定】按钮，完成凸台特征的创建。旋转的直线代表中分面。

5. 单击【凸台】按钮，单击【草图绘制】按钮，选择 xy 平面作为草图平面，进入草图工作台，在其中绘制齿轮单齿截面轮廓（先进行曲线的投影，再修剪多余的曲线），如图 4-50 所示。

6. 退出草图工作台，在【定义凸台】对话框的【长度】文本框中右击，在弹出的快捷菜单中选择【编辑公式】命令，在弹出的【公式编辑器】对话框中输入 L。在【定义凸台】对话框中单击【确定】按钮，完成单齿的创建，如图 4-51 所示。

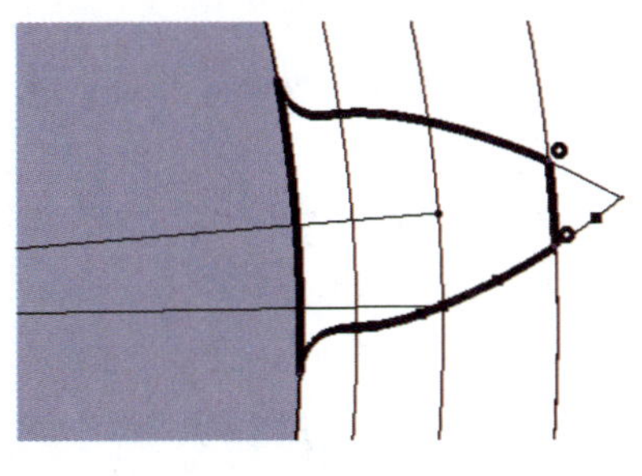

图 4-50

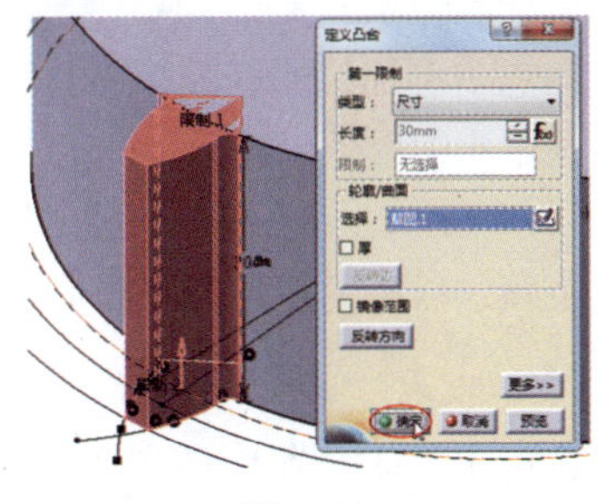

图 4-51

7. 选中单齿（凸台），单击【圆形阵列】按钮，弹出【定义圆形阵列】对话框。激活【参考元素】文本框，选择 z 轴作为旋转轴。在【实例】文本框中右击，在弹出的快捷菜单中选择【编辑公式】命令，在弹出的【公式编辑器】对话框中输入 z。

8. 用同样的方法在【角度间距】文本框中定义公式“360deg/z”，单击【定义圆形阵列】对话框中的【确定】按钮，完成单齿的圆形阵列，如图 4-52 所示。

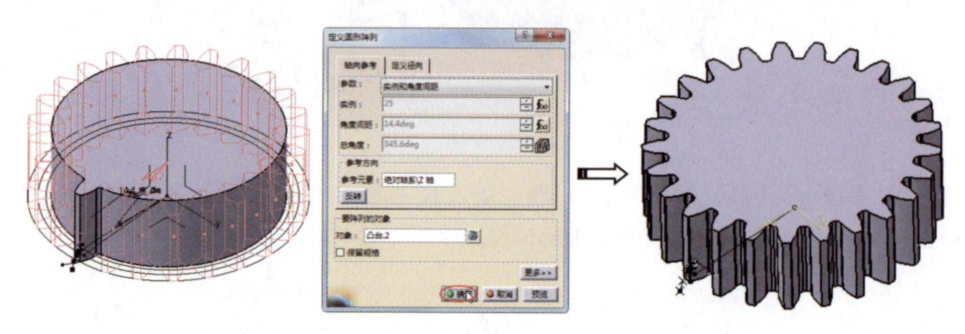

图 4-52

至此，直齿轮的参数化建模设计工作完成。

4.4 AI 辅助参数化设计

下面介绍 ChatGPT 是如何协助设计师在 CATIA 中进行零件参数化设计的。

ChatGPT 是一个文本模型，无法直接进行实际的 CAD/CAM/CAE 工作，但它可以提供以下帮助。

- 解答问题和提供指导：用户可以向 ChatGPT 提出关于 CATIA 的问题，它将尽力提供解答和指导，包括如何执行特定的操作、如何解决常见问题等。
- 解释 CATIA 的功能和概念：若用户想了解 CATIA 的特定功能、工作台、模块或概念，ChatGPT 可以提供解释和描述。
- 提供最佳实践：ChatGPT 可以提供 CATIA 设计的最佳实践，以帮助用户提高设计效率和质量。
- 提供示例和代码：如果需要宏代码来执行特定任务，可以让 ChatGPT 提供一些基本的示例或指导。
- 讲解 CATIA 的工作流程：ChatGPT 可以讲解 CATIA 中不同工作流程的一般步骤，以帮助用户了解如何使用 CATIA 来完成特定的设计任务。

由于 ChatGPT 对三维软件的辅助功能还不够完善，因此还不能进行复杂的设计工作。ChatGPT 创建的 VBA 代码有时不能运行，这时需要使用 CATIA 中的宏录制工具。通过这个工具录制宏，查看正确的宏代码以便修改 ChatGPT 生成的代码并将其成功应用到 CATIA 中。

在本例中，我们使用 ChatGPT 的聊天功能来创建 VBA 代码，绘制一个简单图形的草图并创建特征。要创建的特征模型如图 4-53 所示。

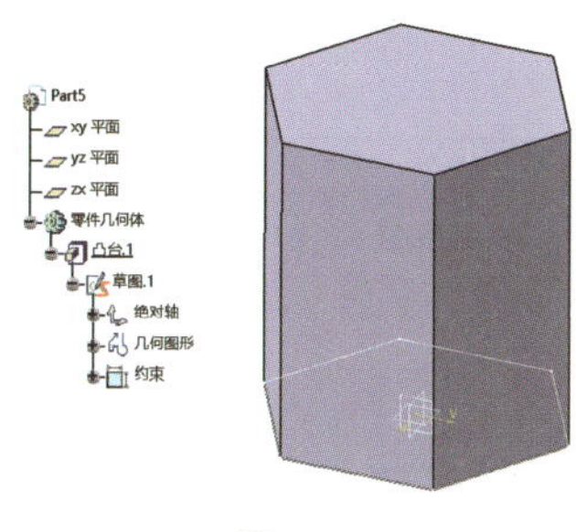

图 4-53

【例 4-3】ChatGPT 辅助设计模型特征。

1. ChatGPT 并非专业编程大师，其写出来的代码还不能直接使用，用户需要一步一步引导它进行修改。与 ChatGPT 进行对话，让其进入对话状态，如图 4-54 所示。

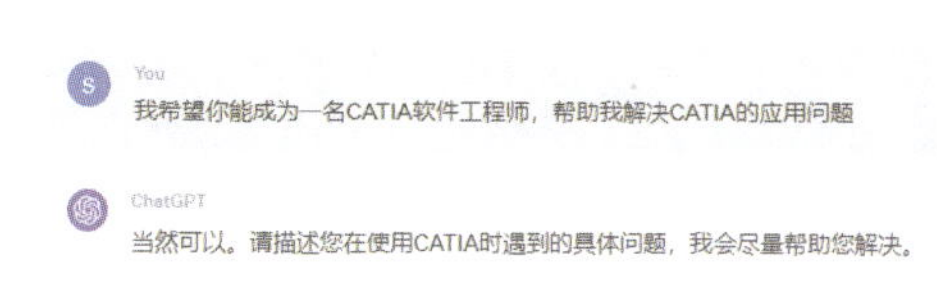

图 4-54

2. 让 ChatGPT 生成一段 VBA 代码，如图 4-55 所示。

请为我生成能在CATIA中运行的VBA代码，用于自动创建边长为100mm的立方体

图 4-55

3. ChatGPT 生成 VBA 代码，如图 4-56 所示。

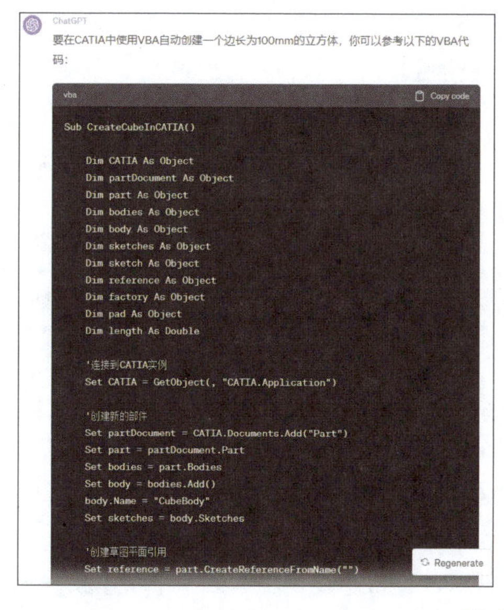

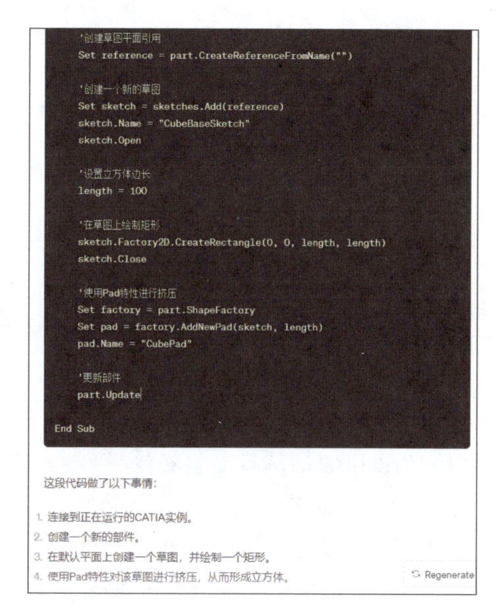

图 4-56

4. 启动 CATIA V5-6R2020，进入软件基础工作界面，如图 4-57 所示。

图 4-57

5. 在菜单栏中执行【工具】/【宏】/【宏】命令，打开【宏】对话框。在对话框中单击【创建】按钮，新建一个项目，如图 4-58 所示。项目创建完成后关闭对话框。

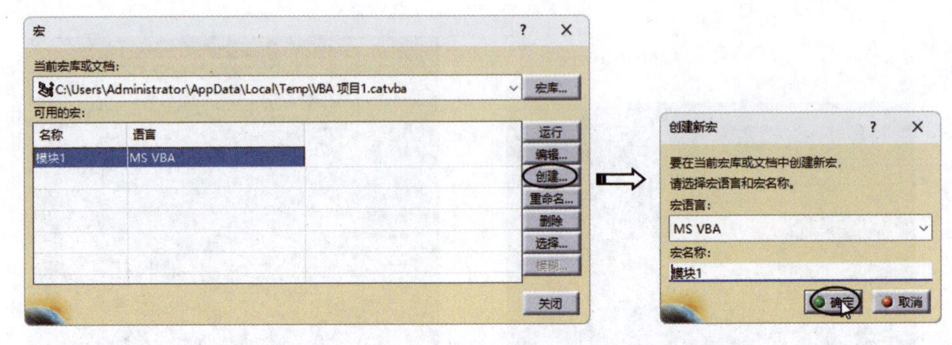

图 4-58

6. 创建宏项目后，在菜单栏中执行【工具】/【宏】/【Visual Basic 编辑器】命令，打开 Visual Basic 编辑器。在编辑器左侧的【Project－VBA_ 项目 1】面板中双击【模块 1】，将 ChatGPT 生成的代码复制到右侧的编码区中，如图 4-59 所示。

7. 在编码区上方的工具栏中单击【RUN】按钮 ▶ 运行代码，弹出警告信息提示框，说明代码存在问题，如图 4-60 所示。可以单击信息提示框中的【帮助】按钮查看问题的解决方法，如图 4-61 所示。

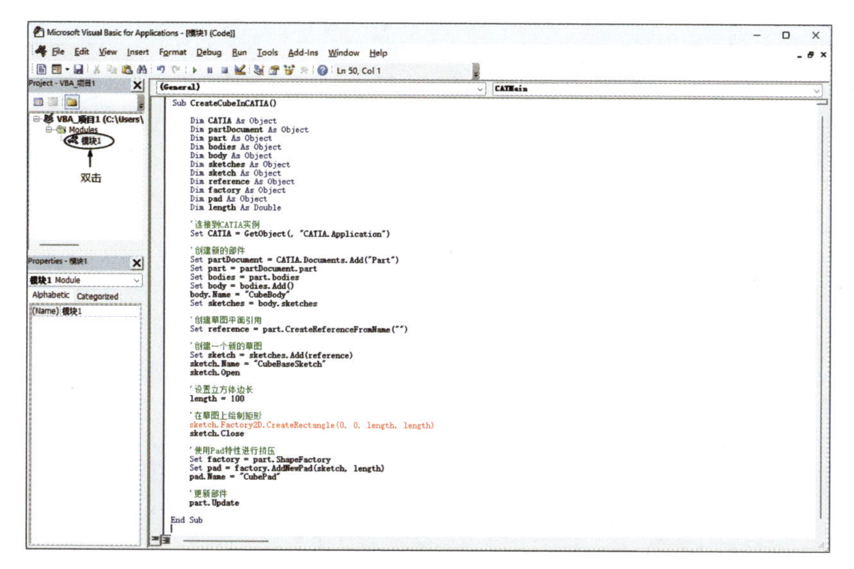

图 4-59

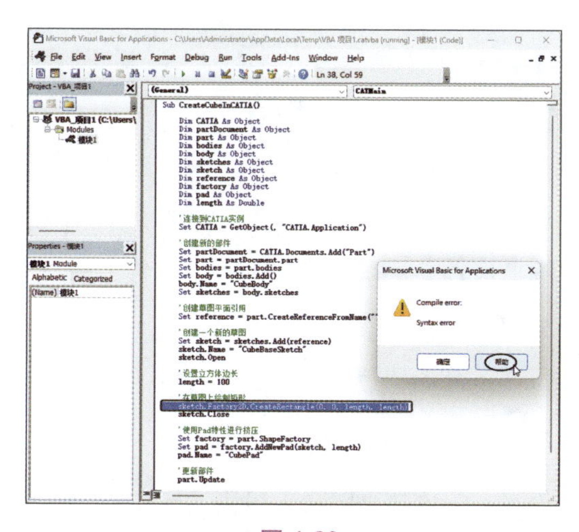

图 4-60

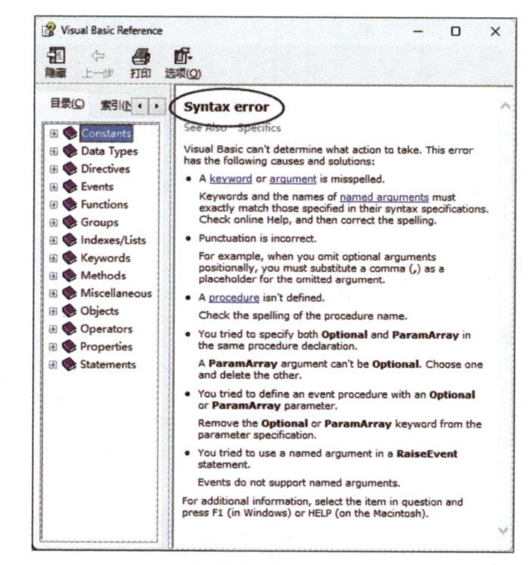

图 4-61

8. 将解决方法中的文本复制到 ChatGPT 中，告诉它出错的原因，并让 ChatGPT 重新生成代码。ChatGPT 会解决这个问题，但是代码可能会出现其他问题，所以用此方法不一定能解决所有问题。

9. 通过 CATIA 的宏，用户可以手动完成建模过程，只要将这个过程录制下来，就可以达到自动化建模的目的，同时能查看 VBA 代码。下面在 CATIA 中进行录制宏操作。先将 VBA 编辑器中的代码删除或者保存，然后关闭窗口。

10. 在菜单栏中执行【工具】/【宏】/【启动录制】命令，打开【记录宏】对话框。保留默认的设置，单击【开始】按钮执行录制宏操作，如图 4-62 所示。

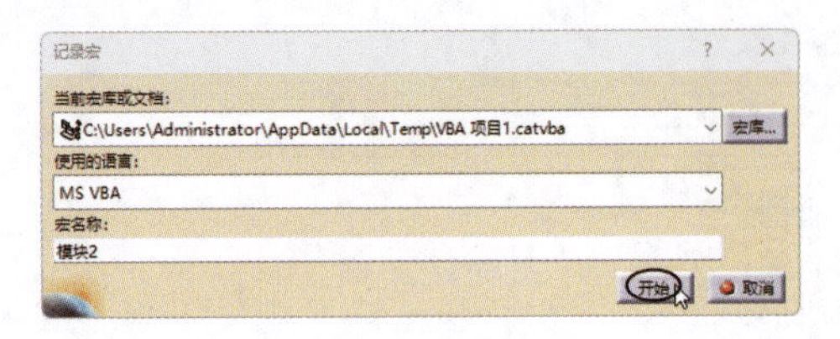

图 4-62

11. 在菜单栏中执行【开始】/【机械设计】/【零件设计】命令，进入零件设计工作台。在特征树中选中【xy 平面】，再单击右侧工具栏中的【草图】按钮进入草图工作台，然后利用【矩形】工具绘制一个矩形，如图 4-63 所示。

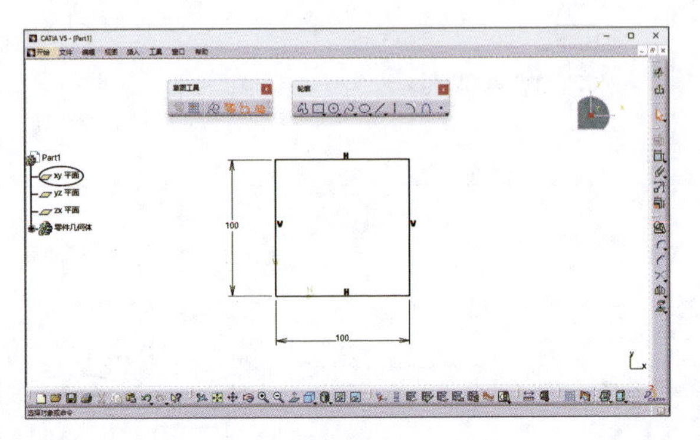

图 4-63

12. 单击【退出工作台】按钮退出草图工作台。单击【凸台】按钮，打开【定义凸台】对话框，在【第一限制】选项组中设置【长度】为 100mm，单击【确定】按钮，完成凸台（立方体）的创建，如图 4-64 所示。

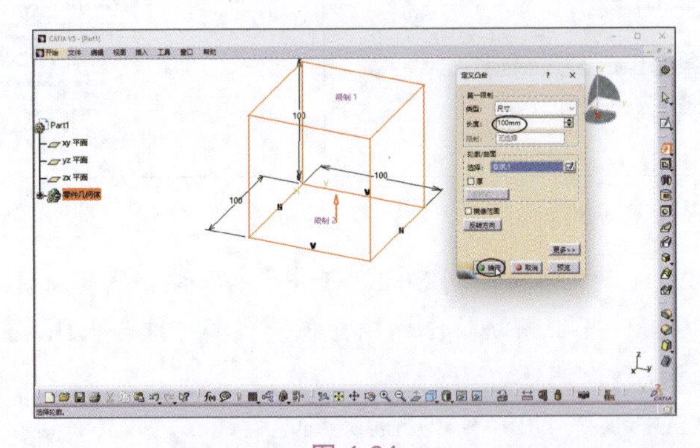

图 4-64

13. 在菜单栏中执行【工具】/【宏】/【停止录制】命令，完成宏录制操作。这个宏中记录了立方体模型的完整创建过程（从建立文档到模型的创建）。再次打开 VBA 编辑器，在【模块 2】项目中可以看到完整的 VBA 代码，如图 4-65 所示。

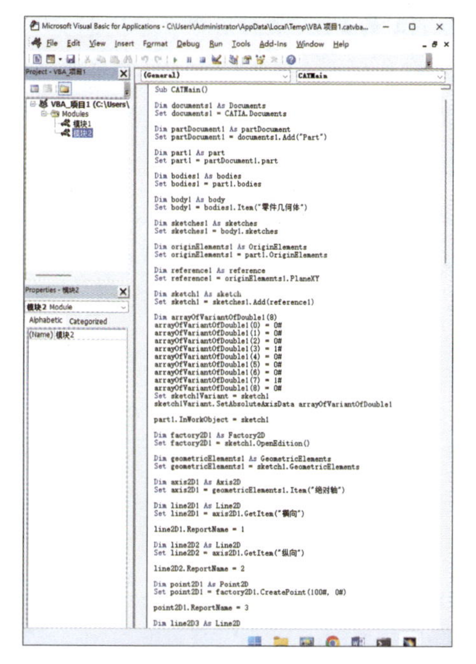
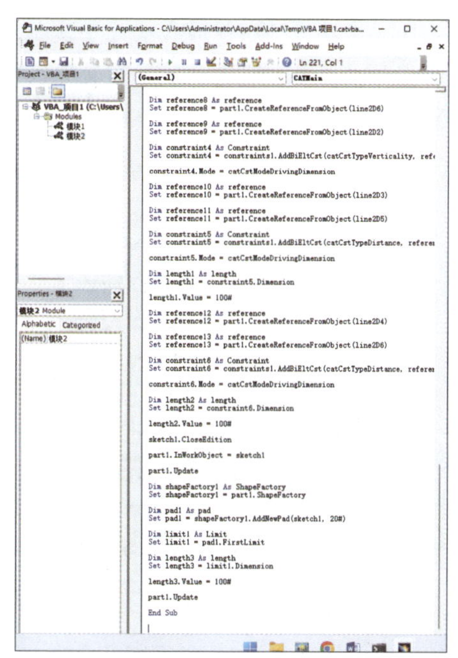

图 4-65

14. 按 Ctrl+A 组合键全选代码，再按 Ctrl+C 组合键复制代码。切换到 ChatGPT 的聊天界面，让 ChatGPT 生成代码注释。输入“请对下面我给出的 CATIA 中生成的 VBA 代码进行注释，必须保留代码原样，一个字符都不能改动”，接着按 Shift+Enter 组合键切换到下一行（千万不要按 Enter 键发送），按 Ctrl+V 组合键粘贴代码，最后按 Enter 键发送。

15. ChatGPT 对代码进行注释，结果如图 4-66 所示。

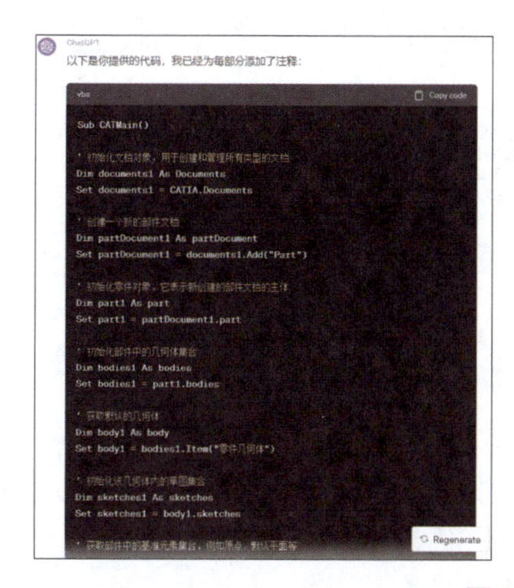
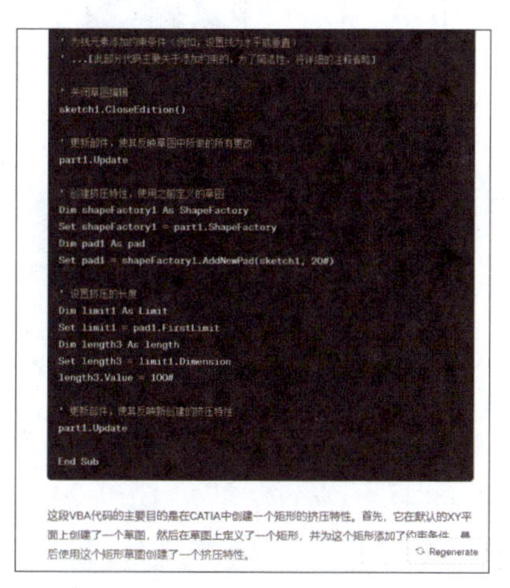

图 4-66

16. 将添加了注释的代码完整复制到 CATIA 的 VBA 编辑器中，替换【模块 2】中的代码，如图 4-67 所示。如果发现代码中有红色标记，说明 ChatGPT 修改了代码，可以让其重新给出代码，或者参照之前的代码进行修改。

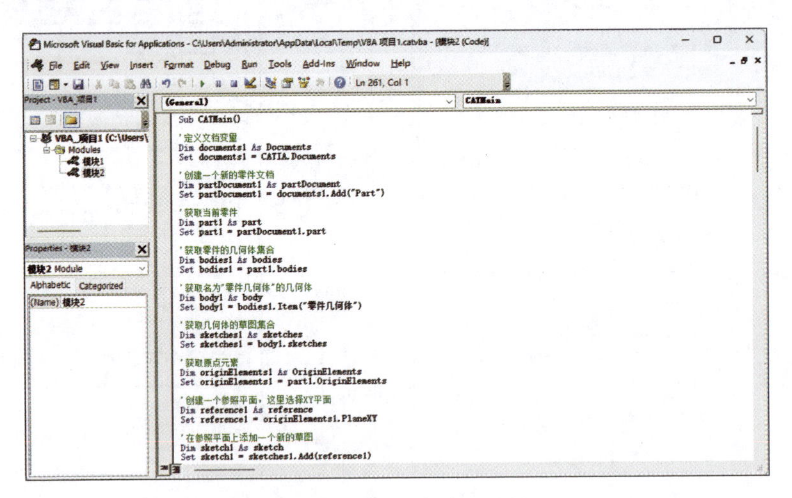

图 4-67

17. 重新执行代码，可以看到零件工作台中自动生成了一个立方体模型（part2），如图 4-68 所示。

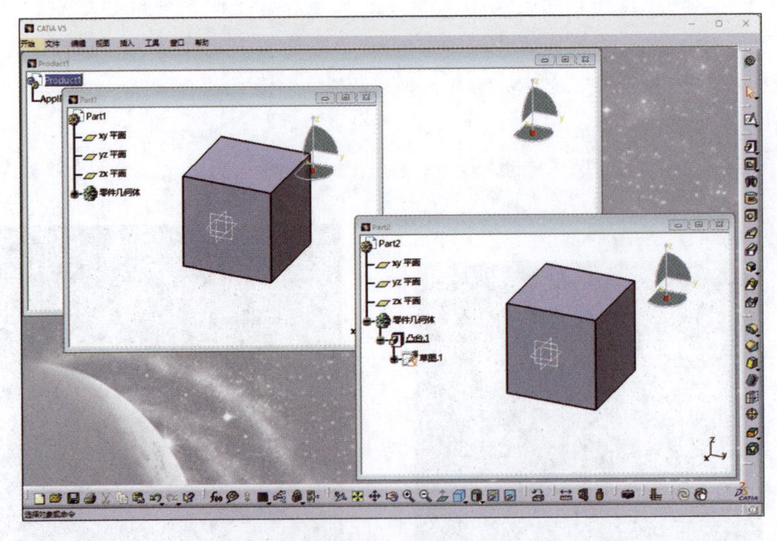

图 4-68

18. 若想要 CATIA 自动创建一个底面为正六边形（边长为 10mm）的凸台模型，可以让 ChatGPT 只生成草图中绘制正六边形的代码。这部分代码是注释文本“打开草图的编辑模式”与注释文本“关闭草图的编辑模式”之间的代码。

19. 在生成代码之前，将立方体的草图生成代码复制到 ChatGPT 中，让 ChatGPT 记住编程规则，并参照给出的代码生成绘制正六边形的代码，如图 4-69 所示。

20. 在 ChatGPT 理解了我们提问的意思之后，要求它生成绘制正六边形的代码，如图 4-70 所示。

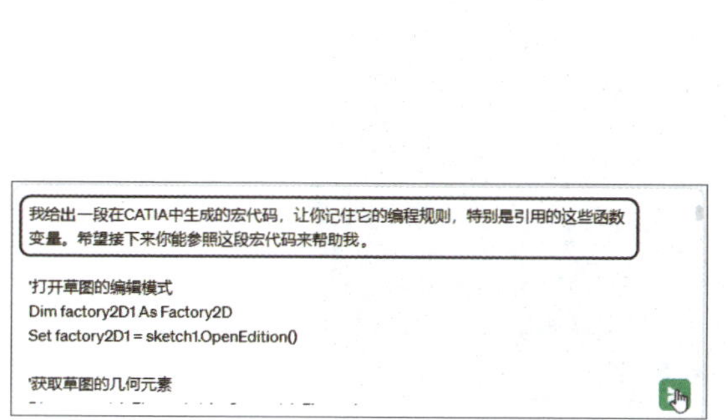

图 4-69

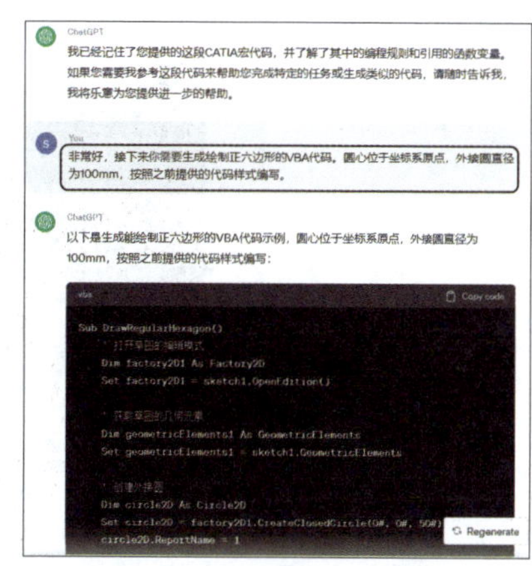

图 4-70

21. 复制注释文本“打开草图的编辑模式”与注释文本“关闭草图的编辑模式”之间的代码，再将复制的代码粘贴到 VBA 编辑器中，覆盖可替换的代码，然后单击【Run】按钮 ▶ 运行。模型文档建立，但未生成凸台模型，而且生成的特征有问题，代码也出现了错误，如图 4-71 所示。

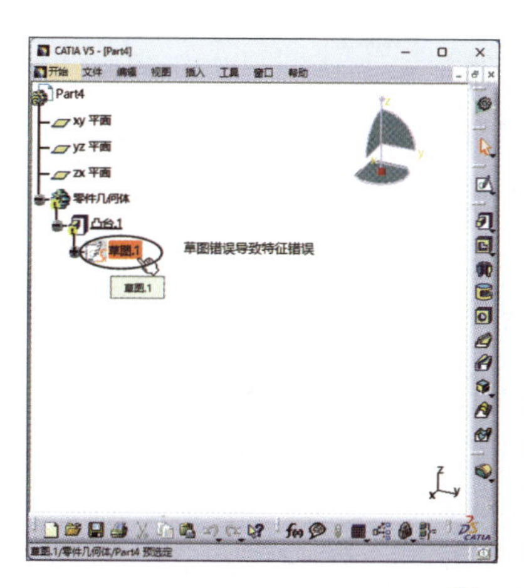

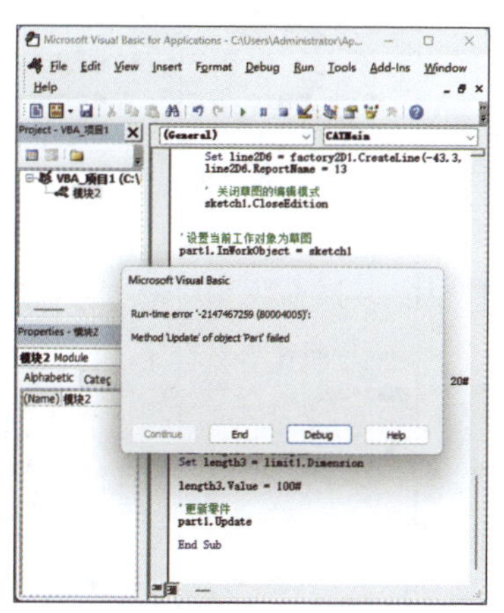

图 4-71

22. 在零件工作台中双击特征树中的【草图.1】，进入草图工作台，发现正六边形的外接圆的线型是实线，但外接圆是辅助圆，线型必须是构造线。所以需要添加一段代码，让外接圆的线型由实线变为构造线。

23. 继续向 ChatGPT 提问，如图 4-72 所示。

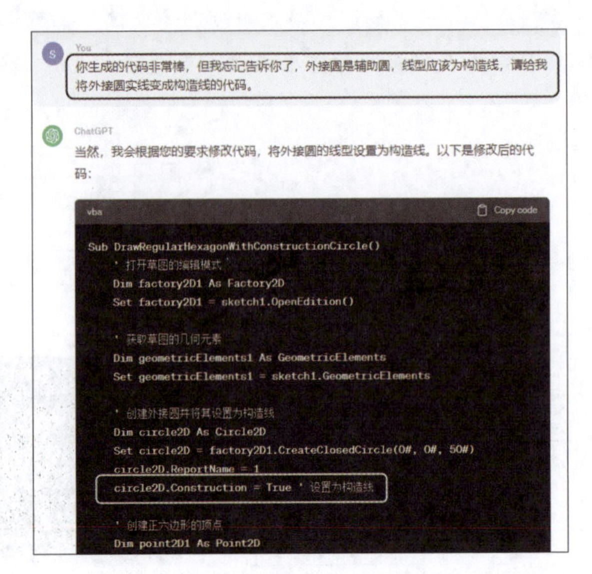

图 4-72

24. 将代码“circle2D.Construction = True ’ 设置为构造线”复制到 VBA 编辑器中，如图 4-73 所示。

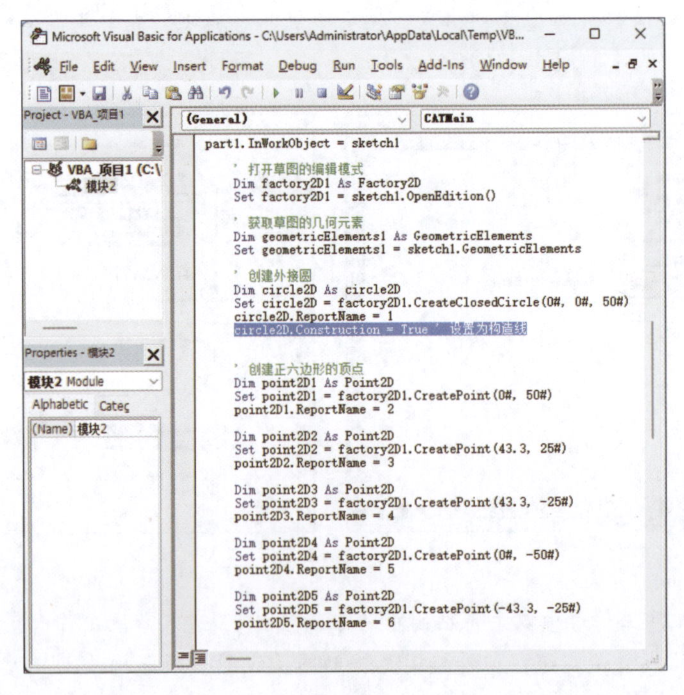

图 4-73

25. 重新执行代码，零件工作台中自动创建了正六棱柱，如图 4-74 所示。

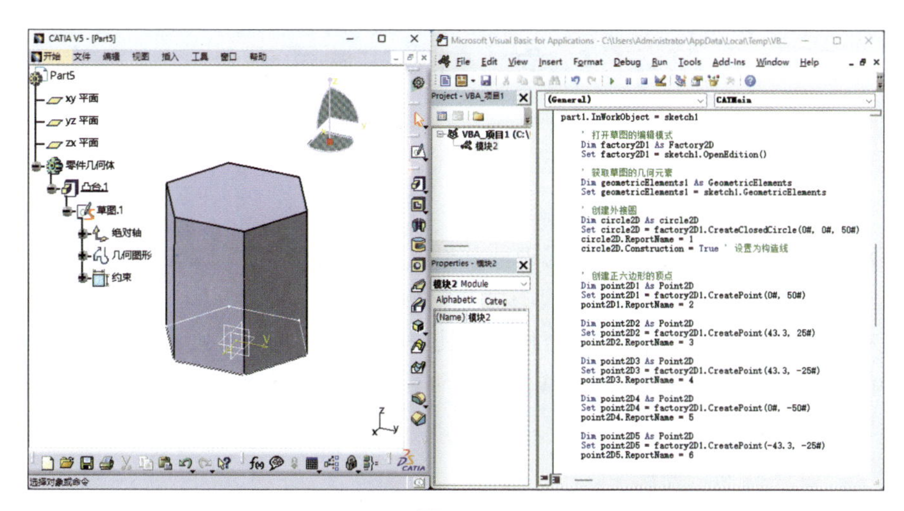

图 4-74

用此方法可以完成很多复杂模型的创建。

第 5 章 创成式曲面设计

本章将重点介绍【创成式外形设计】工作台中的曲面造型工具。【创成式外形设计】工作台中的曲面造型工具是具有参数化特点的曲面建模工具，所创建的曲面特征具有参数驱动的特点，用户能方便地对其进行编辑和修改，【创成式外形设计】工作台能和零件设计、自由曲面、线框和曲面等工作台进行切换，从而实现真正的无缝链接和混合设计。

5.1 【创成式外形设计】工作台

在 CATIA 中，将在平面或三维空间中创建的各种点、线等几何元素统称为线框，将构建的各种面特征统称为曲面，将多个曲面的组合统称为面组。

【创成式外形设计】是 CATIA 参数化曲面设计的常用和经典工作台，它包含创建曲线和曲面的各种工具，可构建出各种复杂的线框结构元素和曲面特征，丰富了 CATIA 的零件设计功能。同时，创成式外形设计是一种基于特征的设计方法，采用全关联的设计技术，使用户在设计的过程中能有效地表达设计意图和修改设计方案。因此，它极大地提高了设计人员的工作质量与效率。

5.1.1 切换至【创成式外形设计】工作台

启动 CATIA 后自动进入【装配设计】工作台，用户需要手动切换到【创成式外形设计】工作台。具体操作方法为在菜单栏中执行【开始】/【形状】/【创成式外形设计】命令，如图 5-1 所示。

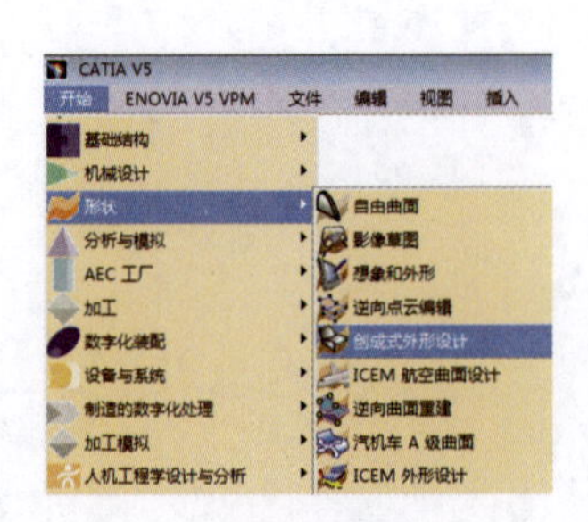

图 5-1

> **提示**：在切换到【创成式外形设计】工作台前如果已新建零件，可直接进入该工作台；如果未新建零件，则会弹出【新建零件】对话框。

在【创成式外形设计】工作台中，各种工具栏位于绘图窗口的最右侧。由于空间有限，工具栏中的工具不能完全显示在屏幕中，用户可以手动将其拖出并放置在合适的位置，如图 5-2 所示。

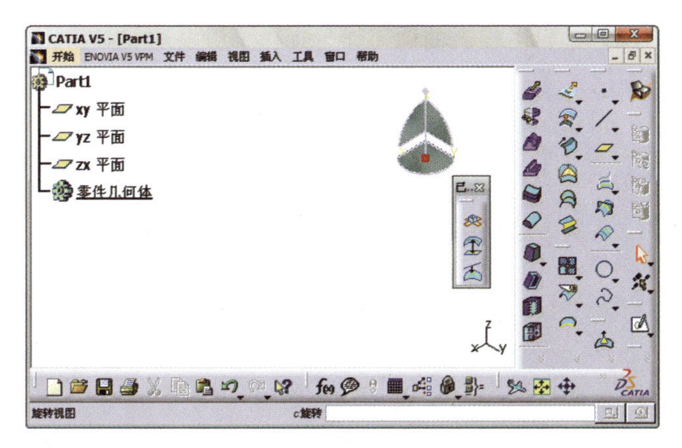

图 5-2

5.1.2 创成式外形设计工作台的特点

在 CATIA 中，创成式外形设计是一个重要的产品外形设计工作台，它提供了丰富的曲面设计工具和功能。以下是 CATIA 创成式曲面设计的一些特点。

一、全面的曲线操作工具

创成式外形设计工作台包含非常完整的曲线操作工具和最基础的曲面构造工具。它可以完成所有曲线和曲面操作，包括基本曲线、法则曲线、拉伸、旋转、扫掠、填充、桥接、分割、修剪、修复等曲线及曲面设计功能。这些功能使得设计师能够灵活地创建和编辑复杂的曲面。

二、高连续性

创成式曲面能够达到 G2 连续性，这意味着生成的曲面在视觉上和数学上都是平滑的。这对于汽车、航空航天等领域的高端产品设计尤为重要，因为这些领域对曲面的质量有很高的要求。

三、强大的曲面构造能力

除了基本的曲面构造工具外，创成式外形设计工作台还提供了高级的曲面构造功能，如曲面凹凸、包裹曲面、外形渐变、自动圆角等。这些功能使得设计师能够更精细地控制曲面的形状和质量。

四、支持参数化设计

创成式外形设计工作台支持参数化设计，设计师可以通过设置参数来控制模型的形状和尺寸。当需要修改设计时，只需调整参数即可实现对外形的快速调整，提高设计效率。

五、与其他工作台的协同

创成式外形设计工作台与其他 CATIA 工作台如自由样式曲面、汽车车身设计等紧密协同工作。例如，自由样式曲面工作台提供了更多的非参数化曲面编辑功能，而汽车车身设计工作台则专注于汽车 A 级曲面的高质量设计。这种工作台间的协同使得设计师能够在不同的设计阶段和需求下灵活切换和使用不同的工具。

5.1.3　工具介绍

一、曲面工具

【创成式外形设计】工作台中的【曲面】工具栏如图 5-3 所示。

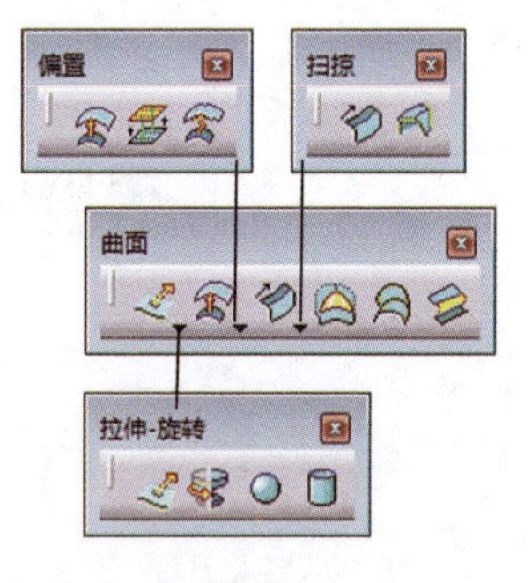

图 5-3

曲面工具的作用如下。

- （拉伸 - 旋转）：主要用于创建常规曲面，包括拉伸、旋转、球面和圆柱面 4 个曲面工具。
- （偏置）：主要用于创建各种偏移曲面，包括偏置、可变偏置、粗略偏置 3 个曲面偏置工具。
- （扫掠）：主要用于创建各种扫掠曲面，包括扫掠和适应性扫掠两个曲面扫掠工具。
- （填充）：主要用于将封闭的曲线线框转换为曲面特征。
- （多截面曲面）：主要用于基于不同尺寸的轮廓曲线创建曲面特征。
- （桥接曲面）：主要用于创建连接两个曲面或曲线的曲面特征。

二、操作工具

【操作】工具栏中的工具用于编辑和修改曲线、曲面，如图 5-4 所示。

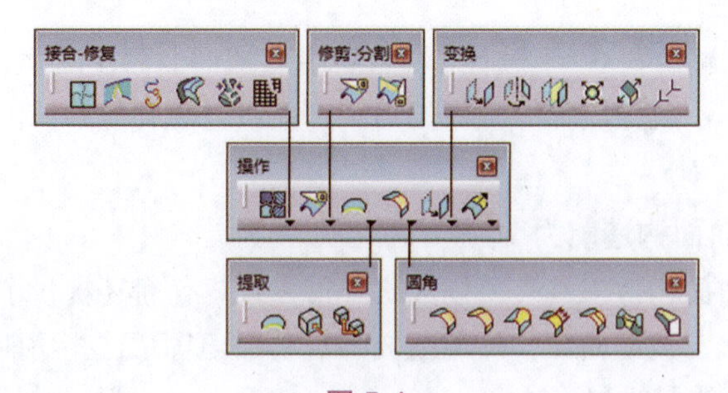

图 5-4

操作工具的作用如下。

- （接合 - 修复）：主要用于进行曲线和曲面的接合与修复、曲线光顺、曲面简化、取消修剪和拆解等操作。
- （修剪 - 分割）：主要用于对指定的曲线和曲面进行修剪、分割操作。
- （提取）：主要用于对指定的曲线、边线或曲面进行复制提取等操作。
- （圆角）：主要用于对指定曲面进行简单圆角、倒圆角、可变圆角、弦圆角、样式圆角、面与面的圆角和三切线内圆角等圆角化处理。
- （变换）：主要用于对指定图形对象进行平移、旋转、对称、缩放、仿射和定位变换等操作。
- （外插延伸）：主要用于对指定曲面进行外插延伸、反向等操作。

5.2 创建常规曲面

本节将介绍在【创成式外形设计】工作台中创建常规曲面的方法和技巧。CATIA V5-6R2020 提供了拉伸、旋转、球面和圆柱面 4 个曲面工具，用于快速创建曲面特征，具体介绍如下。

5.2.1 创建拉伸曲面

创成式外形设计工作台中的【拉伸】工具与零件设计工作台中的【拉伸】工具的用法基本相同，不同的是创成式外形设计工作台中的【拉伸】工具创建的是曲面，而零件设计工作台中的【拉伸】工具则是创建实体特征。图 5-5 所示为通过选取曲线来创建拉伸曲面。

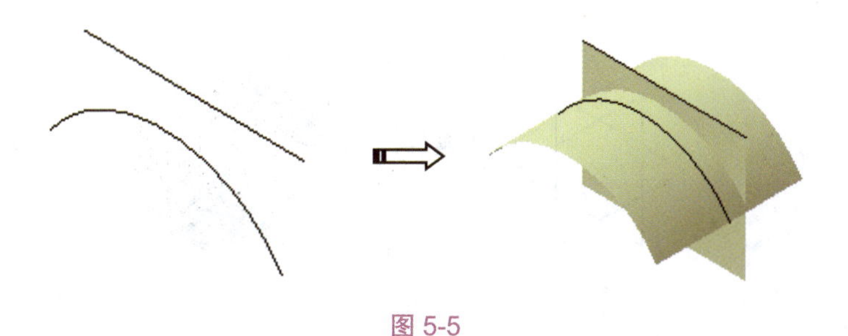

图 5-5

5.2.2 创建旋转曲面

创成式外形设计工作台中的【旋转】工具是通过指定轮廓绕旋转轴以指定角度进行旋转，从而创建出曲面特征，如图 5-6 所示。

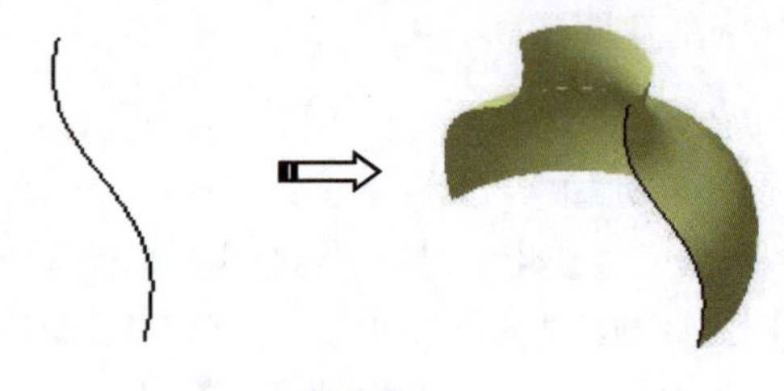

图 5-6

➘ **提示：** 在草图模式中创建旋转轮廓时，如果直接绘制出轴线，则在创建旋转曲面时系统会自动识别并使用绘制的轴线作为旋转轴。

5.2.3　创建球面

【球面】工具是通过指定空间中的某一点为球心，创建具有一定半径的球形曲面，如图 5-7 所示。

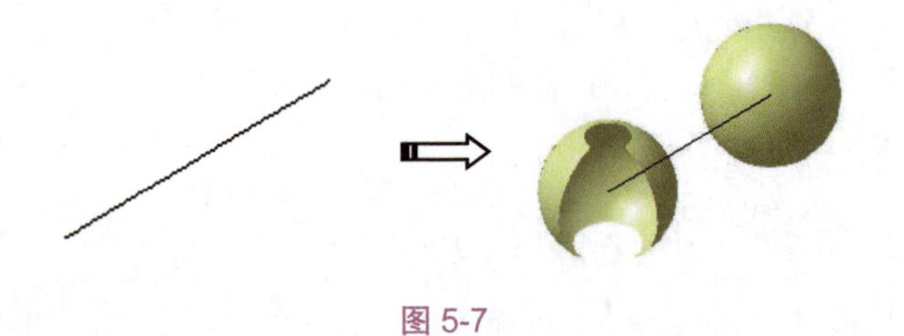

图 5-7

5.2.4　创建圆柱面

通过指定空间中的某一点和方向，可以创建出圆柱面，如图 5-8 所示。

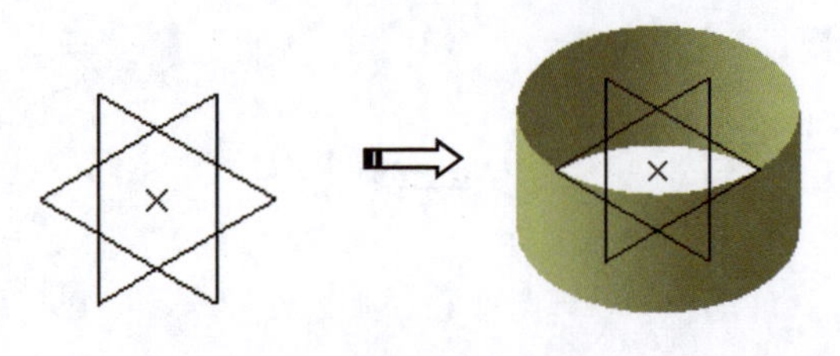

图 5-8

5.3　创建高级曲面

针对产品造型过程中复杂的外形结构，CATIA V5-6R2020 提供了创建扫掠曲面、填充曲面、多截面曲面、桥接曲面和偏置曲面等曲面创建工具。

5.3.1 创建扫掠曲面

扫掠曲面是通过指定扫掠轮廓、引导曲线、脊线和参考曲面等要素来创建的曲面。创建扫掠曲面的工具包括【扫掠】和【适应性扫掠】。

一、【扫掠】工具

使用【扫掠】工具可通过指定一条轮廓线、一条或多条引导线、参考曲面以及脊线来创建扫掠曲面。在创建扫掠曲面的过程中，用户可选择【显示】【直线】【圆】【二次曲线】等轮廓类型来创建不同截面形状的扫掠曲面。

- 【显示】轮廓类型：此类型扫掠曲面的轮廓为任意形状的样条曲线。
- 【直线】轮廓类型：此类型扫掠曲面的轮廓为任意形状的直线。
- 【圆】轮廓类型：此类型扫掠曲面的轮廓为圆形或圆弧。
- 【二次曲线】轮廓类型：此类型扫掠曲面的轮廓为一般二次曲线，如抛物线、渐开线等。

图 5-9 所示为创建显示扫掠曲面的范例。

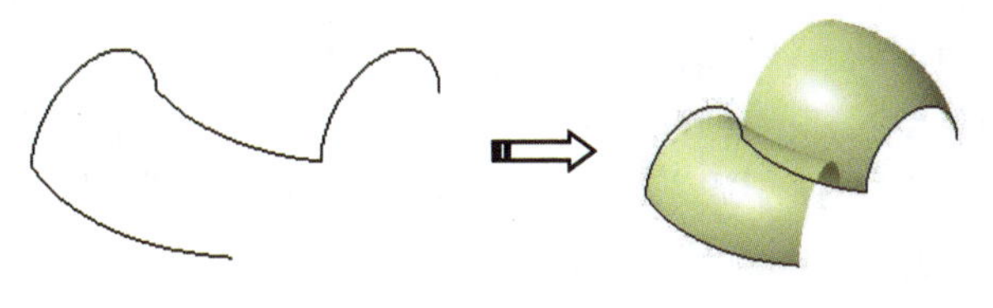

图 5-9

二、【适应性扫掠】工具

使用【适应性扫掠】工具可通过变更扫掠截面的相关参数来创建可变截面的扫掠曲面特征。图 5-10 所示为创建适应性扫掠曲面的范例。

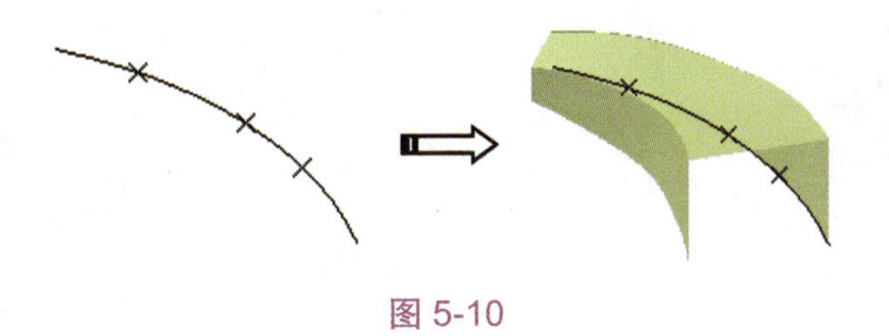

图 5-10

5.3.2 创建填充曲面

【填充】工具通过将一组曲线围成封闭区域后，参考曲线形状或相邻曲面的形状进行填充而得到曲面。图 5-11 所示为创建填充曲面的范例。

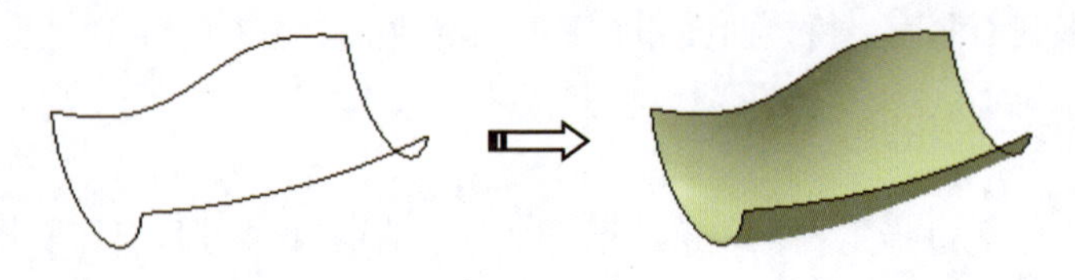

图 5-11

5.3.3　创建多截面曲面

【多截面曲面】工具通过指定多个截面轮廓曲线，从而创建扫掠曲面特征。图 5-12 所示为创建多截面曲面的范例。

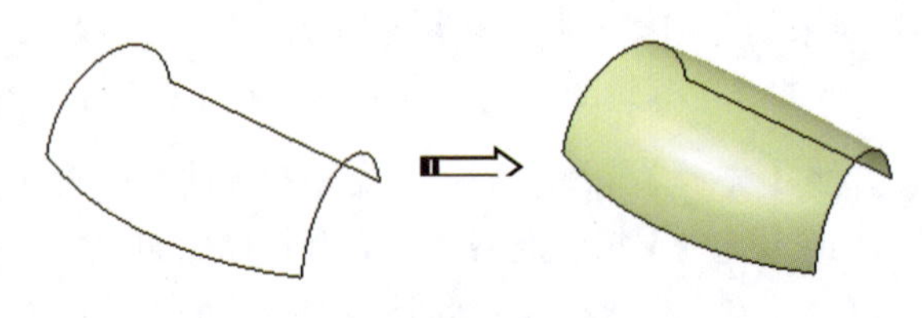

图 5-12

5.3.4　创建桥接曲面

【桥接曲面】工具通过指定两个曲面或两条曲线，从而创建连接两个对象的曲面特征。

在菜单栏中执行【插入】/【曲面】/【桥接曲面】命令，弹出【桥接曲面定义】对话框。选取一曲面的直线边为第一曲线并选取此曲面为第一支持面，接着选取另一曲面的直线边为第二曲线并选取该曲面为第二支持面，在【基本】选项卡的【第一连续】和【第二连续】下拉列表中分别选取【相切】选项，最后单击【确定】按钮完成桥接曲面的创建，如图 5-13 所示。

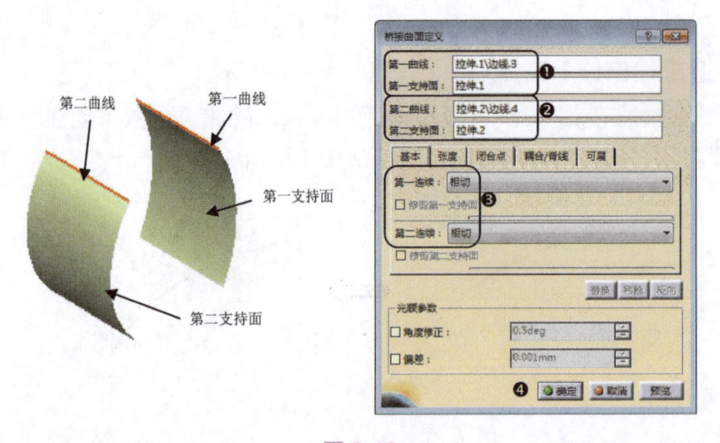

图 5-13

5.3.5　创建偏置曲面

【偏置】工具通过指定曲面的偏置方向和距离来创建新曲面，如图 5-14 所示。

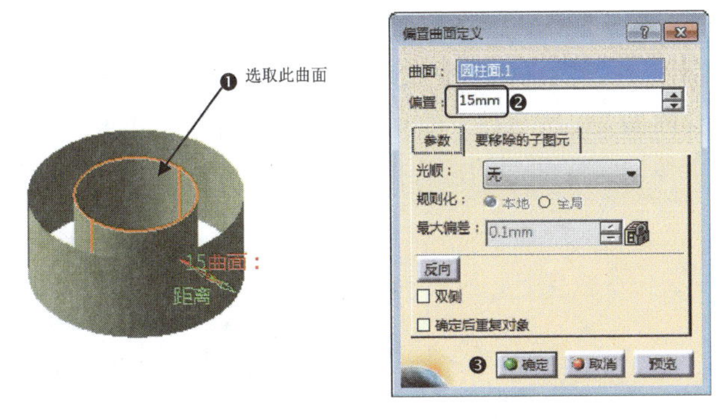

图 5-14

5.4 曲线和曲面的编辑

在进行曲面造型设计时，常常需要对已经建立的曲线或曲面进行编辑。常见的编辑工具包括【接合】【修复】【拆解】【分割】【修剪】等。

5.4.1 接合

【接合】工具通过指定多个分散的曲线或曲面对象，再将其连接成一个完整的曲线或曲面。执行菜单栏中的【插入】/【操作】/【接合】命令，弹出【接合定义】对话框。用户可对曲线或曲面进行接合操作。

一、接合曲线

在绘图区中，依次选取曲面上的多条边线作为接合对象，然后在【接合定义】对话框中勾选【检查连接性】复选框，最后单击【确定】按钮完成曲线的接合，如图 5-15 所示。

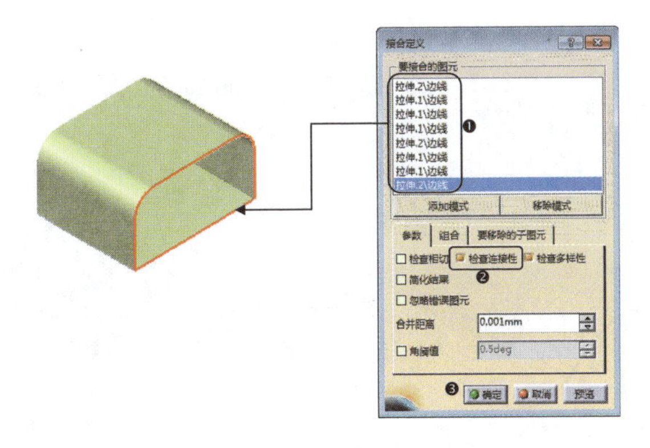

图 5-15

二、接合曲面

如图 5-16 所示，在绘图区中分别选取“拉伸.1”曲面和“拉伸.2”曲面分别作为接合曲面 1 和接合曲面 2，然后在【接合定义】对话框中勾选【检查连接性】复选框，最后单击【确定】按钮完成曲面的接合操作。

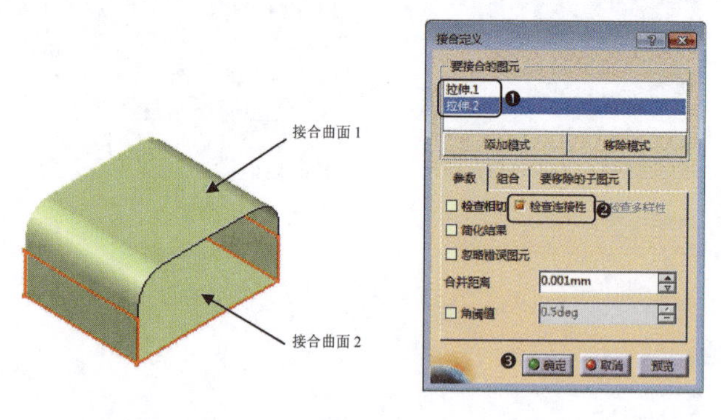

图 5-16

5.4.2 修复

【修复】工具可修复指定的两个曲面对象之间的空隙，如图 5-17 所示。

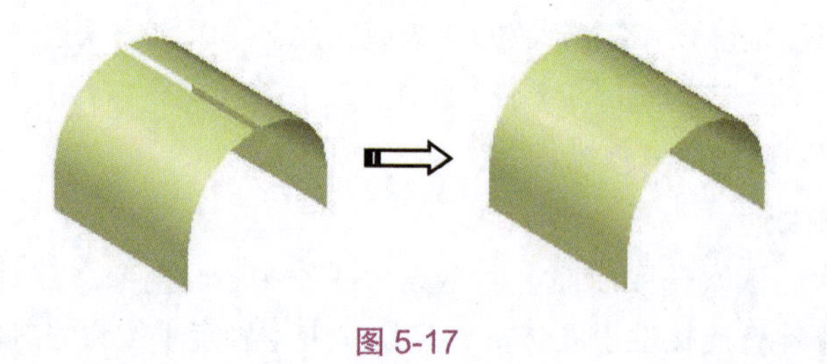

图 5-17

5.4.3 拆解

【拆解】工具可将由多个图元组成的曲线或曲面再分解为多个独立的图元，如图 5-18 所示。

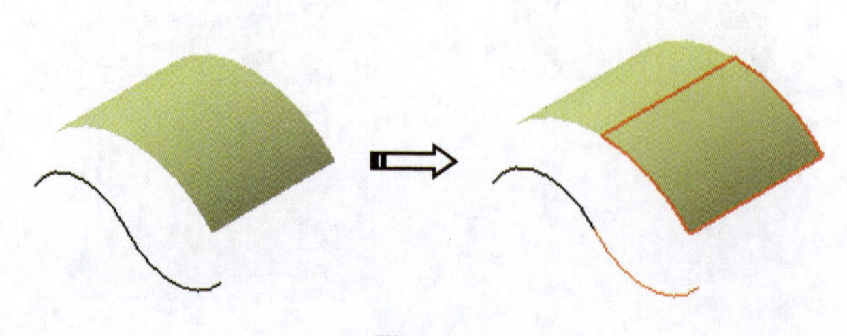

图 5-18

5.4.4 分割

【分割】工具通过指定分割元素来分割曲线或曲面对象。分割元素可以是曲线、曲面或基准面。图 5-19 所示为分割曲线和曲面的范例。

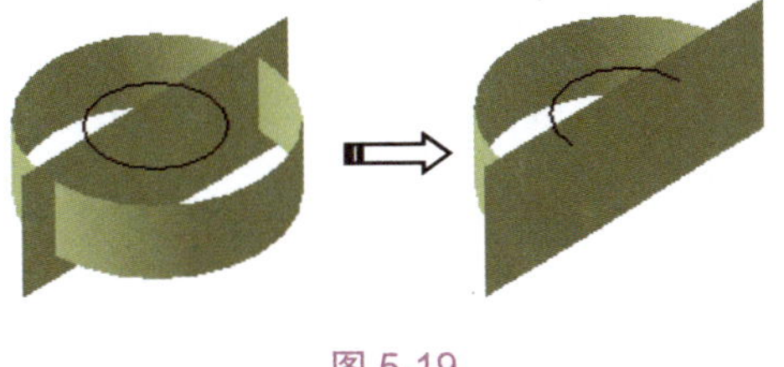

图 5-19

> **提示：** 执行【分割】命令后，在【分割定义】对话框中勾选【保留双侧】复选框时，系统将保留被分割后的两部分曲线或曲面对象，如图 5-20 所示。

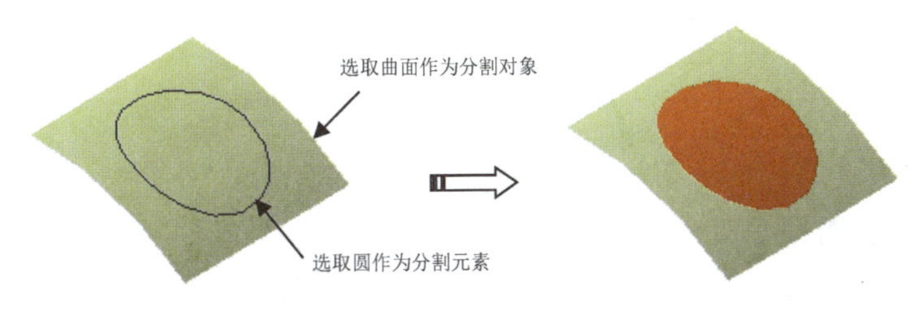

图 5-20

5.4.5 修剪

【修剪】工具用于对相交的两条曲线或两个曲面进行相互修剪，再根据需要保留其中的某一部分并使之合并成为一个新的曲线或曲面对象。

在菜单栏中执行【插入】/【操作】/【修剪】命令，会弹出【修剪定义】对话框。

依次选取“拉伸.1”和“拉伸.2”曲面作为要相互修剪的图形对象，单击【另一侧 / 下一图元】按钮调整修剪结果，确认要保留的部分对象后，单击【确定】按钮，完成对曲面的修剪，如图 5-21 所示。

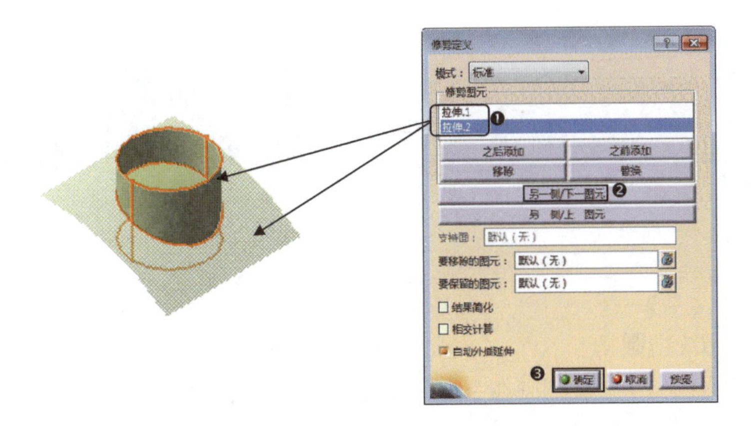

图 5-21

> **提示：**在【修剪定义】对话框中，用户可通过单击【另一侧 / 下一图元】和【另一侧 / 上一图元】按钮来选择修剪的结果。

5.4.6　曲面圆角

在产品设计中，圆角不仅能美化产品的外观，更能使产品在转角位置降低应力作用。因此，曲面的圆角操作在曲面造型设计中有重要的地位。【创成式外形设计】工作台提供了【简单圆角】【倒圆角】【样式圆角】【面与面的圆角】【三切线内圆角】5 种圆角工具。下面仅介绍常用的 3 种圆角工具。

一、【简单圆角】工具

【简单圆角】是可以直接对存在一定间距且完全独立的两个曲面进行圆角化处理的工具。图 5-22 所示为创建简单圆角的范例。

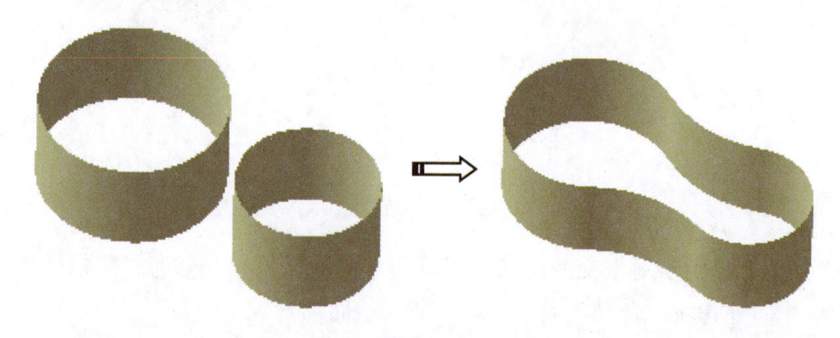

图 5-22

二、【倒圆角】工具

【倒圆角】是一个在完整曲面（必须是接合的曲面）的边线上进行圆角化处理的工具。图 5-23 所示为创建倒圆角的范例。

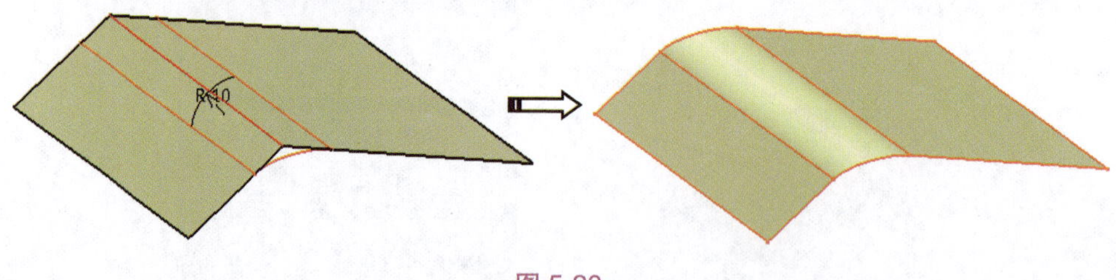

图 5-23

三、三切线内圆角

【三切线内圆角】工具用于在 3 个曲面之间创建形状参考圆角曲面。图 5-24 所示为创建三切线内圆角的范例。

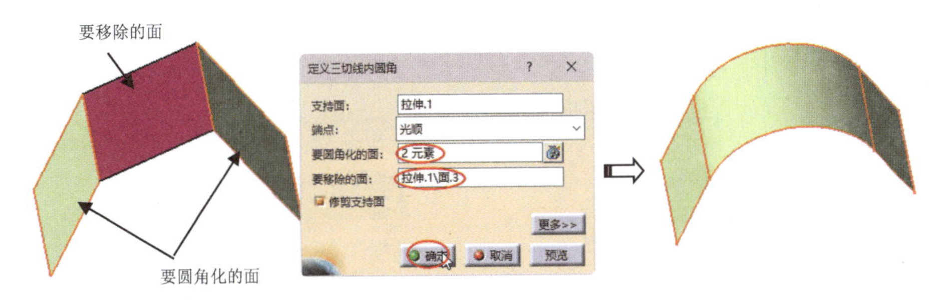

图 5-24

5.4.7 几何变换

几何变换是指通过对图形对象进行平移、旋转、对称、缩放、仿射、定位变换等操作，从而改变图形对象的空间位置和尺寸大小。通过变换操作工具而生成的新几何特征与源对象具有参数关联关系，可方便用户进行编辑和修改操作。

一、【平移】工具

【平移】工具通过指定操作对象、移动方向和移动距离等参数，在空间中移动并复制出图形对象。图 5-25 所示为平移图形的范例。

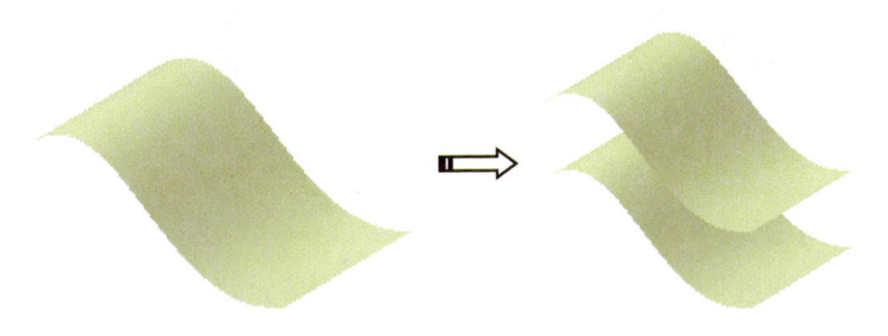

图 5-25

二、【旋转】工具

【旋转】工具通过指定操作对象绕旋转轴旋转一定角度，在空间中复制出新的图形对象。图 5-26 所示为旋转图形的范例。

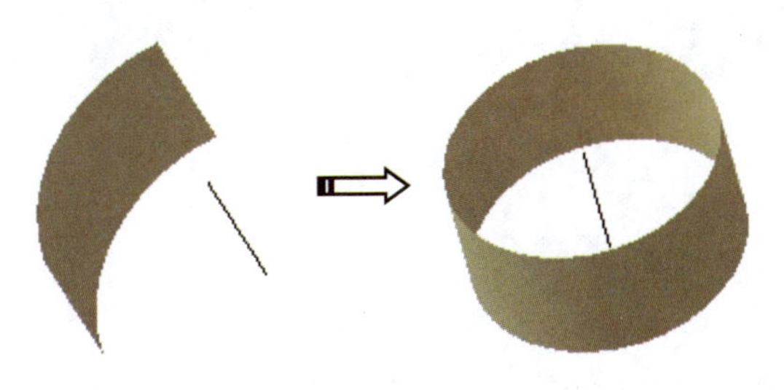

图 5-26

三、【对称】工具

【对称】工具通过指定一个或多个操作对象，再将其复制到指定参考平面的对称位置。图 5-27 所示为创建对称图形的范例。

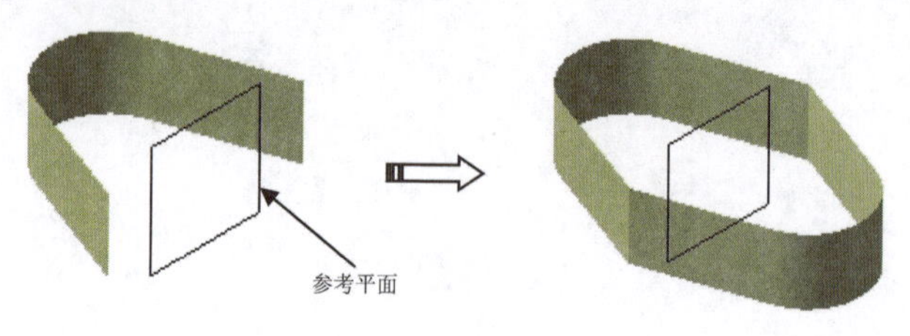

图 5-27

四、【缩放】工具

【缩放】工具通过指定一个或多个操作对象，再指定参考方向和比例从而复制并缩放图形。图 5-28 所示为创建缩放图形的范例。

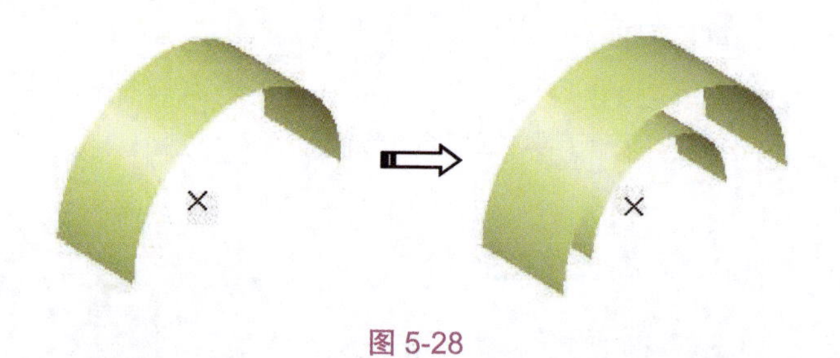

图 5-28

五、【仿射】工具

【仿射】工具通过指定一个或多个操作对象沿参考元素的 x 轴、y 轴、z 轴进行等比例缩放。图 5-29 所示为创建仿射图形的范例。

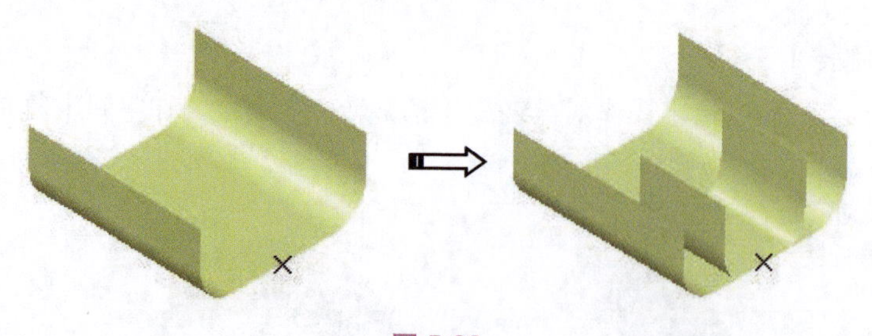

图 5-29

六、【定位变换】工具

【定位变换】工具通过指定一个或多个操作对象，再将其复制并重新调整其在参考坐标系中的空间位置。图 5-30 所示为进行定位变换的范例。

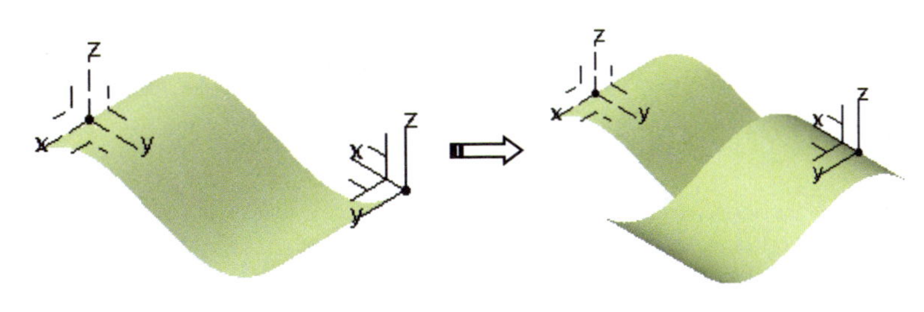

图 5-30

七、【曲面延伸】操作

曲面延伸操作是通过在菜单栏中执行【插入】/【操作】/【外插延伸】命令并指定曲线或曲面，从而使其沿参考方向延伸。图 5-31 所示为创建曲面延伸的范例。

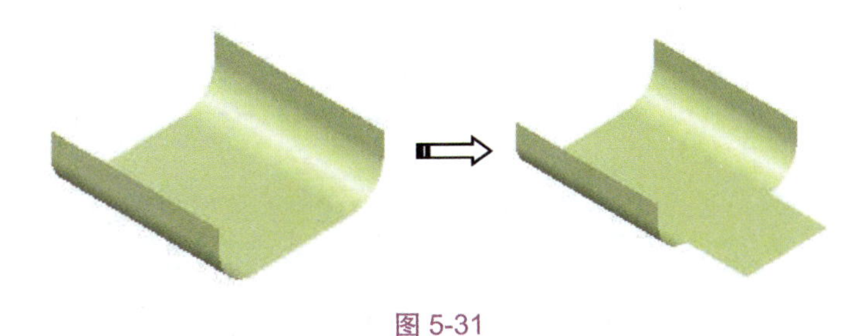

图 5-31

5.5 实战案例：电吹风壳体造型

本节将介绍电吹风壳体的造型方法。首先运用【创成式外形设计】工作台中的曲线工具命令创建电吹风壳体的主体结构，再利用各种曲面命令逐步创建各个曲面特征并将其合并修剪为面组，最后使用【厚曲面】命令将其转换为实体图形。电吹风壳体如图 5-32 所示。

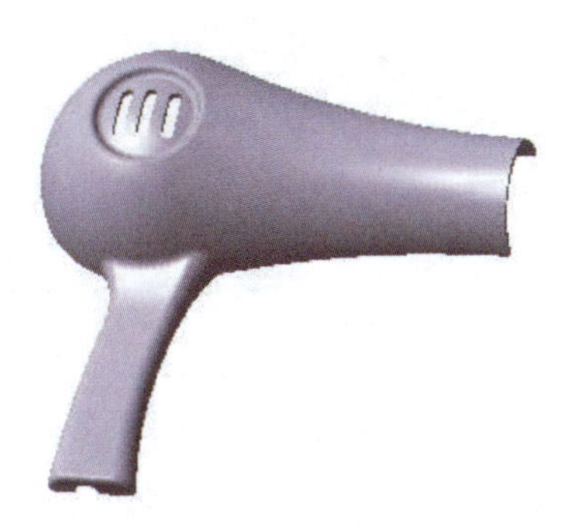

图 5-32

1. 新建一个零件文件并将其命名为“hair –drier”。

2. 在菜单栏中执行【插入】/【草图编辑器】/【草图】命令，选取 *xy* 平面作为草图平面，绘制图 5-33 所示的“草图.1”。

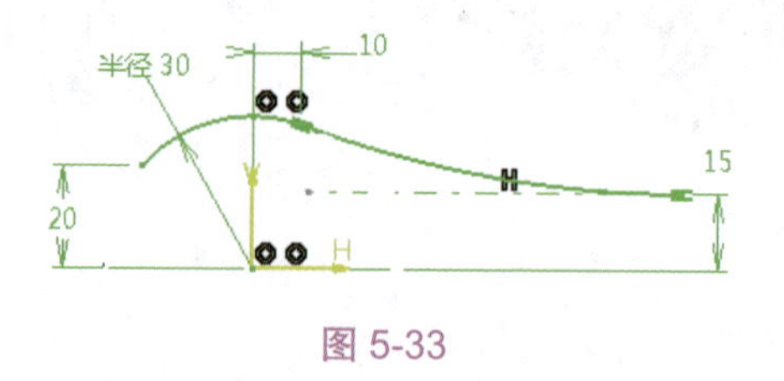

图 5-33

3. 在菜单栏中执行【插入】/【操作】/【对称】命令。选取“草图.1”作为对称图元，选取特征树中的 *zx* 平面作为参考平面，单击【确定】按钮，完成对称操作，如图 5-34 所示。

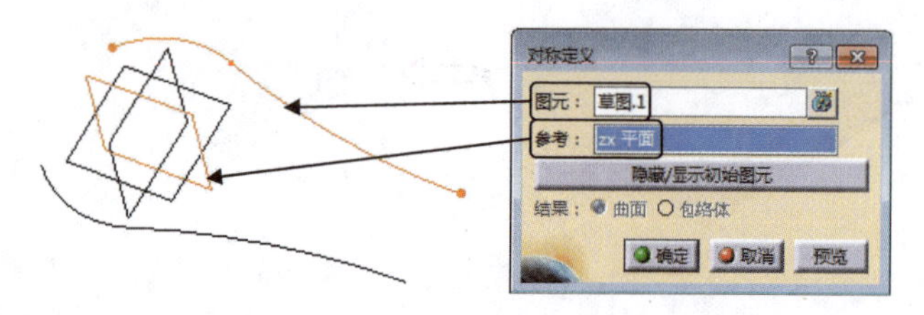

图 5-34

4. 在菜单栏中执行【插入】/【线框】/【圆】命令。选择【两点和半径】作为圆类型，分别选取两条曲线的顶点作为圆的通过点，选取特征树中的 *yz* 平面作为支持面，指定圆半径为 20mm，使用【修剪圆】圆限制模式，单击【确定】按钮，完成圆弧的创建，如图 5-35 所示。

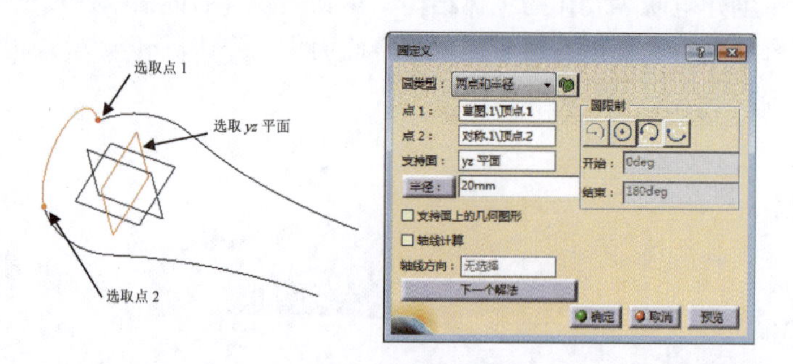

图 5-35

5. 在菜单栏中执行【插入】/【线框】/【相交】命令。选取 *yz* 平面和“对称.1”曲线作为相交的图元，创建出一个特征点；再次执行【相交】命令，选取 *yz* 平面和“草图.1”曲线作为相交的图元，创建出另一个特征点，结果如图 5-36 所示。

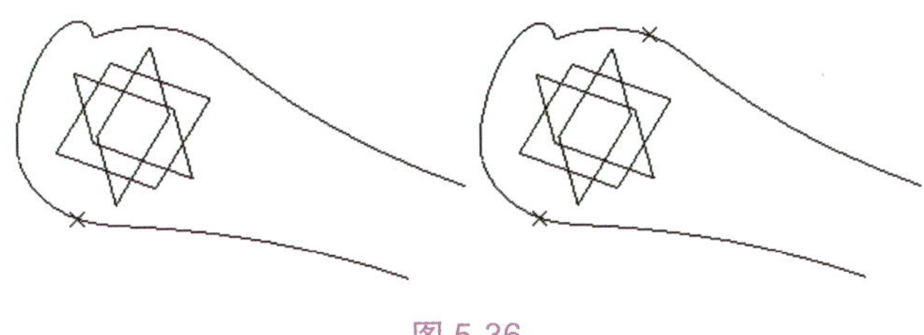

图 5-36

6. 在菜单栏中执行【插入】/【线框】/【圆】命令。选择【两点和半径】作为圆类型，分别选取步骤 5 中创建的两个特征点为圆的通过点，选取特征树中的 *yz* 平面作为支持面，指定圆半径为 30mm，使用【补充圆】圆限制模式，单击【确定】按钮，完成圆弧的创建，如图 5-37 所示。

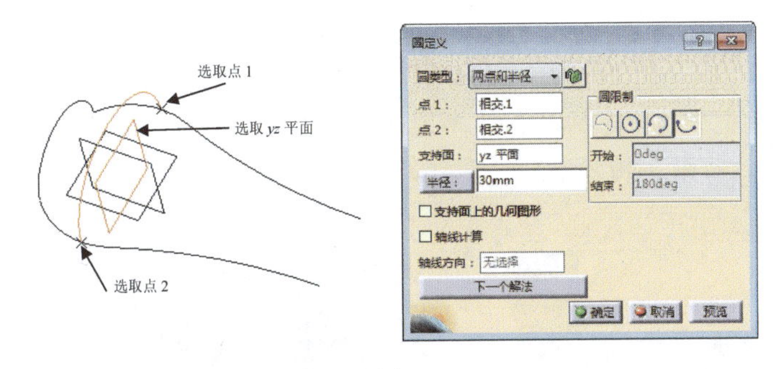

图 5-37

7. 在菜单栏中执行【插入】/【线框】/【圆】命令。选择【两点和半径】作为圆类型，分别选取两条对称曲线的顶点作为圆的通过点，选取特征树中的 *yz* 平面作为支持面，指定圆半径为 15，使用【补充圆】圆限制模式，单击【确定】按钮，完成圆弧的创建，如图 5-38 所示。

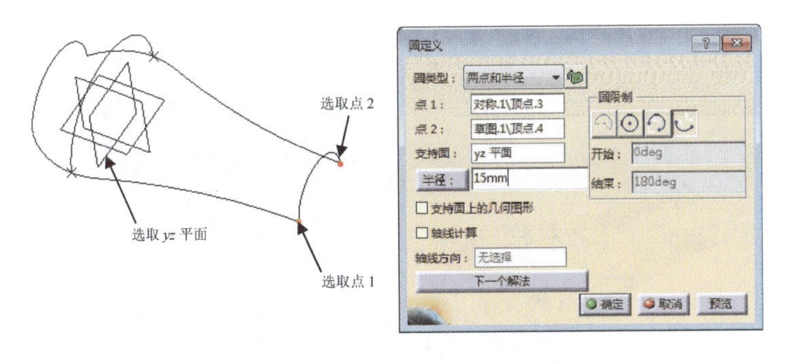

图 5-38

8. 在菜单栏中执行【插入】/【曲面】/【多截面曲面】命令。依次选取“圆.3”“圆.2”“圆.1”作为截面轮廓并使其方向保持一致，单击【引导线】选项卡的空白处以激活引导线，分别选取“草图.1”和“对称.1”两条曲线作为曲面的引导线并使其方向保持一致，单击【确定】按钮，完成“多截面曲面.1”的创建，如图 5-39 所示。

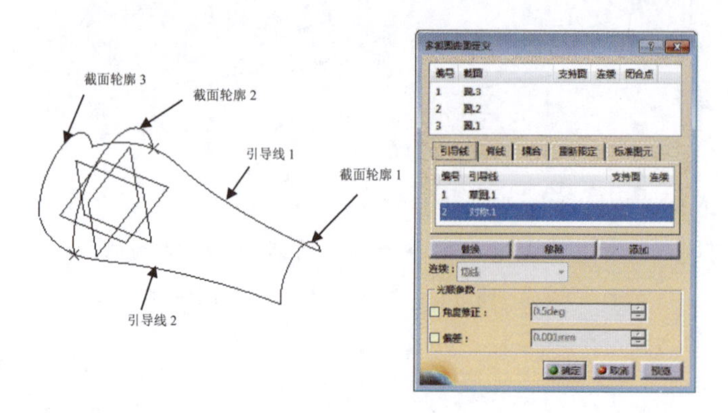

图 5-39

9. 在菜单栏中执行【插入】/【草图编辑器中】/【草图】命令，选取 *xy* 平面作为草图平面，绘制图 5-40 所示的“草图.2”。

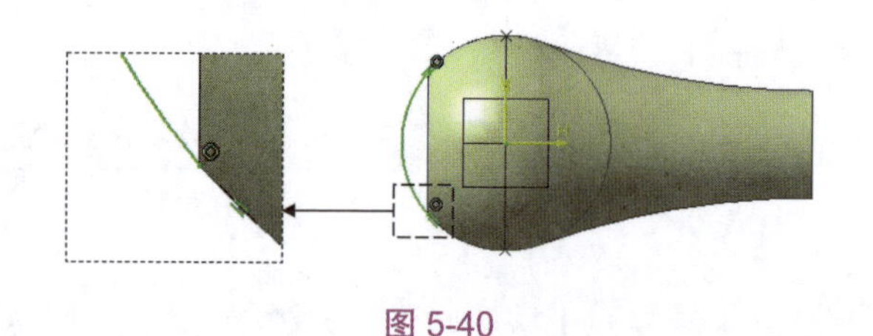

图 5-40

10. 在菜单栏中执行【插入】/【曲面】/【桥接曲面】命令。选取“圆.1”为第一曲线，选取“多截面曲面.1”作为第一支持面，选取“草图.2”的圆弧作为第二曲线；在【第一连续】下拉列表中选择【相切】选项，单击【确定】按钮，完成“桥接.1”曲面的创建，如图 5-41 所示。

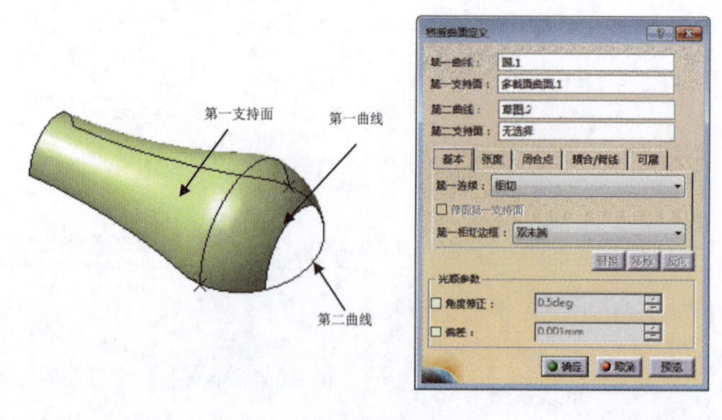

图 5-41

11. 在菜单栏中执行【插入】/【草图编辑器中】/【草图】命令，选取 *xy* 平面作为草图平面，绘制图 5-42 所示的“草图.3”。

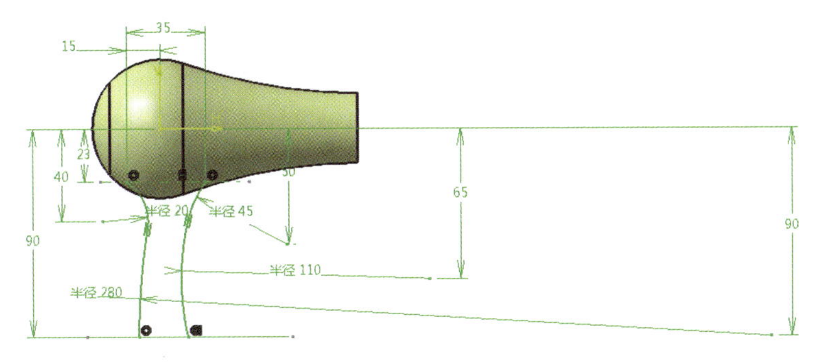

图 5-42

12. 在菜单栏中执行【插入】/【操作】/【拆解】命令。在【拆解】对话框中选择【仅限域】选项，选取步骤 11 创建的“草图.3”曲线作为拆解对象，单击【确定】按钮，完成对曲线的拆解，如图 5-43 所示。

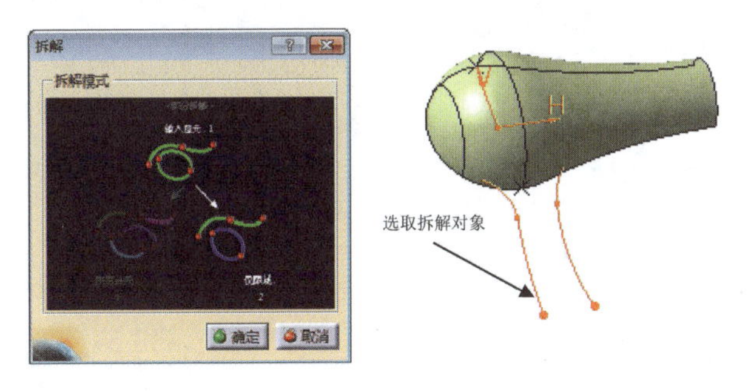

图 5-43

13. 在特征树中选中“草图.3”并将其隐藏，系统将只显示拆解后的“曲线.1”和“曲线.2”。

14. 在菜单栏中执行【插入】/【线框】/【平面】命令。选择【平行通过点】作为平面类型，选择 *zx* 平面作为参考平面，选取“曲线.2”的顶点作为参考点，单击【确定】按钮，完成“平面.1”的创建，如图 5-44 所示。

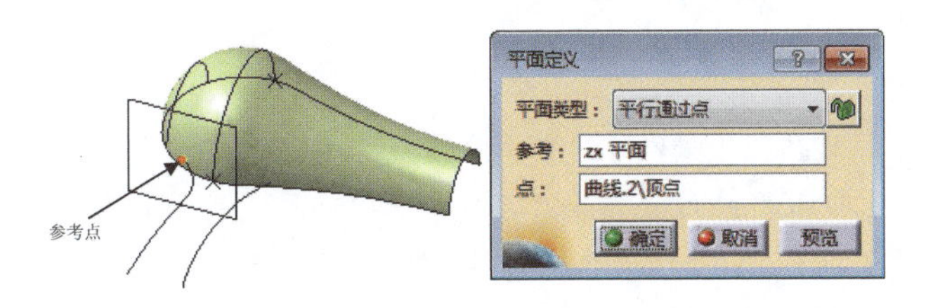

图 5-44

15. 在菜单栏中执行【插入】/【草图编辑器中】/【草图】命令，选取步骤 14 中创建的“平面.1”作为草图平面，绘制图 5-45 所示的“草图.4”。

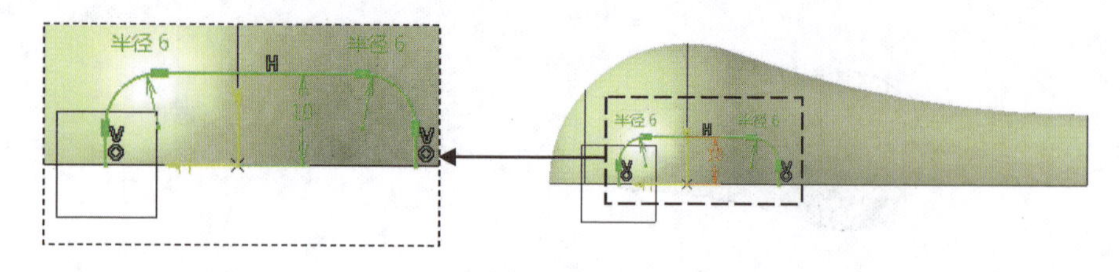

图 5-45

16. 在菜单栏中执行【插入】/【线框】/【平面】命令。选择【平行通过点】作为平面类型，选取“平面.1”作为参考平面，选取“曲线.2”的一个顶点作为参考点，单击【确定】按钮，完成“平面.2”的创建，如图 5-46 所示。

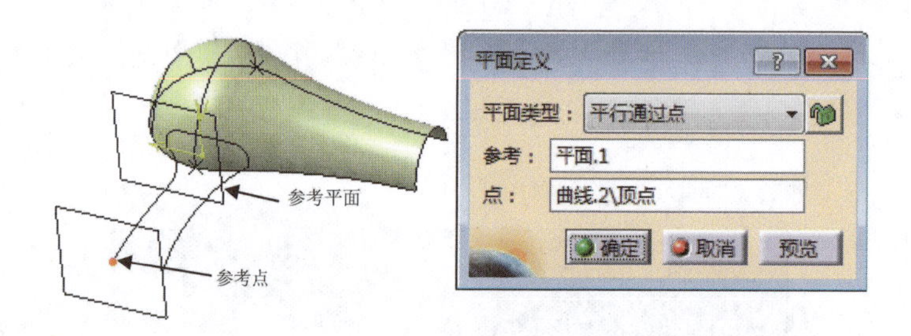

图 5-46

17. 在菜单栏中执行【插入】/【草图编辑器中】/【草图】命令，选取步骤 16 中创建的“平面.2”为草图平面，绘制图 5-47 所示的“草图.5”。

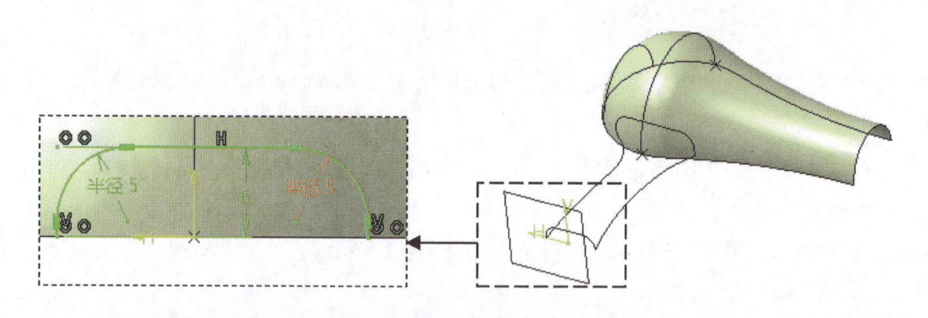

图 5-47

18. 在菜单栏中执行【插入】/【曲面】/【多截面曲面】命令。依次选取“草图.4”和“草图.5”作为曲面的截面轮廓并使其方向保持一致，激活引导线，分别选取“曲线.1”和“曲线.2”作为引导线并使其方向保持一致，单击【确定】按钮，完成“多截面曲面.2”的创建，如图 5-48 所示。

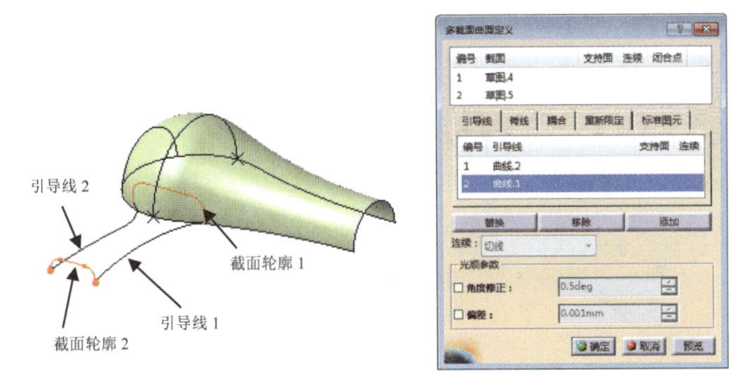

图 5-48

19. 选中特征树中所有的曲线对象和点对象，将其隐藏。

20. 在菜单栏中执行【插入】/【操作】/【修剪】命令。选取“多截面曲面.1”和“多截面曲面.2”作为修剪图元，使用系统默认的保留侧，单击【确定】按钮，完成对曲面的修剪（即创建“修剪点.1”曲面），如图 5-49 所示。

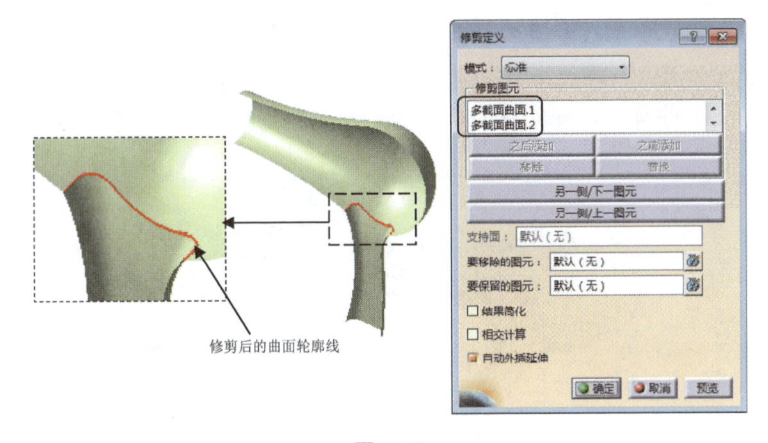

图 5-49

21. 在菜单栏中执行【插入】/【草图编辑器】/【草图】命令，选取创建的“平面.2”为草图平面，绘制图 5-50 所示的“草图.6”。

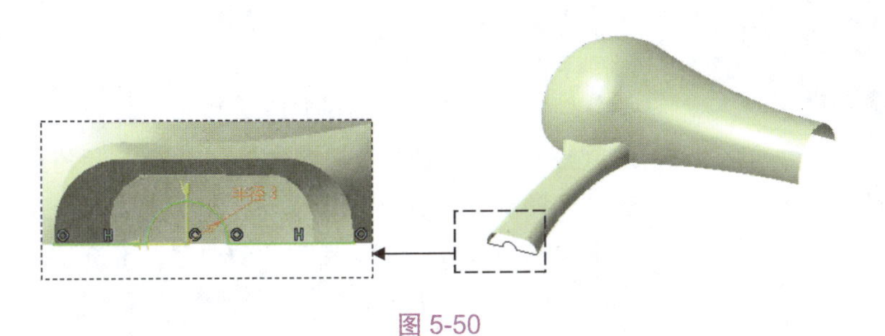

图 5-50

22. 在菜单栏中执行【插入】/【曲面】/【填充】命令。依次选取“草图.6”和与之相接的曲面边线，单击【确定】按钮，完成“填充.1”曲面的创建，如图 5-51 所示。

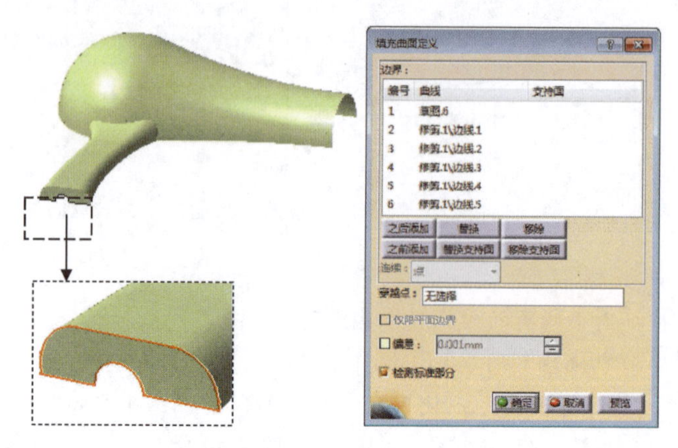

图 5-51

23. 在菜单栏中执行【插入】/【操作】/【接合】命令。选取“修剪.1”曲面、“填充.1”曲面、“桥接.1”曲面作为要接合的图元，使用系统默认的合并距离，单击【确定】按钮，完成对曲面的接合（即创建“接合.1”曲面），如图 5-52 所示。

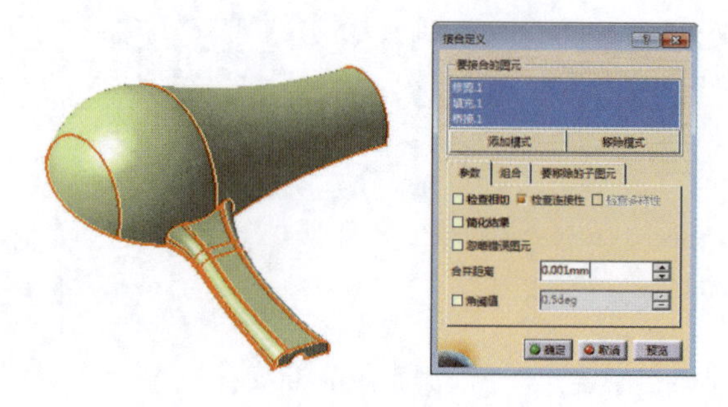

图 5-52

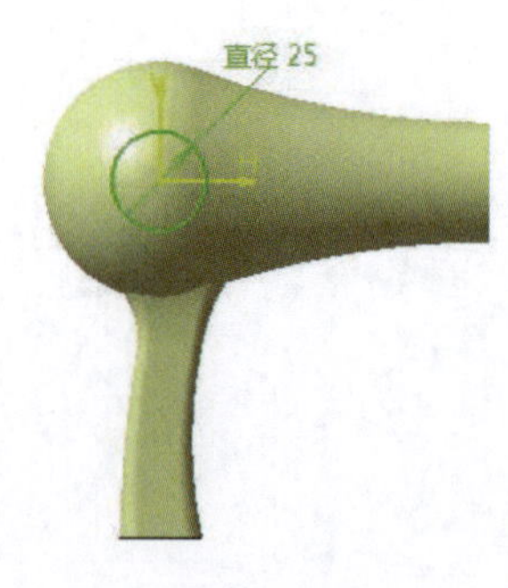

图 5-53

24. 在菜单栏中执行【插入】/【草图编辑器中】/【草图】命令，选取 *xy* 平面作为草图平面，绘制图 5-53 所示的“草图.7”。

25. 在菜单栏中执行【插入】/【曲面】/【拉伸】命令。选取绘制的“草图.7”圆形作为拉伸曲面的轮廓，使用系统默认的拉伸方向，在【限制 1】选项组的【尺寸】文本框中输入“35mm”以指定拉伸的长度，单击【确定】按钮，完成“拉伸.1”曲面的创建，如图 5-54 所示。

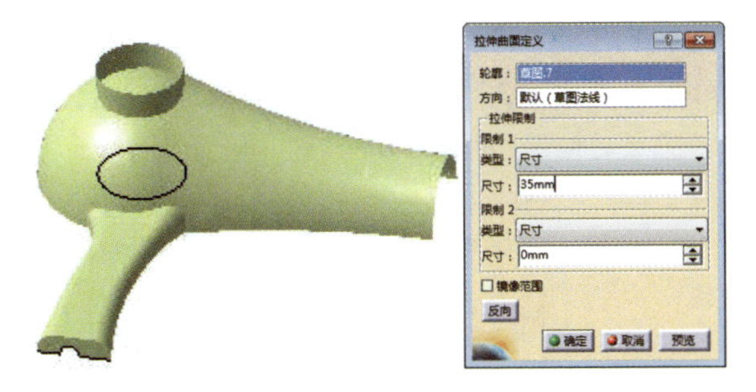

图 5-54

26. 在菜单栏中执行【插入】/【曲面】/【偏置】命令。选取“接合.1”曲面作为偏置的源对象曲面，在【偏置】文本框中输入“3mm”以指定偏置距离，使用系统默认的向内偏置，单击【确定】按钮，完成对曲面的偏置（即创建“偏置.1”曲面），如图 5-55 所示。

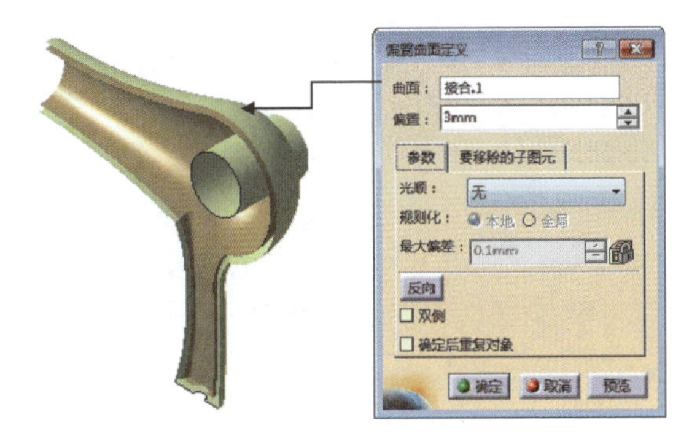

图 5-55

27. 在菜单栏中执行【插入】/【操作】/【修剪】命令。选取“拉伸.1”曲面和“偏置.1”曲面作为修剪图元，单击【另一侧 / 下一图元】按钮调整修剪曲面的保留侧，单击【确定】按钮，完成对曲面的修剪（即创建“修剪.2”曲面），如图 5-56 所示。

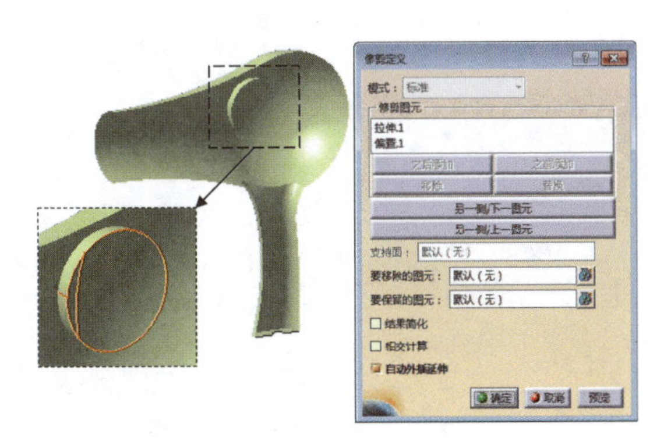

图 5-56

28. 在菜单栏中执行【插入】/【操作】/【修剪】命令。选取“接合.1”曲面和“修剪.2”曲面作为修剪图元，单击【另一侧 / 上一图元】按钮调整修剪曲面的保留侧，单击【确定】按钮，完成对曲面的修剪（即创建“修剪.3”曲面），如图 5-57 所示。

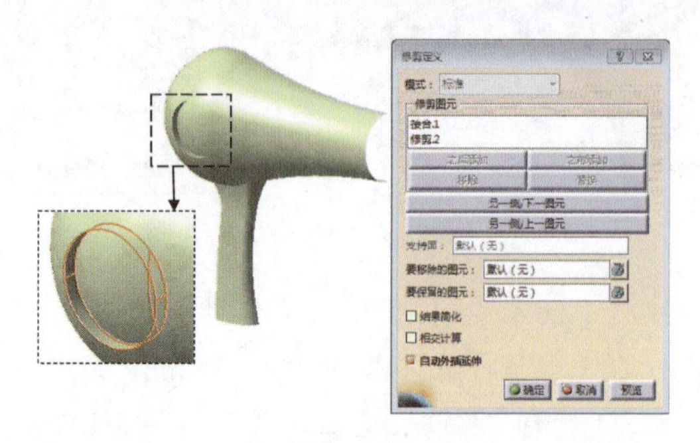

图 5-57

29. 在菜单栏中执行【插入】/【操作】/【倒圆角】命令。在【半径】文本框中输入“3mm”以指定圆角半径大小，选取曲面上的一条边线作为要圆角化的对象，单击【确定】按钮，完成“倒圆角.1”曲面的创建，如图 5-58 所示。

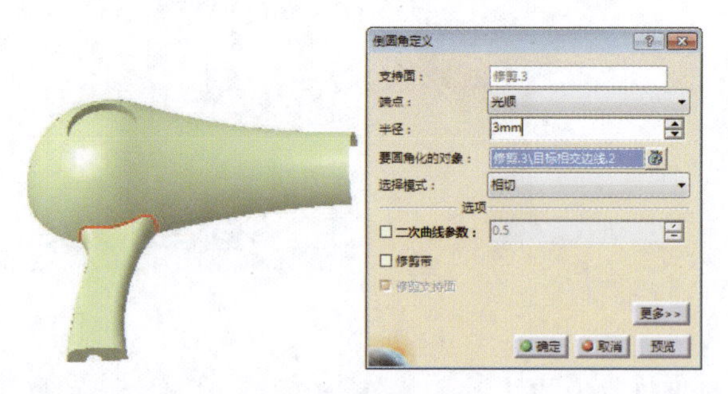

图 5-58

30. 在菜单栏中执行【插入】/【操作】/【倒圆角】命令。在【半径】文本框中输入“1.5mm”以指定圆角半径大小，选取曲面上的 3 条边线作为要圆角化的对象，单击【确定】按钮，完成“倒圆角.2”曲面的创建，如图 5-59 所示。

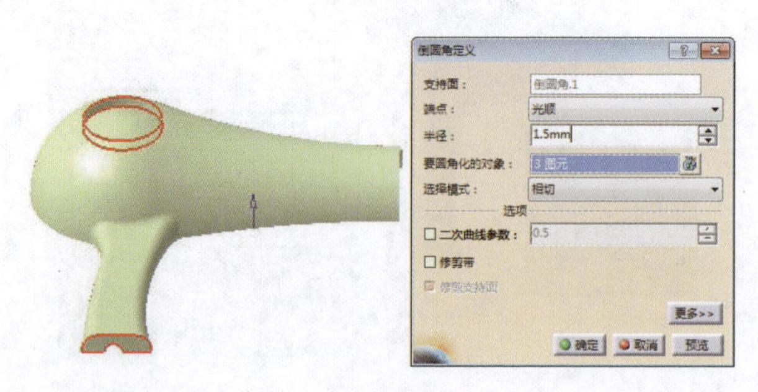

图 5-59

31. 在菜单栏中执行【开始】/【机械设计】/【零件设计】命令，进入零件设计工作台。

32. 在菜单栏中执行【插入】/【基于曲面的特征】/【厚曲面】命令。在【第一偏置】文本框中输入“1.5mm”以指定曲面加厚的尺寸，选取“倒圆角.2”曲面作为加厚对象，单击【确定】按钮，完成曲面的加厚，如图 5-60 所示。

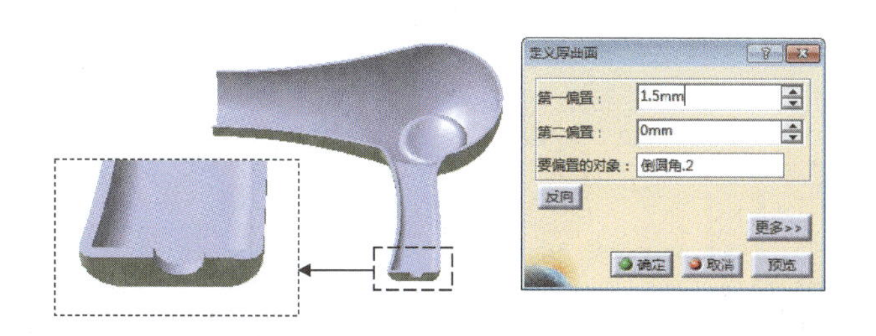

图 5-60

33. 选中“倒圆角.2”曲面，将其隐藏。

34. 在菜单栏中执行【插入】/【草图编辑器中】/【草图】命令，选取 *xy* 平面作为草图平面，绘制图 5-61 所示的“草图.8”。

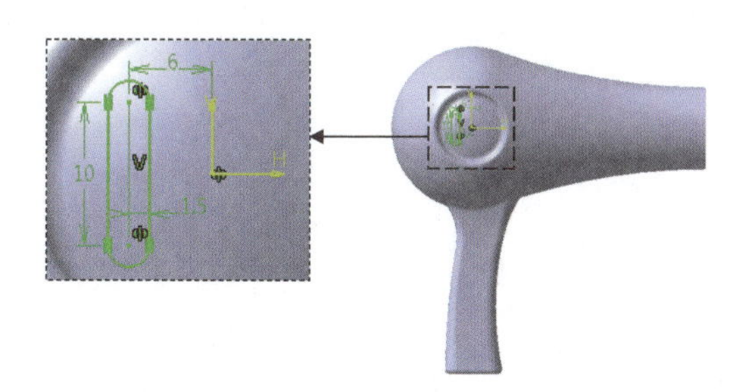

图 5-61

35. 在菜单栏中执行【插入】/【基于草图的特征】/【凹槽】命令。在【第一限制】选项组的【长度】文本框中指定拉伸距离为 35mm，选取“草图.8”作为拉伸的轮廓，单击【确定】按钮，完成“凹槽.1”特征的创建，如图 5-62 所示。

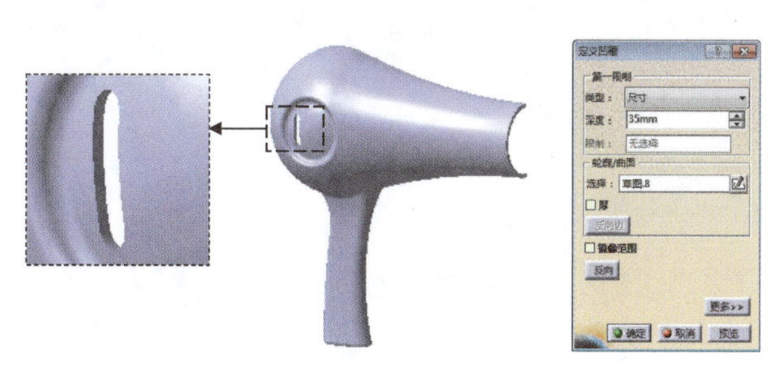

图 5-62

36. 在菜单栏中执行【插入】/【变换特征】/【矩形阵列】命令。在【参数】下拉列表中选择【实例和间距】选项，在【实例】文本框中输入“3”以指定矩形阵列中的实例个数，在【间距】文本框中指定实例之间的距离为 6mm；在【参考图元】文本框中右击，在弹出的快捷菜单中选择【X 轴】命令，以指定阵列方向；激活【对象】文本框并选取“凹槽.1”特征作为要阵列的对象，单击【确定】按钮，完成对凹槽的矩形阵列，如图 5-63 所示。

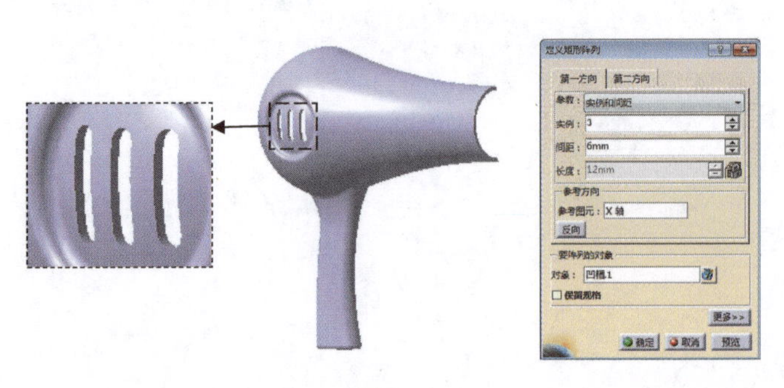

图 5-63

37. 在菜单栏中执行【文件】/【保存】命令保存模型文件。

第 6 章 AI 辅助产品造型设计

本章主要介绍 AI 辅助产品造型设计的流程、策略等，以便读者更好地利用 AI 技术进行设计。

6.1 AI 辅助产品规划设计基础

AI 辅助产品规划设计是当前工业设计领域的热门话题，其基本理念是将 AI 技术和相关工具应用于设计过程，以解决设计问题或改进设计，并提高设计效率。

AI 在产品规划设计中的应用如下。

- 设计过程中的枯燥任务可以由 AI 完成，如数据处理和计算等，从而使设计师可以专注于创新和创造性工作。
- AI 可以作为设计决策的辅助工具。通过对大量数据进行分析和挖掘，AI 可以提供更深入、全面的信息，从而帮助设计者做出更好的设计决策。
- AI 辅助交互设计。AI 可以优化用户交互体验，如使用 AI 进行智能推荐、预测用户行为、自适应界面布局等。
- 借助 AI 进行创新设计，例如自动化设计（通过 AI 自动生成设计方案）、算法设计（基于算法的逻辑和规律进行设计）、生成设计等。

值得注意的是，AI 辅助设计不仅关注设计过程和成果的优化，也关注设计伦理问题，例如如何保护数据隐私和解决算法偏见问题等。

6.1.1 AI 在产品设计中的应用现状和前景

AI 在产品设计中的应用取得了显著成果，下面介绍 AI 在产品设计中的应用现状和前景。

一、应用现状

- 设计流程优化：AI 可执行自动化设计流程中的一些重复任务，如数据处理和计算。许多设计师已经在使用 AI 改善他们的工作流程和提高产品设计效率。
- 改善交互设计与用户体验：利用 AI 技术进行用户行为预测、智能推荐等，优化产品的交互设计和提高用户体验。

- 促进创新：AI在设计领域里的应用已经远远超出人们的预期，特别是在边缘计算、计算机视觉技术、数据中心现代化等多个方面，都明显展现出AI创新技术的蓬勃发展势头。

二、应用前景

- 服务增值化：功能的延伸可提升软件的价值，AI的接入有望推动订阅制模式的发展进程。
- 软件智能化：AI赋能研发设计类工业软件引发软件产品智能化升级，可极大提升软件产品的增值服务能力。
- AI与人脑的结合：未来可能会探索如何将AI的特性（如基于大量历史数据的分析能力）与人类的创造性思维特征相融合。这包括研究如何实现人机之间的无缝协作，以及促进人机共生的新型关系。

6.1.2 AI辅助产品规划设计流程

产品规划设计涉及一系列步骤，这些步骤能帮助设计师确保设计的产品满足目标市场的需求。

传统的产品规划设计流程如下。

一、传统的产品规划设计流程

传统的产品规划设计流程主要包括以下几个阶段。

（1）需求分析：这是设计过程中的第一步，主要包括与客户沟通、进行市场研究和用户调研等，以明确产品设计的目标和用户需求。

（2）设计规划：在明确需求后，设计团队将制订详细的设计规划，例如定义产品功能、确定设计风格和颜色方案、规划用户界面和交互等。

（3）概念设计：在完成设计规划后，设计团队开始进行产品的概念设计，通常包括设计产品的外观、进行功能布局等。

（4）详细设计：在确认概念设计后，设计团队进行详细设计，包括明确产品的尺寸、选择物料、确定色彩和图案等。

（5）原型制作与测试：详细设计完成后制作产品原型，并进行实际的功能测试和用户反馈测试，以验证设计方案的可行性。

（6）方案修订与优化：根据原型测试得到的反馈，对设计方案进行必要的修订和优化，以实现设计目标和满足用户需求。

（7）生产准备：在确认设计方案后，开始准备批量生产，包括设计生产线、采购物料和制订质量控制计划等。

不同产品的设计流程可能会有所不同，具体取决于产品类型、设计团队、项目需求等因素。

二、AI 辅助产品规划设计流程

AI 可以应用于产品规划设计流程的各个环节，包括市场分析和预测、产品设计、满意度评估等。

下面是 AI 辅助产品规划设计的具体流程。

（1）市场研究：在这个阶段，AI 可以用于收集和分析大规模的市场数据，以帮助决定新产品的设计方向。这可能包括对竞争对手的分析、对消费者行为和最新趋势的研究等。

（2）用户需求分析：AI 能够利用机器学习技术分析用户行为，从而深入理解并预测用户的需求和偏好。这包括分析用户在使用当前产品或服务时的行为模式，以确定潜在的改进领域。

（3）概念生成：在这个阶段，AI 可以提供概念设计和创新思想，基于之前阶段收集的数据和分析结果生成新的产品理念。

（4）原型设计和开发：AI 可以通过算法帮助设计团队设计产品的结构、外观和功能。

（5）用户测试：在这个阶段，AI 可以收集用户对产品原型的反馈，使设计团队可据此对产品进行改进。用户测试可以通过 A/B 测试等方法进行。

（6）产品上市后反馈：AI 可以持续收集用户反馈，协助设计团队对产品进行持续的改进。

AI 在产品规划设计过程中能够高效、准确地处理大量的信息，因此，AI 辅助产品规划设计可以帮助提高产品质量和用户满意度。

6.2 编写产品策划方案

进行产品规划设计之前要做一些准备工作，即编写产品策划方案。可以利用 AI 工具（如通义千问、文心一言、ChatGPT 等）对整体市场进行分析，得到比较可靠的结果后进行产品规划设计。

本节将介绍利用通义千问进行市场分析、用户需求分析等。

6.2.1 制作方案

对初入设计行业的设计师而言，编写产品策划方案是一项挑战。幸运的是，如今有 AI 大语言模型的帮助，这类任务变得相对容易完成。下面使用阿里云的通义千问大语言模型制作 AI 智能音箱产品的策划方案。

【例 6-1】利用通义千问编写策划方案。

1. 进入通义千问大语言模型的官网。初次使用通义千问需要注册账号，在首页左下角单击【登录】按钮，如图 6-1 所示。

图 6-1

2. 用手机号进行注册，如图 6-2 所示，注册成功后进入通义千问大语言模型页面。

图 6-2

3. 在左侧边栏中单击【智能体】按钮，进入【发现智能体】页面。在搜索栏中输入“文案”后进行搜索，在列出的智能体项目中选择【文案大师】，如图 6-3 所示。

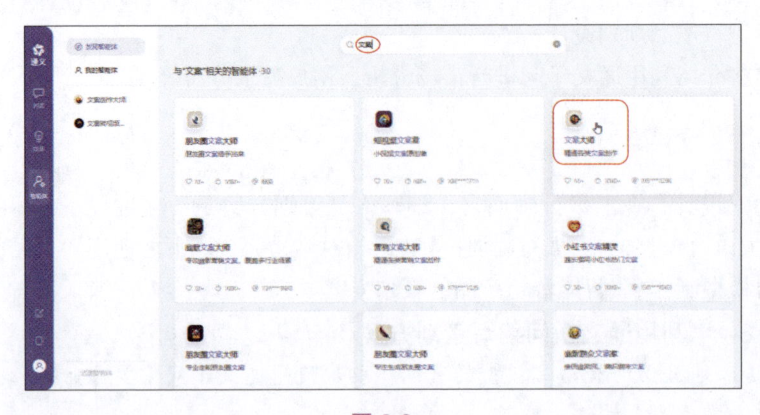

图 6-3

4. 在【文案大师】的聊天页面中输入文本“AI智能音箱产品策划方案”，单击【发送】按钮，如图 6-4 所示。

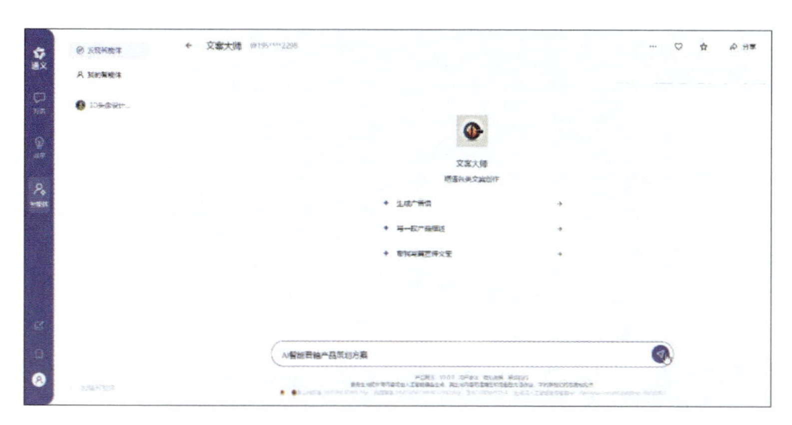

图 6-4

得到的策划方案如下。

项目名称：EchoWave AI 智能音箱

一、市场定位与目标群体

EchoWave AI 智能音箱是定位于科技前沿、注重生活品质的高端智能设备，为追求高效便捷的生活方式、热爱音乐与智能家居体验的年轻专业人士及家庭用户打造。我们的目标群体是对新技术充满好奇、注重生活品质、追求个性化体验的消费者。

二、产品核心功能与特性

1. 高清音质，沉浸式体验：采用先进音频技术，搭配高保真扬声器单元，提供 360° 环绕立体声，让每一个音符都触动心灵。

2. 智能语音助手：内置先进的 AI 语音识别系统，轻松响应用户指令，无论是查询天气、播放音乐、设置闹钟还是控制智能家居设备，只需一句话，EchoWave 即刻响应。

3. 智能家居控制中心：无缝集成各类智能家居设备，通过 EchoWave 即可控制灯光、空调、窗帘等，实现全屋智能化管理。

4. 个性化推荐系统：基于用户行为与偏好，智能推荐个性化音乐、新闻、电台节目等内容，让每一天都充满新意。

5. 隐私保护设计：配备物理静音按键，确保用户隐私安全；同时，提供详尽的隐私设置选项，让用户完全掌握数据控制权。

三、产品设计亮点

- 时尚外观：采用简约而不失现代感的设计，多种颜色与材质可选择，适配不同家居风格。
- 触控交互：顶部配备灵敏触控面板，支持滑动调节音量、轻触暂停 / 播放，操作直观便捷。

- 环境适应性：具备自动环境噪声检测与音量调节功能，无论在安静的书房还是热闹的聚会，都能提供最佳的听觉体验。

四、营销策略

1. 内容营销：通过社交媒体、博客、视频平台分享使用场景，展示 EchoWave 如何提升日常生活质量。

2. KOL 合作：与科技、音乐、生活方式领域的意见领袖合作，通过他们的真实体验推广产品。

3. 体验营销：在高端商场、科技展览设立体验区，让消费者亲身感受 EchoWave 的魅力。

4. 限时优惠与预售活动：启动前预热，通过限时折扣、早鸟优惠吸引首批用户，构建口碑传播基础。

五、售后服务与保障

- 提供 24 小时在线客服，解答用户疑问。
- 两年质保，无忧退换货政策。
- 定期软件更新，持续优化用户体验。

EchoWave AI 智能音箱，不仅是一款产品，更是一种未来生活方式的展现。让我们一起，用声音连接世界，享受智能生活的无限可能。

6.2.2 产品市场分析与用户需求分析

接下来利用通义千问进行产品市场分析和用户需求分析。

【例 6-2】利用通义千问制作行业分析报告。

1. 返回【发现智能体】页面。在该页面中搜索“行业分析”，然后选择【行业分析师】智能体，如图 6-5 所示。

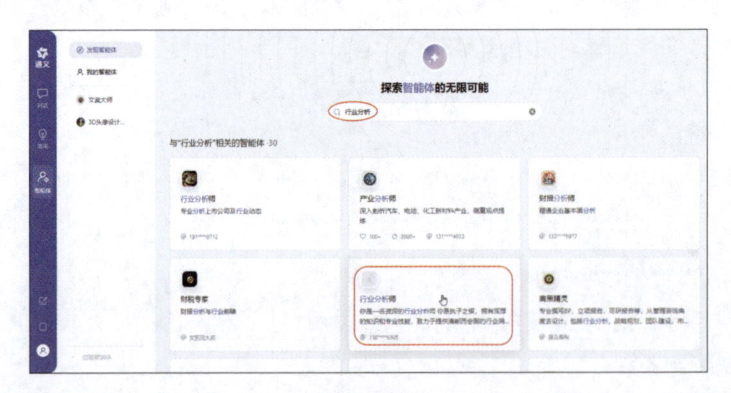

图 6-5

2. 在【行业分析师】聊天页面中输入文本“AI智能音箱产品”，单击【发送】按钮，如图6-6所示。

图 6-6

得到的行业分析报告如下。

AI智能音箱产品行业分析

一、基本术语

- AI智能音箱：一种集成了AI技术的无线音箱设备，通过语音识别、自然语言处理和机器学习等技术，实现与用户的智能交互，提供音乐播放、信息查询、智能家居控制等多种功能。
- 全双工免唤醒：用户在一次唤醒后可以连续与音箱进行对话，无须反复唤醒。
- DLNA投屏：数字生活网络联盟标准，使音箱能将音频内容推送到支持该协议的显示设备上播放。
- 声纹购物：利用声纹识别技术确认用户身份，实现安全便捷的语音购物体验。

二、行业规模

截至我记忆知识更新的时间点（2024年底），全球AI智能音箱市场规模持续扩大，中国作为主要市场之一，销量逐年增长，但线上销售增速有所放缓。随着智能化家居趋势的发展以及消费者对便捷生活方式的需求增加，预计到2028年，智能音箱行业的市场规模将进一步扩大。

三、生命周期

AI智能音箱行业处于成长阶段，从早期的探索期逐步过渡到成熟期。随着技术进步和应用场景的多样化，产品不断迭代升级，市场渗透率不断提升，且结合AI大语言模型的趋势，行业仍有较大的发展空间。

四、发展历史

智能音箱起源于2014年亚马逊推出的第一代Echo智能音箱，随后阿里巴巴、小米、谷歌、苹果等国内外企业纷纷加入市场竞争，推动了行业快速发展。产品从单一的音乐播放器逐渐演变为家庭智能中枢，集成众多第三方服务，成为物联网的重要入口。

五、盈利模式

- 硬件销售：智能音箱本身作为硬件产品的销售收入是基础盈利来源。
- 内容付费：通过音箱内置的音乐、有声读物、教育课程等内容资源，吸引用户订阅或购买，形成内容消费收益。
- 增值服务：如智能家居控制接口费、语音购物分成、广告推广等附加服务产生的收入。
- 数据服务：部分厂商可能通过对用户行为数据的合法收集和分析，为合作伙伴提供精准营销的数据服务。

六、供应商

- 上游供应商：包括芯片制造商（如提供 AI 处理器的公司）、麦克风阵列生产商、语音识别及 NLP 技术提供商、外壳及内部组件制造商等。
- 内容和服务供应商：音乐流媒体平台、在线教育机构、电商平台等，为智能音箱用户提供丰富的内容资源和服务。

七、用户群体

- 普通消费者：涵盖各年龄段，特别是年轻人和中产阶级家庭，他们追求科技感和便利性，乐于接受并使用智能音箱来提升生活品质。
- 特殊需求群体：例如老年人和视力障碍者，智能音箱通过语音交互方式为他们提供了极大的便利。

八、竞争格局

当前智能音箱市场竞争激烈，形成了以亚马逊 Echo 系列、Google Home 系列、阿里天猫精灵、小米小爱同学等为代表的头部品牌竞争局面。同时，市场上也存在大量中小品牌和新兴企业，它们通过差异化设计、特色功能开发等方式争夺市场份额。

九、监管政策

- 隐私保护：各地政府对智能音箱收集和使用用户数据的行为实施严格监管，要求企业遵循相关法律法规，保障用户隐私权益。
- 信息安全：智能音箱作为物联网设备，其安全性受到关注，政府出台了一系列政策规范其网络安全防护措施。
- 知识产权：涉及音乐、有声读物等内容版权问题，需遵守各地的版权法及相关法规，确保内容来源合法合规。

3. 返回【发现智能体】页面，搜索并选择【市场分析师】智能体，然后输入同样的文本“AI 智能音箱产品”，单击【发送】按钮，如图 6-7 所示。

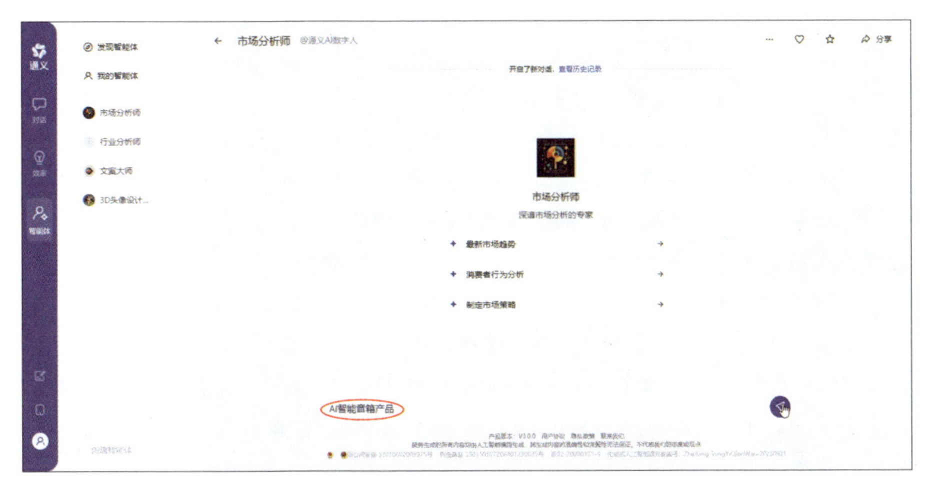

图 6-7

得到的市场分析报告如下。

行业分析：AI 智能音箱产品

一、行业规则与基本情况

AI 智能音箱行业在中国的发展受到国家政策对 AI、物联网技术的大力支持，以及消费者对智能家居需求增长的驱动。该行业遵循数据安全、用户隐私保护等法规要求，并在技术创新、用户体验和内容生态构建上展开竞争。市场发展环境稳定，整体运行态势良好，市场规模持续扩大。

二、终端客户与需求

主要终端客户包括家庭用户、企业用户及部分公共场所（如酒店、办公室）。消费者需求集中在高品质音质、便捷的人机交互体验、丰富的互联网服务整合（如音乐、新闻、天气预报、在线教育、智能家居控制等）以及个性化的内容推荐上。

三、行业竞争格局

截至 2021 年，中国 AI 智能音箱市场竞争呈现三足鼎立格局，三大龙头企业占据绝对市场份额。主战场主要集中在语音识别与交互技术的优化、芯片性能提升、产品功能差异化、品牌影响力打造以及生态链建设等方面。随着技术进步，竞争焦点逐渐转向音箱的智能化水平、连接设备的能力以及多场景应用覆盖。

四、标杆企业与表现

龙头企业包括阿里巴巴、百度和小米等，它们凭借强大的技术研发实力、丰富的内容资源和广泛的生态布局，在市场上取得了显著成绩。通过不断升级产品线，强化 AI 技术应用，提高用户体验，这些企业在市场份额、品牌知名度和用户黏性上均表现出色。

五、未来发展趋势与发展方向

预计到 2029 年，中国 AI 智能音箱市场将持续保持强劲增长势头。行业将朝着更深度的智能化、个性化方向发展，例如进一步提升语音助手的语义理解能力、实现全屋智能设备联动、拓展更多生活服务场景。此外，低功耗、高传输速度的 Wi-Fi 音频芯片将成为技术突破点，而产品的设计美学与环保材料的应用也将成为新的竞争优势。同时，随着 5G、AIoT 技术的深度融合，智能音箱有望成为智慧家庭的核心入口，为用户提供更加无缝、自然的交互体验。

4. 将两个报告分别复制到通义千问的聊天框中，按 Shift+Enter 组合键，再输入“请整合以上两个分析报告”，即可得到完整的分析报告。此处不再演示。

5. 返回【发现智能体】页面，搜索并选择【全能 SWOT 分析师】智能体，然后在【全能 SWOT 分析师】聊天页面中输入文本“AI 智能音箱产品的未来发展趋势如何？请给出具体的分析数据”，单击【发送】按钮，如图 6-8 所示。

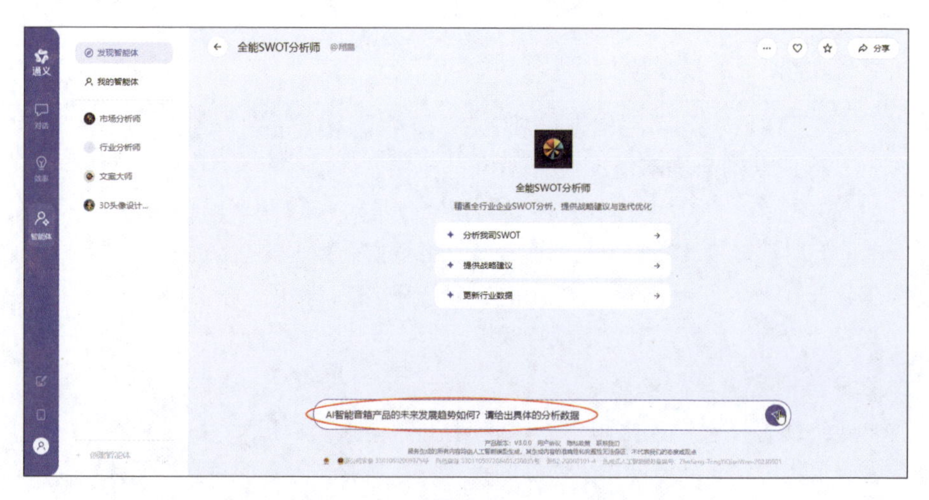

图 6-8

得到的 SWOT 分析内容如下。

优势

- 技术进步：AI 智能音箱产品依托于 AI、大数据和机器学习等先进技术，持续提升语音识别准确率和交互体验，如根据 Statista 数据，2020 年主流智能音箱的误唤醒率已降至百万分之一级别。
- 功能集成度高：AI 智能音箱集成了智能家居控制、信息查询、娱乐服务等多种功能，能够满足用户多元化需求，Strategy Analytics 数据显示，全球智能音箱市场中，具有智能家居控制功能的产品占比逐年增长。

劣势

- 用户隐私顾虑：随着 AI 智能音箱对用户生活介入程度加深，用户对其可能侵犯个人隐私的担忧日益增加，这在一定程度上阻碍了产品的普及速度。
- 技术成熟度与用户体验：尽管技术不断进步，但 AI 智能音箱在复杂环境下的语音识别、语义理解及反应速度等方面仍存在优化空间，部分用户反馈其智能化程度仍有待提高。

机会

- 智能家居市场的快速发展：Grand View Research 预测，到 2028 年全球智能家居市场规模将达到 535 亿美元，AI 智能音箱作为智能家居的重要入口，有望借此趋势实现规模化增长。
- 5G、IoT 技术推动：5G 网络的商用推广以及物联网设备的普及将为 AI 智能音箱提供更广阔的应用场景和更强大的连接能力，进一步提升其市场潜力。

威胁

- 市场竞争激烈：国内外各大科技巨头纷纷布局智能音箱领域，市场竞争日趋白热化，可能导致市场份额分散，影响单个品牌的发展空间。
- 法规政策风险：随着 AI 技术应用的深入，政府对数据安全、隐私保护等方面的监管力度可能会加强，可能对 AI 智能音箱的数据收集和使用带来限制。

6. 返回通义千问的主聊天页面，在聊天框中输入文本“AI 智能音箱产品的用户需求分析”，单击【发送】按钮，如图 6-9 所示。

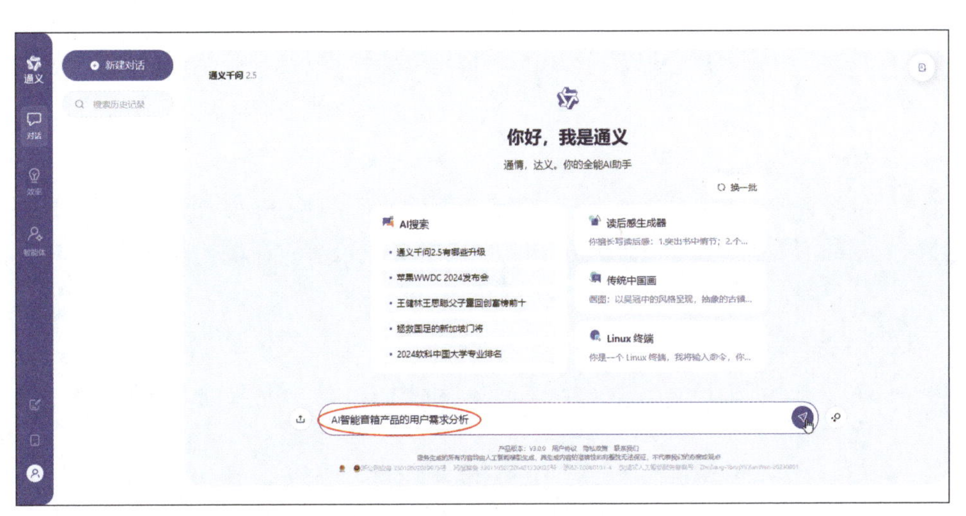

图 6-9

得到的答案如下。

AI 智能音箱产品的用户需求分析可以从多个维度展开，以下是一些关键点。

语音交互体验

- 用户对智能音箱的首要需求是流畅自然、准确无误的语音识别和响应能力。这意味着音箱需具备较高的唤醒率、高精度的语音识别技术和理解复杂指令的能力。
- 用户期望能够通过简单的语音指令完成操作，如播放音乐、查询信息、设置提醒、控制智能家居设备等。

内容与服务整合

- 用户需要智能音箱集成丰富的在线内容资源，包括但不限于音乐、新闻、有声读物、播客、电台等多媒体服务。
- 随着 IoT 技术的发展，智能音箱作为智能家居的入口，用户也期待它能无缝连接并控制各类智能家电产品，实现家庭智能化生活的集中管理。

个性化体验

- AI 智能音箱应具有个性化推荐功能，基于用户的使用习惯和喜好提供定制化的内容和服务。
- 用户隐私保护也是个性化体验中不可忽视的一环，用户希望在享受个性化服务的同时，其数据得到妥善保管和合理利用。

教育与娱乐功能

- 对于有孩子的家庭，智能音箱可能需要具备寓教于乐的功能，比如讲故事、辅导学习、陪伴互动等。
- 而对于成人用户，智能音箱还可以提供生活助手、健身指导、菜谱指导等多种实用功能。

音质要求

- 除了智能化功能外，作为音响产品，音质仍然是核心竞争力之一。用户追求高品质的声音输出，尤其在 Hi-Fi 音频市场，优质的音效系统将是吸引高端用户的关键。

设计与便携性

- 智能音箱的设计应当符合现代审美，同时考虑家居环境搭配以及是否便于移动和摆放。
- 部分用户可能会倾向于体积小巧、携带方便的产品，以便户外活动或旅行时也能使用。

AI 大语言模型集成

- 随着 ChatGPT 等先进 AI 模型的应用，用户期待智能音箱能处理更复杂的对话场景，解决更多问题，甚至进行某种程度的情感交流。

6.3 AI 辅助产品概念图设计

产品概念与原型设计是产品开发过程中非常重要的阶段。本节将介绍利用 AI 工具绘制产品的概念草图和概念效果图。

6.3.1 产品概念草图设计

概念草图设计分为传统概念草图设计和 AI 辅助概念草图设计。

【例 6-3】传统概念草图设计。

传统概念草图设计有两种常见方式：一种是在手绘板上绘制，另一种是在纸上绘制。

图 6-10 所示为利用手绘板绘制产品概念草图。

图 6-11 所示为在纸上绘制的产品概念草图。

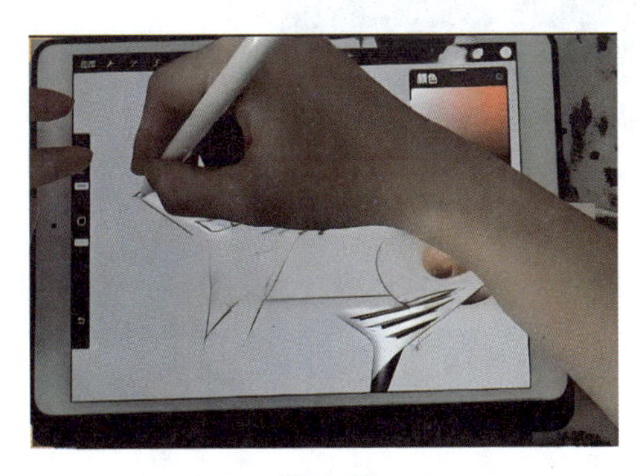

图 6-10

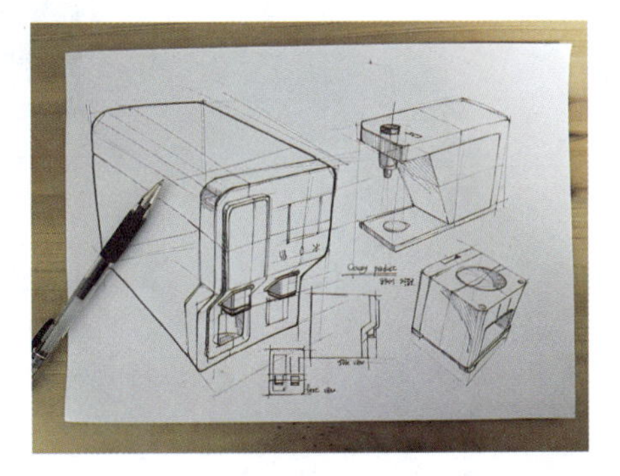

图 6-11

如果需要为手绘草图进行上色或渲染，可利用 AI 工具，例如使用免费的 Vizcom 工具。

Vizcom 具备将手绘草图或 3D 模型转换为引人注目的概念图的卓越能力。该工具集成了高质量的写实效果、创新的设计理念以及精细的设计控制功能，并提供了一系列功能强大的绘图工具，包括 3D 模型导入、协作工作空间以及多样化的渲染风格等。

1. 进入 Vizcom 的主页，初次登录需要注册账号，用邮箱注册即可。图 6-12 所示为 Vizcom 的主页。

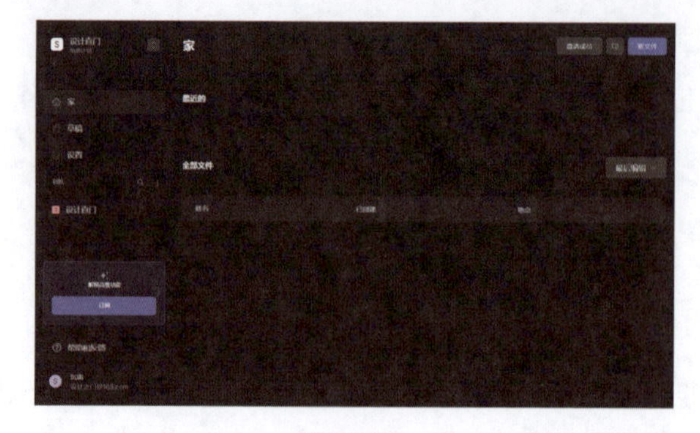

图 6-12

2. 在主页的右上角单击【新文件】按钮进入图像创建页面，选择图像的尺寸或者导入图像文件、3D 模型，如图 6-13 所示，这里导入本例源文件夹中的“手绘产品图 .jfif”文件。

图 6-13

3. 导入文件后，在右侧的属性面板中进行渲染设置。如果需要为结果图像添加效果，可在【迅速的】文本框中输入要求（即 AI 提示词）。在【风格】下拉列表中选择一种图像风格，如图 6-14 所示。

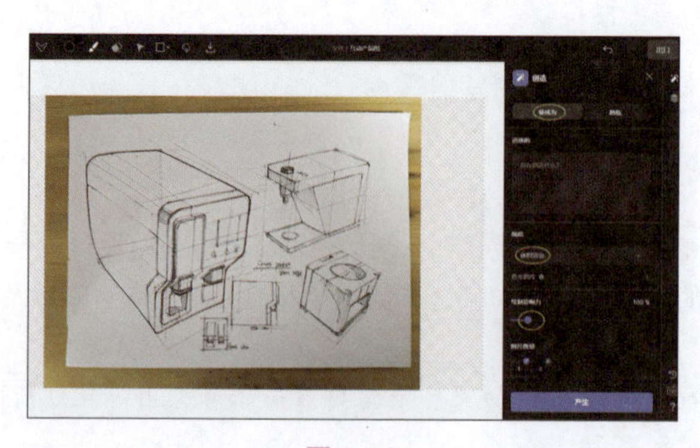

图 6-14

> ↘ **提示：** 若要使渲染结果中的材质、光线达到更理想的状态，可单击【参考图片】右侧的【+】按钮，添加参考图像。

4. 单击【产生】按钮，自动完成草图的渲染，如图 6-15 所示。

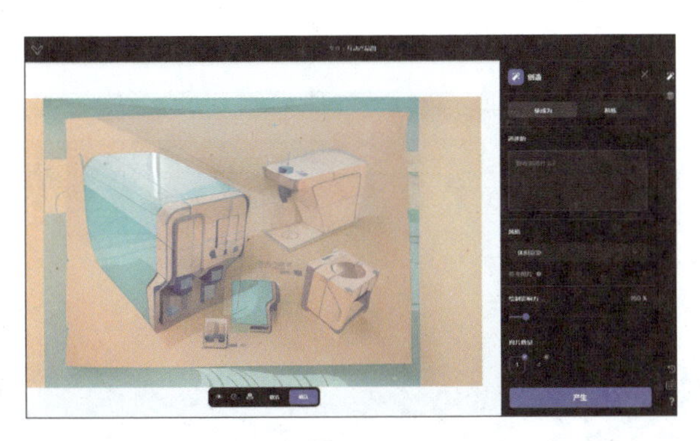

图 6-15

5. 单击渲染效果图下方的【确认】按钮完成 AI 渲染操作。单击页面右上角的【出口】按钮，将效果图导出并下载到本地文件夹中。

【例 6-4】AI 辅助概念草图设计。

在 AI 迅猛发展的今天，能够绘制产品概念草图的 AI 工具很多，包括 Midjourney、LookX AI、Stable Diffusion 及 Photoshop 的 ImageCreator 插件等。LookX AI 可以免费使用，这款软件是专用于建筑设计的 AI 辅助概念设计软件，可通过导入效果图反向生成线稿图。Photoshop 的 ImageCreator 插件也是免费的，可生成产品线稿图与产品效果图。接下来介绍使用 ImageCreator 插件设计概念草图。

> ↘ **提示：** ImageCreator 插件需配合 Photoshop 使用，读者可以安装 Photoshop 2023 或 Photoshop 2024。

1. ImageCreator 插件可以在 ImageCreator 官网中免费下载，如图 6-16 所示。

图 6-16

2. 将下载好的ImageCreator插件压缩包文件“Alkaid.art(ImageCreator)_Windows.zip”复制到Photoshop的安装路径下，然后将其解压到当前文件夹中，双击运行AlkaidVision_ImageCreator_win_V1_0_0.exe程序进行安装。

3. 启动Photoshop 2024，在主界面中单击【新文件】按钮，新建一个文件，如图6-17所示。随后自动进入Photoshop工作界面。

图6-17

4. 在Photoshop工作界面顶部的菜单栏中执行【增效工具】/【AlkaidVision】/【ImageCreator】命令，调出ImageCreator的操作面板，如图6-18所示。

图6-18

> **提示**：初次使用ImageCreator插件需要注册账号。

5. 用户可以自由切换ImageCreator操作面板的显示语言，如图6-19所示。

ImageCreator 有三大功能：文本转图像、图像转图像和生成式填充。

6. ImageCreator 对中文提示词的理解有所欠缺，建议用户输入英文提示词以获得更高质量的图像效果。例如，通过 DeepL 翻译器将中文提示词进行翻译而得到英文提示词，如图 6-20 所示。

图 6-19

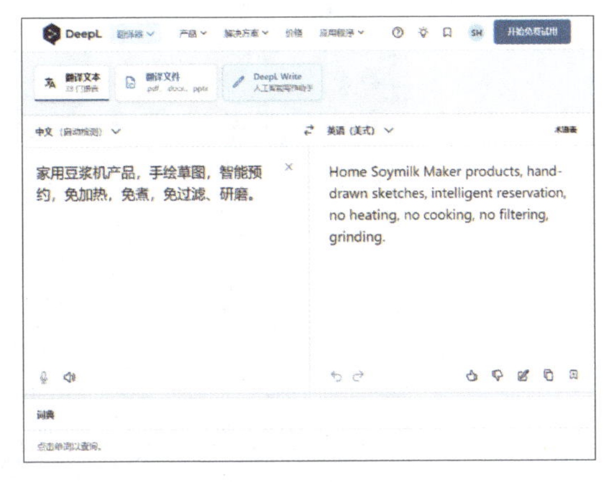

图 6-20

> **提示：** DeepL 翻译器是一款功能强大的 AI 翻译工具，它凭借先进的 AI 技术，为用户提供了高效、准确的翻译服务。

7. 将 DeepL 中的英文提示词复制到 ImageCreator 操作面板【工具】选项卡【提示词】选项组的【正向词】文本框中。在 Photoshop 界面左侧的工具面板中单击【矩形选框工具】按钮，在白色背景中画一个矩形选框，跟背景边界差不多大小，如图 6-21 所示。

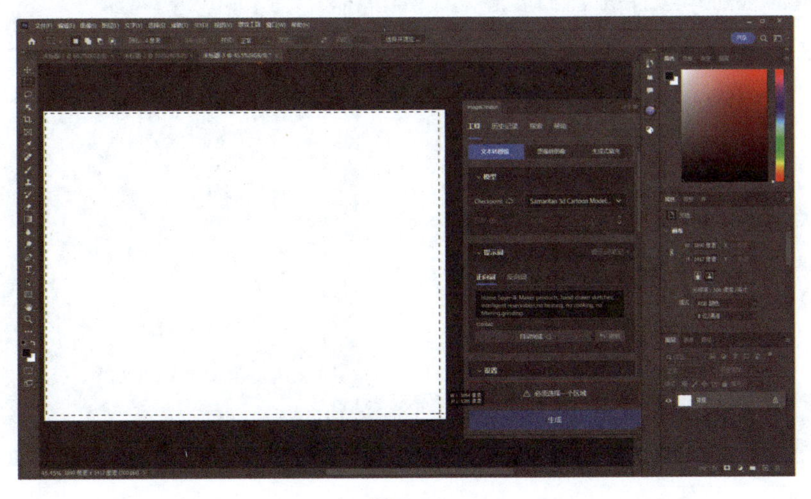

图 6-21

8. 保持 ImageCreator 操作面板中各选项的默认设置，单击【生成】按钮，ImageCreator 自动生成 4 幅手绘草图图像，在【历史记录】选项卡中也能查看生成的草图图像，如图 6-22 所示。

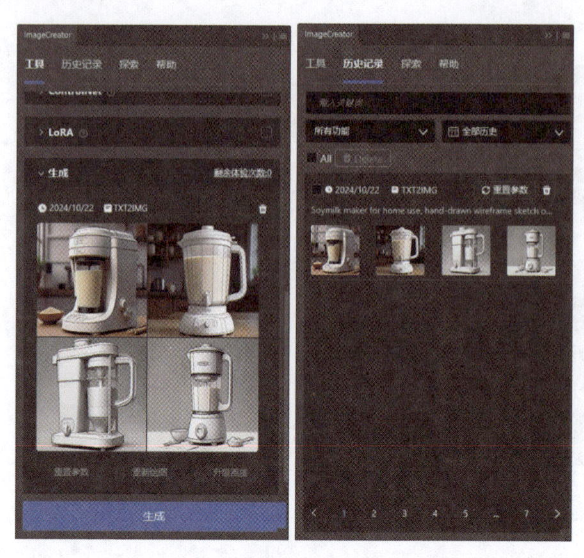

图 6-22

9. 选择其中一幅草图图像并单击【载入画布】，将该草图图像载入 Photoshop 的矩形选框中，如图 6-23 所示。

图 6-23

> **提示**：如果对生成的草图图像不满意，可重新生成或者修改提示词后再生成，直到满意为止。

10. 在菜单栏中执行【文件】/【存储副本】命令，将图像文件保存到本地文件夹中，保存格式为 JPG、PNG、TIF 等。

11. 如果修改提示词，可以直接生成产品效果图。中文提示词为“家用豆浆机，现代厨房，白色简约设计，光滑表面，多功能按钮，透明玻璃容器，温暖灯光，厨房背景，自然光，特写镜头，细节清晰，柔和色调，温馨氛围，科技感”，翻译为英文提示词后，再次生成产品效果图，将其中一幅图像载入 Photoshop 的矩形选框中，如图 6-24 所示。

图 6-24

12. 最后将生成的产品效果图导出为图片格式并保存。

6.3.2 产品概念效果图设计

产品概念效果图常见的设计方式也分为两种：第一种是先手绘草图，再用 AI 进行渲染；第二种是直接利用 AI 工具生成产品概念效果图。

【例 6-5】AI 辅助从草图生成效果图。

AI 辅助从草图生成效果图是指利用 AI 将手绘草图或 AI 生成的草图渲染成概念效果图。

具备草图渲染功能的 AI 工具有 Alpaca、Midjourney、Stable Diffusion、Vega AI 及 Style2Paints 等。Style2Paints 可以本地部署，完全免费，对计算机整体性能要求高，计算机系统要求 Windows 10 及以上，可选择本机 CPU 或 GPU。下面使用

Style2Paints 生成效果图。

1. 进入 GitHub 官网下载 Style2Paints 的开源代码，如图 6-25 所示。

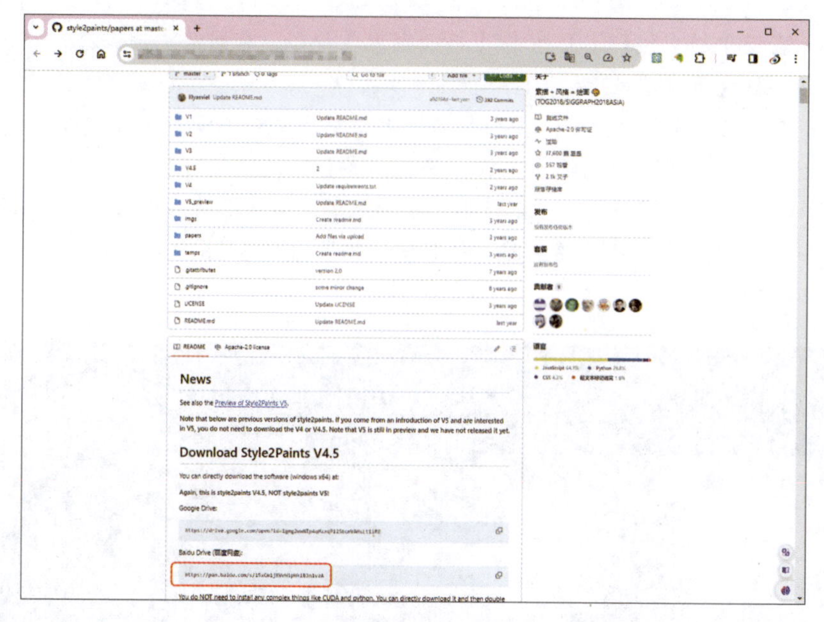

图 6-25

2. 将下载好的压缩包文件 style2paints45beta1214B.zip 解压，然后双击 style2paints.exe 程序，弹出【Style2Paints Launcher】对话框，在【Performace】下拉列表中选择用户本机安装的 GPU 显卡型号，再单击【Start】按钮，如图 6-26 所示。

> **提示：** 可以按 Windows+X 组合键，在弹出的菜单中选择【设备管理器】命令，打开【设备管理器】窗口，在【显示适配器】中查看 GPU 显卡型号，笔者的计算机显卡型号为 NVIDIA GeForce GTX 1660 Ti（见图 6–27），所以选择编号为 8 的（第 9 行）配置。

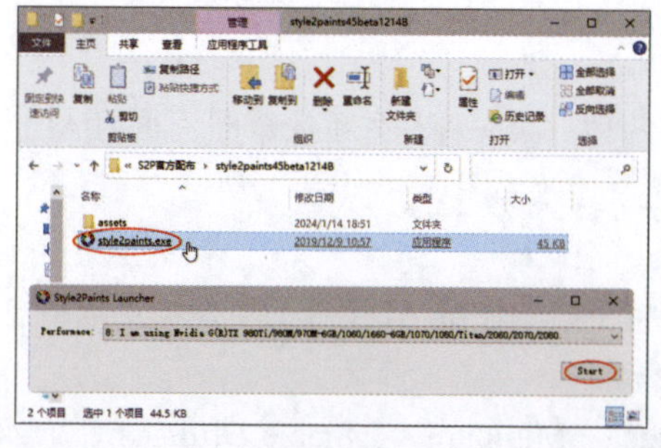

图 6-26

图 6-27

3. 开始安装 Style2Paints，如图 6-28 所示。

图 6-28

4. 安装完成后进入 Style2Paints 界面，如图 6-29 所示。可以单击【中文教程】按钮以查看使用教程。

图 6-29

5. 单击右下角的【上传】按钮，上传本例源文件夹中的“儿童玩具产品草图.jpg”图像文件，如图 6-30 所示。

6. 拖动成像边框至图像最大范围，如图 6-31 所示。

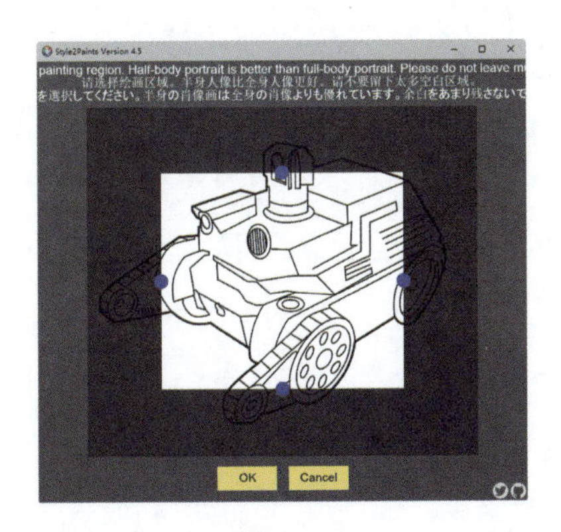

图 6-30

图 6-31

7. 单击【OK】按钮，对上传的草图进行渲染，渲染完成后，在图像左侧选择合适的渲染效果图，如图 6-32 所示。

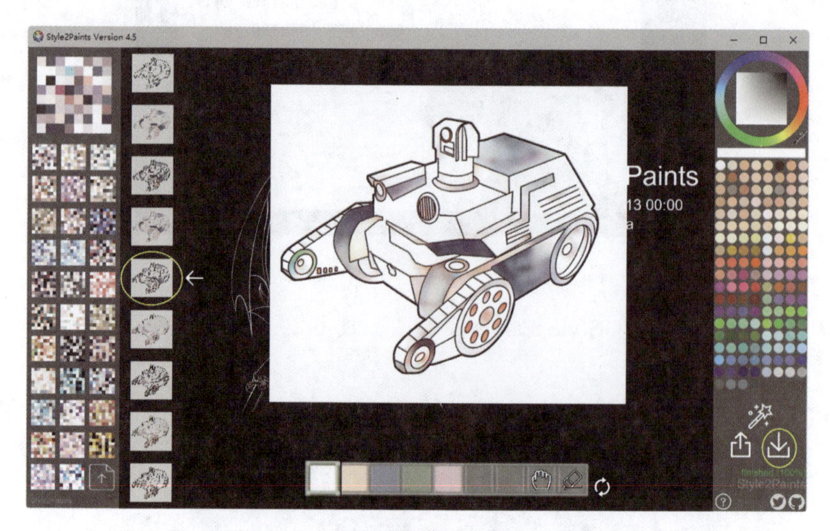

图 6-32

8. 在右下角单击【下载】按钮，弹出图像浏览器，浏览到合适的效果图时右击，在弹出的快捷菜单中选择【Save as】命令，将渲染结果保存到本地文件夹中，如图 6-33 所示。

图 6-33

【例 6-6】AI 辅助效果图设计。

本例使用通义万相绘制效果图。

1. 进入通义万相的首页，若是初次使用通义千问，需要在首页右上角单击【登录 / 注册】按钮注册账号，如图 6-34 所示。

图 6-34

2. 注册并登录后，可单击【新手教程】按钮进入新手教程页面查看如何输入精确、合理的提示词，如图 6-35 所示。

图 6-35

3. 在顶部选择【创意作画】选项，进入创意作画绘图页面，如图 6-36 所示。

图 6-36

4. 创意作画绘图页面左侧为 AI 图像工具面板，右侧为 AI 图像生成与预览区域。AI 图像的生成有 3 种模式：文本生成图像、相似图像生成和图像风格迁移，如图 6-37 所示。比较常用的是文本生成图像模式。

图 6-37

5. 在提示词输入文本框内输入提示词“AI 语音智能音箱，熊猫造型，超高清画质，高光材质，真实质感，纯白色背景，展示细节”。如果需要设置风格，可在【咒语书】区域中单击【查看更多咒语】按钮，在弹出的【咒语书】库中选择合适的咒语（一般称魔法）。如需给图像添加理想的渲染效果，选择 4 种渲染引擎之一，即可将咒语添加到提示词文本框中，如图 6-38 所示。

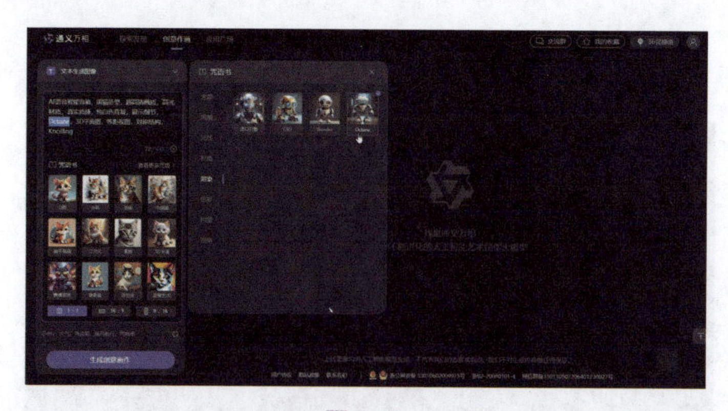

图 6-38

6. 选择【1：1】的图像格式，单击【生成创意画作】按钮，AI 将自动生成图像，如图 6-39 所示。

图 6-39

7. 如果觉得生成的图像中没有想要的，可以在图像右上角单击【再次生成】按钮，再次生成新的图像，新图像不会覆盖原图像，如图 6-40 所示。

图 6-40

8. 选择第一次生成的第四张图像作为原型参考图，将鼠标指针移动到此图像上，图像下方会显示一些编辑工具按钮，单击【生成相似图】按钮，会自动生成相似的产品效果图，如图 6-41 所示。

图 6-41

9. 选择一张图像，将其下载到本地文件夹中，如图 6-42 所示，将其默认名称更改为“AI 智能音箱效果图.png”。

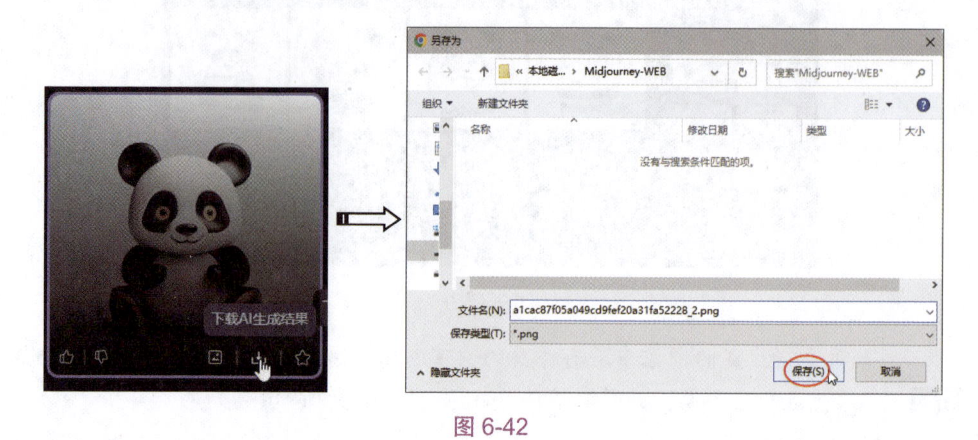

图 6-42

提示： AI 每次生成的图像都是不同的，所以读者进行操作时得到的结果不会与本例展示的一致。

6.4 AI 辅助产品原型设计

原型是产品概念的实际体现，用于初步展示产品的功能和外观。原型设计有助于验证概念的可行性和吸引潜在投资者或用户的注意。

在原型设计阶段可使用多种 AI 工具进行创作，包括 CSM、Tripo3d、Luma 等。由于 AI 仍在发展中，其针对工业设计行业的辅助设计应用还比较少，因此这里推荐的 AI 工具所生成的模型的精度都达不到实际要求，只能作为原型使用。

6.4.1 基于 CSM 的 3D 模型生成

CSM 是一个功能强大的 AI 平台，旨在将各种输入资料转化为适用于产品设计和游戏引擎的 3D 资源。该平台能够高效且便捷地将图片和视频资料转换成 3D 模型，满足多种工作流程的需求。CSM 提供了网页端、移动端以及 Discord 应用程序，其强大的功能显著简化了 3D 内容的创作流程。用户仅需上传图片或视频，并遵循简单的 3 步操作流程，便能轻松获得高品质的 3D 资源。

本小节将演示在 CSM 网页端中由图片快速生成 3D 模型的过程。

【例 6-7】在图像到 3D 模式下生成 3D 模型。

1. 登录 CSM 首页。初次使用 CSM 需要注册账号，在首页右上角单击【立即开始】按钮，如图 6-43 所示。

图 6-43

2. 随后在弹出的注册页面中填写注册信息，填写国内邮箱注册即可。

提示：CSM 网页端为英文页面，本例使用了 360 极速浏览器的谷歌翻译插件进行汉化。

3. 账号注册成功后自动进入 CSM 工作页面，如图 6-44 所示。

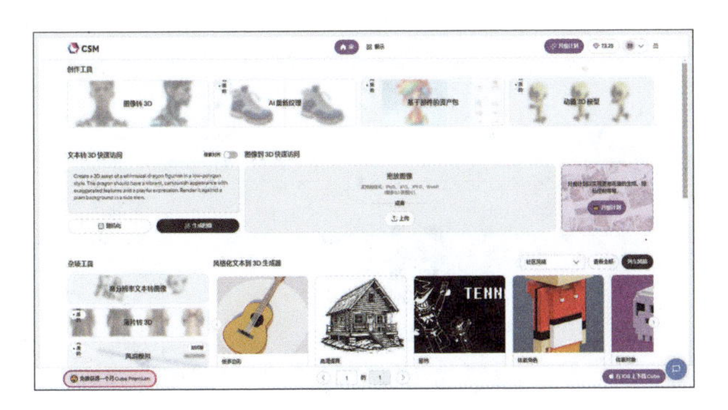

图 6-44

4. 在【创作工具】选项区单击【图像转 3D】按钮，然后将本例源文件夹中的“AI 智能音箱效果图.png”文件上传到 CSM 中，如图 6-45 所示。

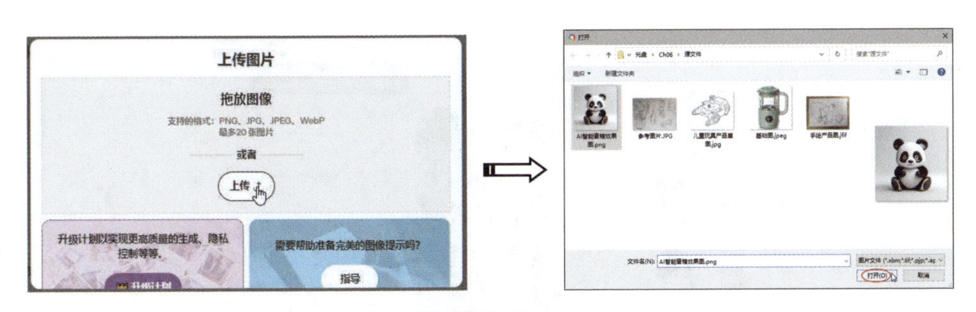

图 6-45

5. 弹出【准备图像以进行 3D 设置】对话框。设置好基本选项后，单击【提交】按钮，如图 6-46 所示。

6. CSM 会自动参考图片并将初步的计算结果存储在首页的【3D 资源】选项卡中，如图 6-47 所示。

图 6-46

图 6-47

7. 选中生成的 3D 资源模型，进入模型生成界面，可见 CSM 生成了一个质量比较低下的预览模型，如图 6-48 所示。

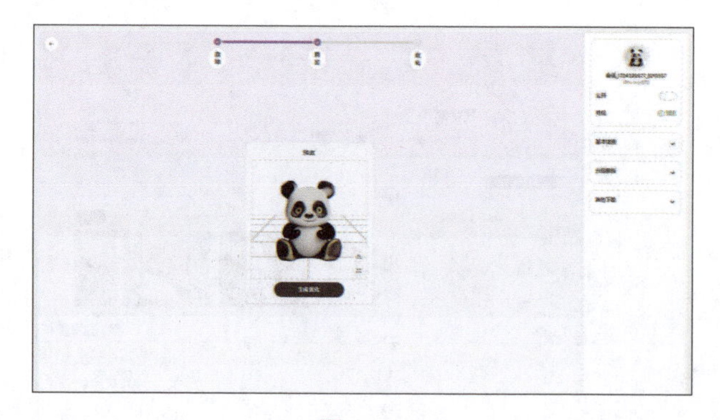

图 6-48

8. 单击【生成优化】按钮，CSM 会自动创建精细化的 3D 模型，如图 6-49 所示。

图 6-49

> **提示：** 由于选择的是免费计划，要使用 3D 模型生成功能需要排队等候。

9. 如果需要更精细的模型，可单击【细化网格】按钮细化模型。单击【出口】按钮，下载模型，选择免费下载的文件格式，如图 6-50 所示。

图 6-50

6.4.2 基于 Tripo3d 的 3D 模型生成

借助 Tripo3d 平台可生成质量较高的 3D 模型，相比前面介绍的 CSM 工具，Tripo3d 生成的模型质量和纹理细节都要好很多。下面演示 Tripo3d 的操作流程。

【例 6-8】利用 Tripo3d 生成高质量 3D 模型。

1. 进入 Tripo3d 官网，使用邮箱注册账号后即可进入 Tripo3d 首页（默认为英文页面，可翻译网页），如图 6-51 所示。

图 6-51

2. 在首页中单击【免费生成】按钮，进入 AI 创作页面。Tripo3d 有两种生成模式：文本转 3D 和图像转 3D，如图 6-52 所示。

3. 在文本转 3D 模式下，只能输入英文提示词，Tripo3d 暂不能识别中文提示词。

在提示词文本框中输入“Cute panda playing snow（可爱的熊猫在玩雪）”，图像预览区会显示与提示词相关的模型，如图 6-53 所示。

图 6-52

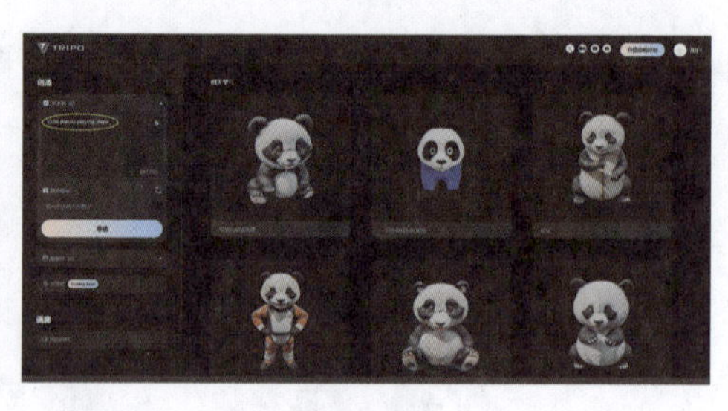

图 6-53

4. 用户可以选择现有的模型。如果不满意，可单击【草稿】按钮，自定义模型，图 6-54 所示为自动生成的二维预览图像。

图 6-54

5. 若对生成的 4 幅图像不满意，可单击【重试】按钮继续生成新的图像，直至满意为止。在生成的 4 幅图像中选择最满意的一幅，再单击底部的【产生】按钮，生成 3D 模型。

6. 单击【画廊】选项组中的【我的模特】按钮，查看模型的生成进度，如图 6-55 所示。

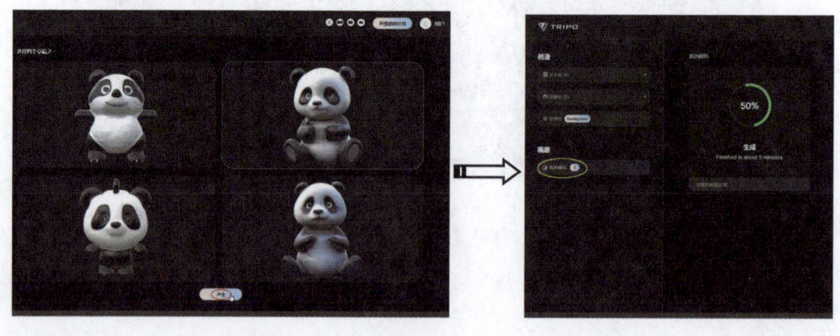

图 6-55

7. 经过数分钟的等待，3D 模型生成完毕，如图 6-56 所示。

8. 单击生成的 3D 模型，打开该模型的详情展示页，拖动鼠标可旋转模型。单击右下角的【下载】按钮，将模型下载到本地文件夹中，下载的文件格式为 .glb，如图 6-57 所示。

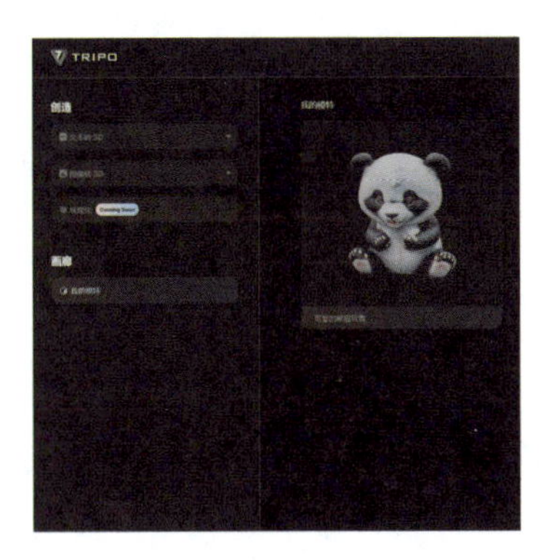

图 6-56

图 6-57

6.4.3 细化 3D 模型

能够对网格 3D 模型进行细分和平滑处理的软件有很多，包括 C4D、Maya、Rhino、Blender 等。从 Tripo3d 导出模型文件后，使用 Rhino 对模型进行细化。

【例 6-9】利用 Rhino 细化模型。

1. 安装 Rhino 7.0 或 Rhino 8.0。启动 Rhino 后，在菜单栏中执行【文件】/【导入】命令，选择要导入的文件，如图 6-58 所示，导入的模型如图 6-59 所示。

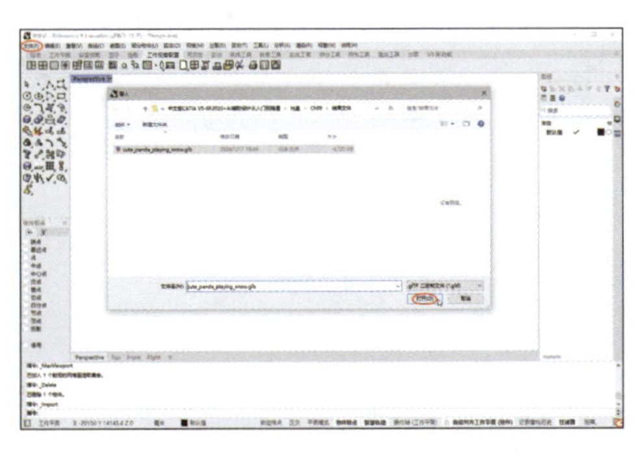

图 6-58

图 6-59

2. 将视图设为线框模式，如图 6-60 所示。

3. 在菜单栏中执行【细分物件】/【编辑工具】/【细分】命令，然后框选整个模型网格并按 Enter 键进行自动细分，这样做是为了让模型网格分得更细，以便进行平滑处理，如图 6-61 所示。

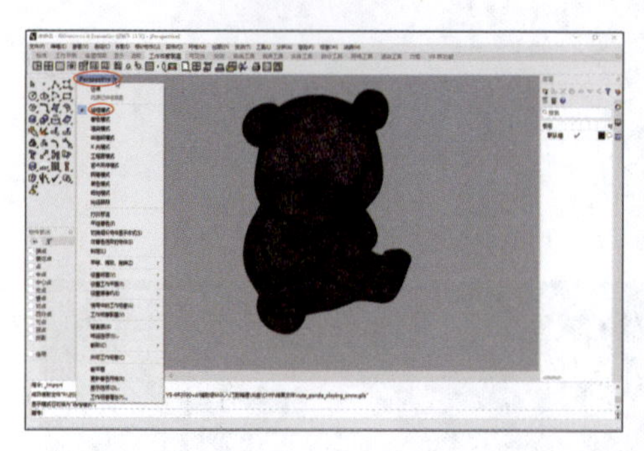

图 6-60

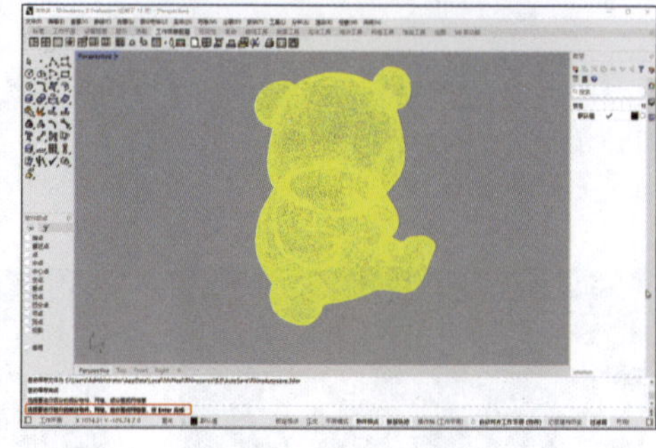

图 6-61

4. 执行菜单栏中的【细分物件】/【编辑工具】/【滑动】命令，然后选取模型的所有顶点，再按 Enter 键完成网格的平滑处理，如图 6-62 所示。

5. 在命令行中输入“MeshToNurb”命令并执行，然后选取网格模型进行曲面转化。

6. 在 Rhino 中处理完模型后，将模型文件导出为能够在 CATIA 中打开的 .igs 格式。图 6-63 所示为在 CATIA 中打开的曲面模型。

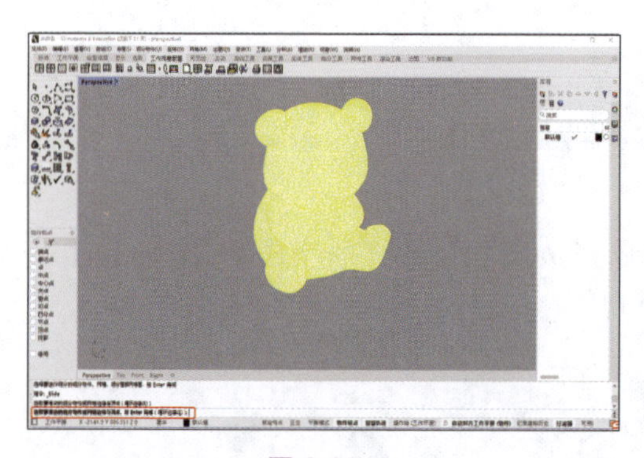

图 6-62

图 6-63

第 7 章 CATIA 装配设计

把各种由实体特征构成的零件组装在一起形成完整的机械产品的过程，叫作零件装配设计。CATIA 的装配设计模式包括自底向上装配设计和自顶向下装配设计。本章主要介绍常用的机械零件装配设计模式——自底向上装配设计。

7.1 装配设计概述

CAITA 装配设计工作台是一个可伸缩的工作台，可以和其他工作台（如零件设计、模具设计、工程制图等）协作完成产品开发（从最初的概念设计到产品的最终运行）。

装配设计工作台是对 CATIA 实体零件进行组装的操作平台。装配体中零件之间的正确位置和相互关系是通过装配约束关系来确定的，添加到装配体中的零件与源零件是相互关联的，改变其中的一个，另一个也将随之改变。

7.1.1 进入装配设计工作台

1. 启动 CATIA V5-6R2020 后会打开 CATIA 产品结构设计工作台，该工作台也是一个装配设计工作台，自顶向下装配设计可在此工作台中进行。

2. 完成各机械零件的设计后，在菜单栏中执行【开始】/【机械设计】/【装配设计】命令，进入装配设计工作台，进行自底向上装配设计，如图 7-1 所示。

3. 也可以在完成零件的建模后，在菜单栏中执行【文件】/【新建】命令，弹出【新建】对话框。在【类型列表】中选择【Product】选项，如图 7-2 所示，单击【确定】按钮进入装配设计工作台。

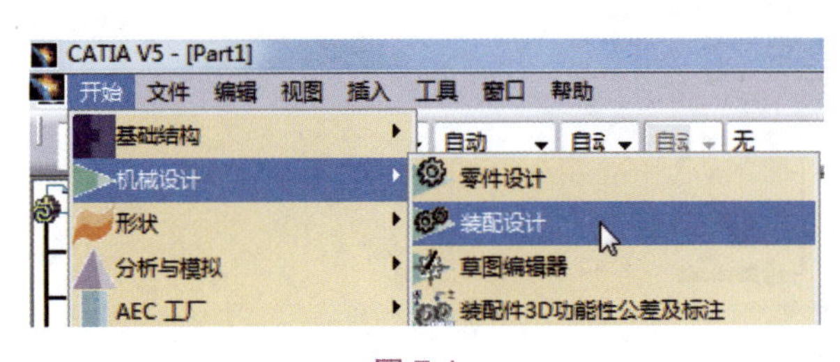

图 7-1

图 7-2

4. 装配设计工作台中包含与装配设计相关的各项指令和选项。CATIA V5-6R2020 的装配设计工作台界面如图 7-3 所示，其与零件设计工作台的界面基本相同，装配设计命令的执行方式和操作步骤也相同。

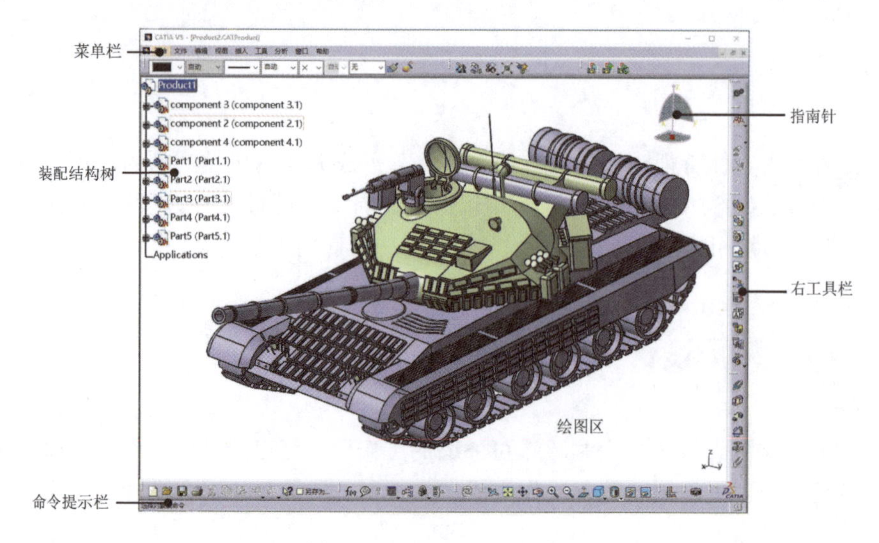

图 7-3

7.1.2 产品结构设计与管理

每种工业产品都可以逻辑结构的形式进行组织，即包含大量的装配、子装配和零件。例如，轿车（产品）包含车身子装配（车顶、车门等）、车轮子装配（包含 4 个车轮），以及大量其他零件。

产品结构设计的内容包含在装配结构树中，完整的产品结构设计如图 7-4 所示。其中，子产品对应的添加工具是【产品】，部件对应的添加工具是【部件】，零组件对应的添加工具是【零件】。

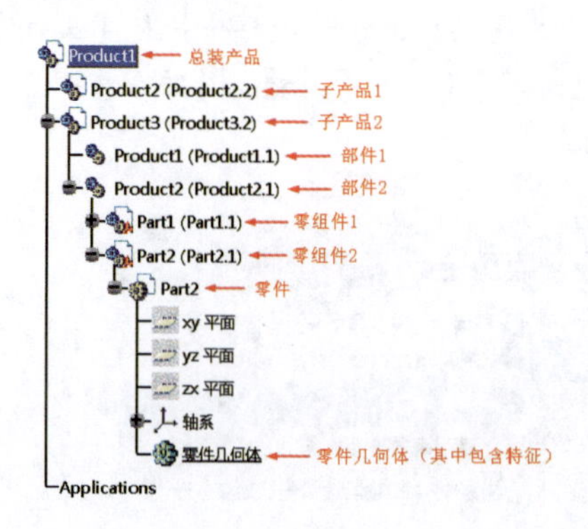

图 7-4

> **提示：** 零件设计工作台中的零件几何体也叫实体，实体由特征组成。在装配设计工作台中，零件则称为零组件或组件。

下面介绍如何添加空子产品、空部件和空零件。

一、添加空子产品

【产品】工具用于在空白装配文件或已有装配文件中添加产品。

首先在装配结构树中激活顶层的 Product1，然后单击【产品结构工具】工具栏中的【产品】按钮，系统将自动添加一个子产品到总装产品节点下，如图 7-5 所示。

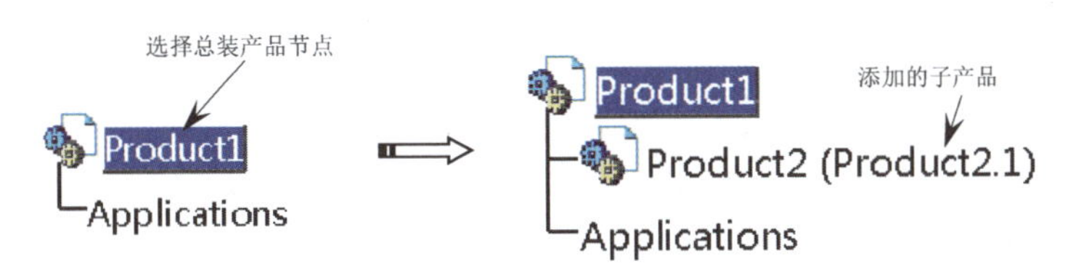

图 7-5

> **提示：** 先单击【产品】按钮，然后在装配结构树中选择总装产品节点，也可以完成子产品的添加。

二、添加空部件

【部件】工具用于在空白装配文件或已有装配文件中添加部件。

激活装配结构树中的 Product2 (Product2.1) 子产品节点，然后单击【产品结构工具】工具栏中的【部件】按钮，系统将在该子产品节点下自动添加一个部件，如图 7-6 所示。

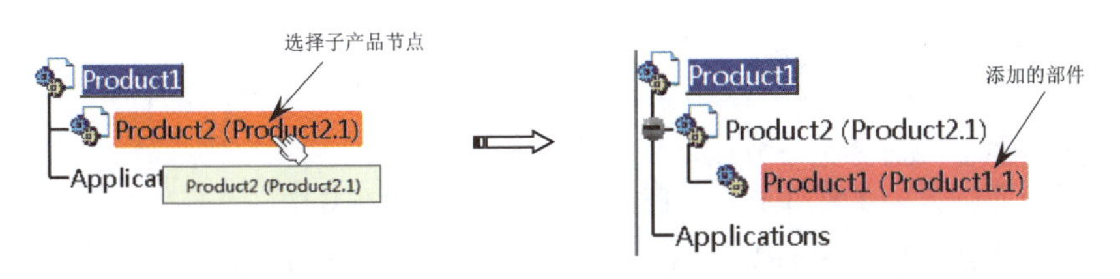

图 7-6

三、添加空零件

【零件】工具用于在现有产品中直接添加零件。

在装配结构树中选择部件节点，然后单击【产品结构工具】工具栏中的【零件】按钮，系统将自动在部件节点下添加空零件，如图 7-7 所示。

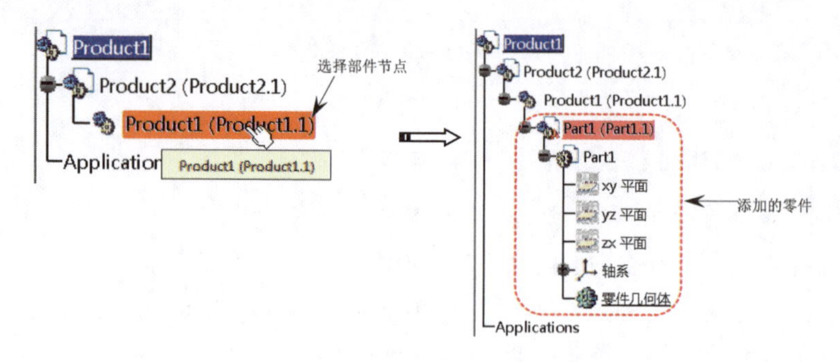

图 7-7

双击 Part1 零件节点，可以进入零件设计工作台。

7.1.3　装配方式

目前最为常见的两种装配方式为自底向上装配和自顶向下装配。本章主要介绍自底向上装配。

一、自底向上装配

自底向上装配是指在设计过程中，先设计单个零件，在此基础上进行装配生成总体设计。这种装配建模方式需要设计人员给定装配零件之间的配合约束关系，然后由 CATIA 自动计算零件的转移矩阵，并实现虚拟装配。

初次接触 CATIA 的用户大多采用自底向上的装配方式，这种装配方式较为简单、容易掌握。

二、自顶向下装配

自顶向下的装配建模方式是指在产品设计的初期阶段，首先创建产品的整体装配模型，然后基于整体模型逐步细化并创建各个子装配和零件。这种方式允许设计师在设计的早期阶段就考虑产品各个部分之间的相互作用和关系，从而确保产品的整体性能和功能。

例如，在图 7-4 所示的装配结构树中，用户先进入装配设计工作台创建一个总装配体 Product1，在总装配体节点下插入两个子产品节点（插入空的产品），在其中一个子产品下再插入两个部件节点（插入空的部件），而在其中一个部件节点下又插入两个零组件节点（插入空的零件），零组件节点下面的零件节点 Part1 是整个装配体的底层。

双击零件节点 Part1 可进入该零件的零件设计工作台中，利用零件设计工具进行实体特征设计（即零件几何体设计），完成设计并保存文件后退出零件设计工作台。同理，当部件由多个零组件组成时，可单击【零件】按钮向部件中添加新的零组件节点，以此类推，就完成了整个装配体设计。这就是自顶向下装配设计的基本流程。

7.2 自底向上装配设计

自底向上装配设计是指先完成各零件的详细设计，再将零件一一添加到装配设计工作台中进行装配约束。

7.2.1 插入部件

插入部件是指在装配设计工作台中将事先设计好的零件一一组装到产品结构中。

一、加载现有部件

通过使用【现有部件】工具，将已存储在用户计算机中的零件或者产品（即装配体）依次插入当前产品装配结构中，从而构成完整的大型装配体。

1. 启动 CATIA V5-6R2020，在菜单栏中执行【开始】/【机械设计】/【装配设计】命令，进入装配设计工作台。

2. 单击【产品结构工具】工具栏中的【现有部件】按钮，在装配结构树中选择总装产品节点Product1（即指定装配主体），随后弹出【选择文件】对话框。

3. 在【选择文件】对话框中选择本例源文件夹中的 xiaxiangti.CATPart 零件文件并单击【打开】按钮，系统自动载入该零件，该零件也自动成为装配主体节点下的子部件，如图 7-8 所示。

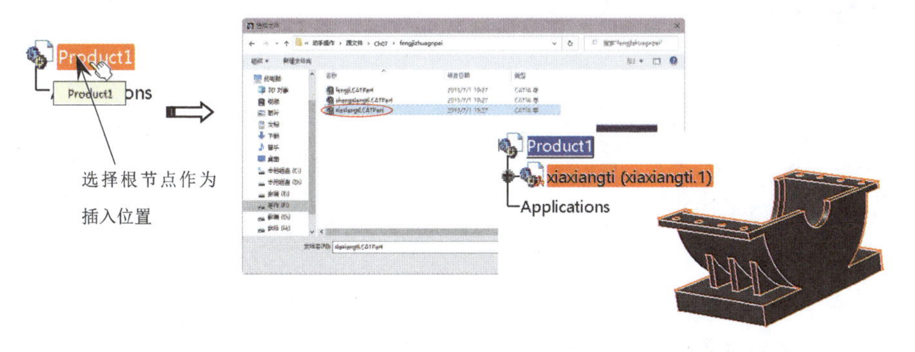

图 7-8

二、加载具有定位的现有部件

【具有定位的现有部件】工具是对【现有部件】工具的增强。通过使用【具有定位的现有部件】工具，利用【智能移动】对话框可使插入的零件在插入的瞬间轻松定位到装配体中。还可以通过创建约束来进行定位。

> **提示：**如果在插入零件时没有要放置的零件，则此功能具有与【现有部件】工具相同的操作。

1. 接上例继续操作。单击【产品结构工具】工具栏中的【具有定位的现有部件】按钮，在装配结构树中选取装配主体（Product1 总装产品节点），弹出【选择文件】对话框。

2. 在本例源文件夹中选择要插入的 fengji.CATPart 零件后单击【打开】按钮，弹出【智能移动】对话框。在【智能移动】对话框中单击【更多】按钮，展开【智能移动】对话框的所有选项，如图 7-9 所示。

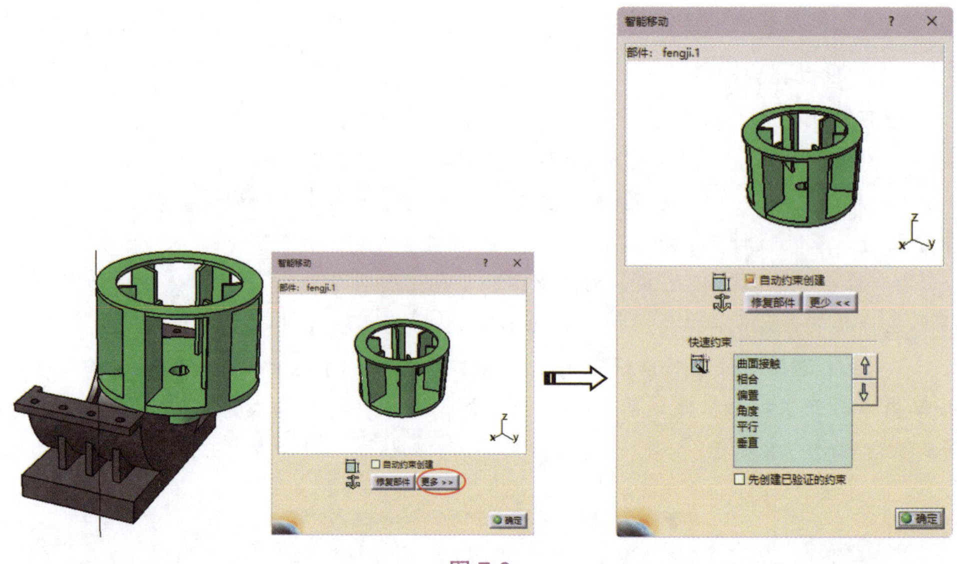

图 7-9

3. 在【智能移动】对话框的模型预览区中选择零件的一个面，然后在绘图区中选取已有零件的一个面作为相合参考，随后两个零件面与面对齐。

4. 选取【智能移动】对话框中零件的轴，然后在绘图区中选取另一零件的圆弧面的轴，两个零件将会随之进行轴对齐。

5. 单击【确定】按钮关闭【智能移动】对话框，完成 fengji 零件的装配。

三、加载标准件

在 CATIA 中有一个标准件库，库中有大量的已经造型完成的标准件，在装配中可以直接使用。

1. 在绘图区底部的【目录浏览器】工具栏中单击【目录浏览器】按钮，或在菜单栏中执行【工具】/【目录浏览器】命令，弹出【目录浏览器】对话框。

2. 选中相应的标准件，双击符合设计要求的标准件序列及规格型号，将其添加到装配文件中，如图 7-10 所示。

【目录浏览器】对话框中的标准件包括 ISO 公制、US 美制、JIS 日本制和 EN 英制 4 种。标准件类型有螺栓、螺钉、垫圈、螺母、销钉、键等。

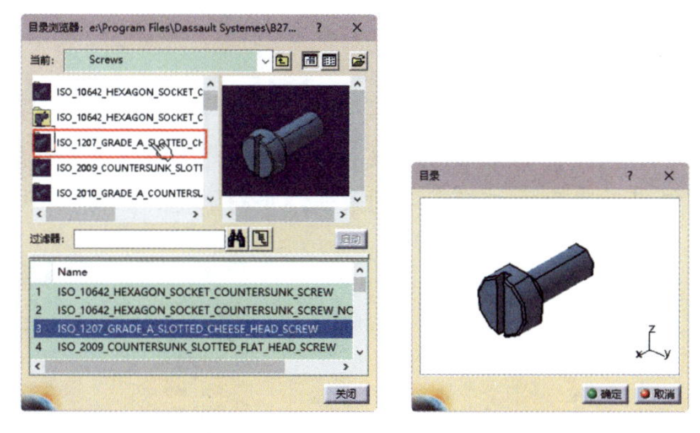

图 7-10

【例 7-1】插入和加载标准件。

使用【现有部件】命令、【目录浏览器】对话框等，插入图 7-11 所示的装配零件和标准件。

基本步骤如下。

1. 插入装配组件“7-1.CATProduct”。
2. 插入标准件。
3. 约束标准件与零件。

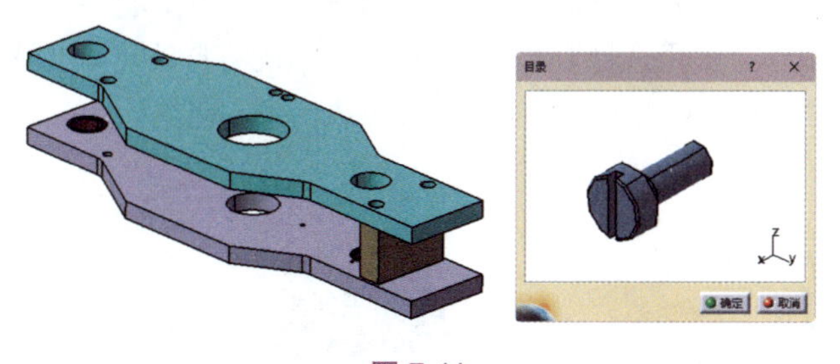

图 7-11

7.2.2 管理装配约束

装配约束能够使装配体中的各零件正确地进行定位，只需要指定要在两个零件之间设置的约束类型，系统便会按照设置正确地放置零件。装配约束主要是通过约束零件之间的自由度来实现的。装配约束的相关工具在【约束】工具栏中，如图 7-12 所示。

一、相合约束

相合约束也称重合约束。【相合约束】工具通过选择两个零件中的点、线、面（平面或表面）或轴系等几何元素来获得同心度、同轴度和共面性等几何关系。当两个几何元素的最短距离小于 0.001mm（1μm）时，系统默认几何元素重合。

> **提示**：要在轴系统之间创建重合约束，两个轴系统在整个装配体环境中必须具有相同的方向。

单击【约束】工具栏中的【相合约束】按钮，选择第一个零件的约束表面，然后选择第二个零件的约束表面，弹出【约束属性】对话框，如图 7-13 所示。

图 7-12

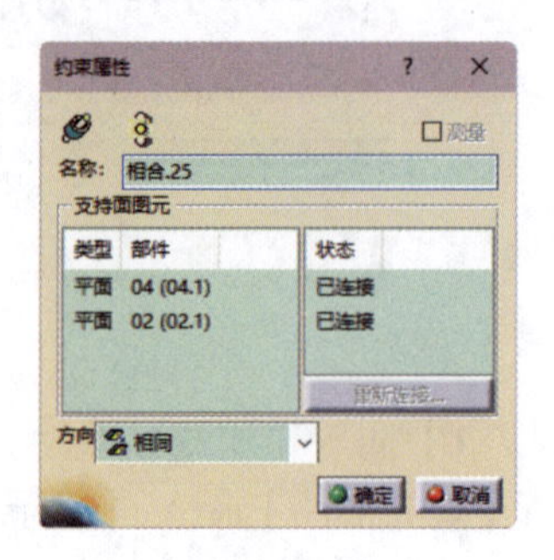

图 7-13

【约束属性】对话框中选项的含义如下。

- 名称：显示默认的相合约束名，也可以自定义约束名。
- 支持面图元：显示所选择的几何元素及其约束状态。
- 方向：用于选择平面约束方向，包括【相同】【相反】【未定义】等选项，如图 7-14 所示。如果选择【未定义】选项，系统将自动计算出最佳的解决方案。也可以在零件上双击方向箭头以直接更改约束方向。

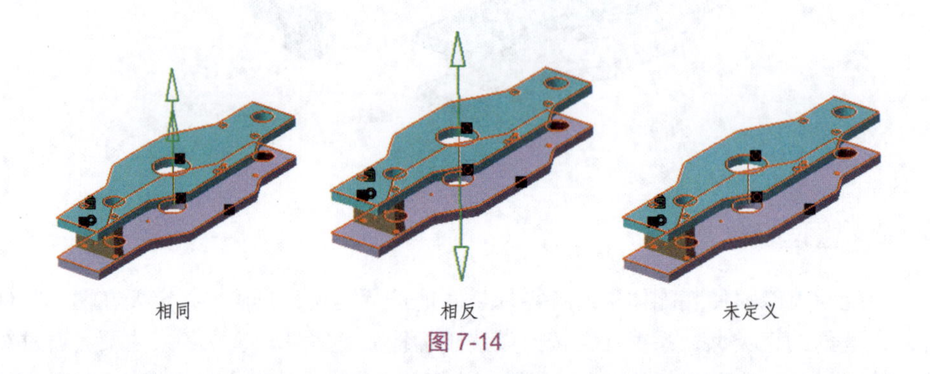

图 7-14

> **提示**：约束定义完成后，如果发现零件之间的相对位置关系未发生变化，可在软件窗口底部的【工具】工具栏中单击【全部更新】按钮，绘图区中的模型信息将随之更新。

【点 - 点约束】可选择的点包括模型边线的端点、球心、圆锥顶点等。选取的第二点位置保持不变，选取的第一点将自动与第二点重合，如图 7-15 所示。

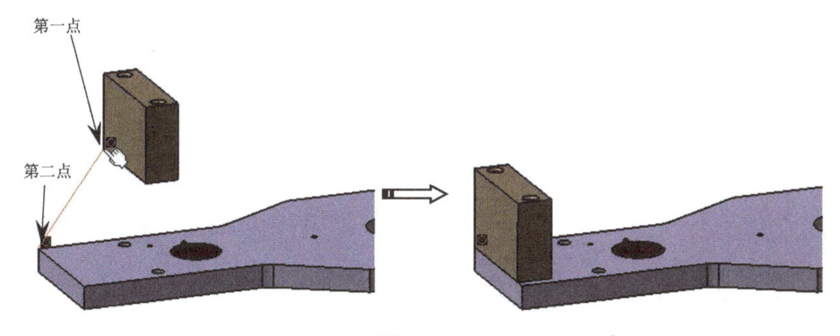

图 7-15

提示：在相合约束中，移动的总是第一个几何元素，第二个几何元素保持固定状态（除非第一个几何元素事先添加了其他约束而不能移动）。

能够作为线 - 线约束的几何元素包括零件边线、圆锥和圆柱零件的轴等。选择两个圆柱面的轴线，系统会自动约束两条轴线至重合，如图 7-16 所示。

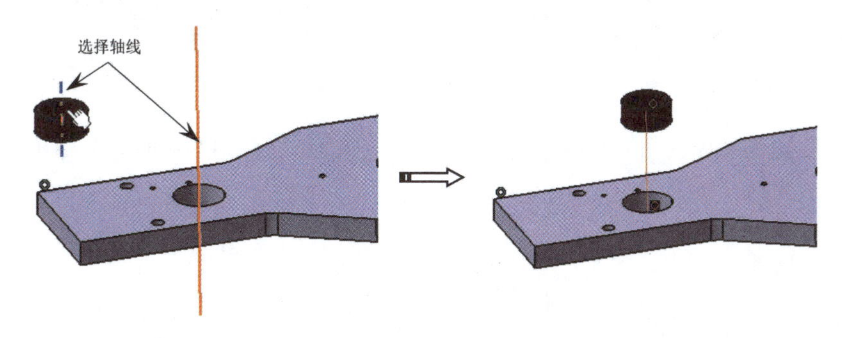

图 7-16

提示：在选择轴几何元素时，鼠标指针要尽量靠近圆柱面，此时系统会自动显示圆柱的轴线，这有助于轴线的选取。

能够作为面 - 面约束的几何元素包括基准平面、平面曲面、圆柱面和圆锥面等。选取两个圆柱面，系统会自动添加相合约束，如图 7-17 所示。

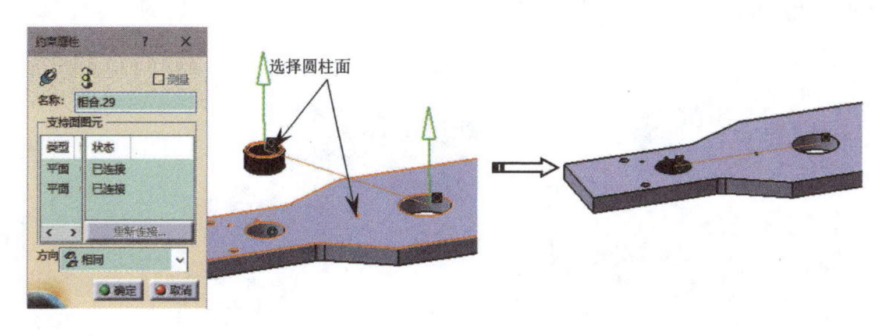

图 7-17

二、接触约束

【接触约束】通过在两个有向（有向是指曲面内侧和外侧可以由几何元素定义）的曲面之间创建接触类型约束。两个曲面元素之间的公共区域可以是平面区域、线（线接触）、点（点接触）或圆（环形接触）。两个基准平面不能使用此类型约束。

单击【约束】工具栏中的【接触约束】按钮，可打开【接触约束】对话框。下面介绍几种常见的接触约束类型。

球面与平面的接触约束。当选择球面与平面进行接触约束时，将创建相切约束，如图 7-18 所示。

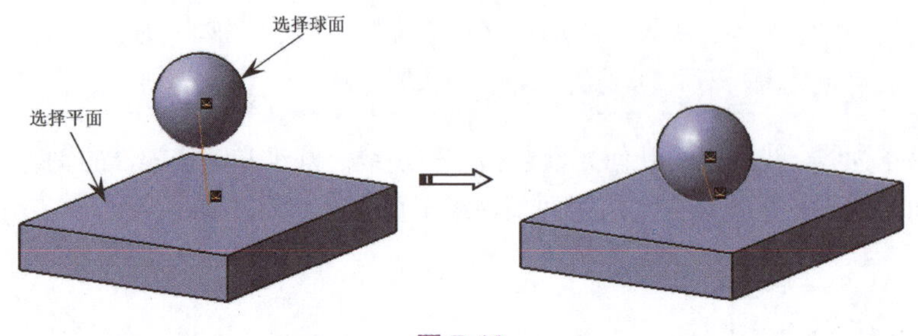

图 7-18

圆柱面与平面的接触约束。选择圆柱面与平面创建相切约束时，会弹出【约束属性】对话框，如图 7-19 所示。

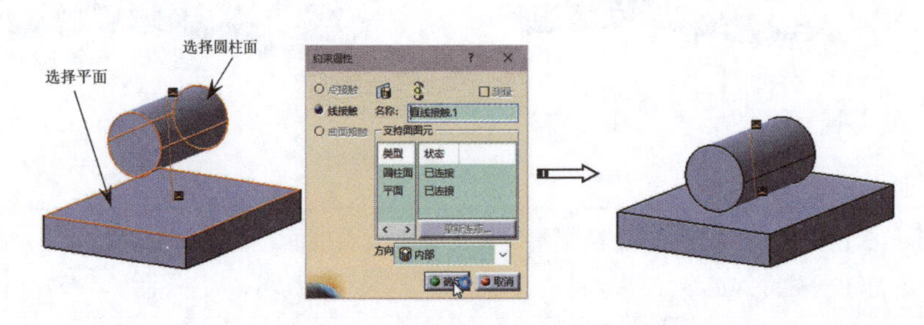

图 7-19

平面与平面接触约束。选择平面与平面创建重合约束的，两个平面的法线方向相反，如图 7-20 所示。

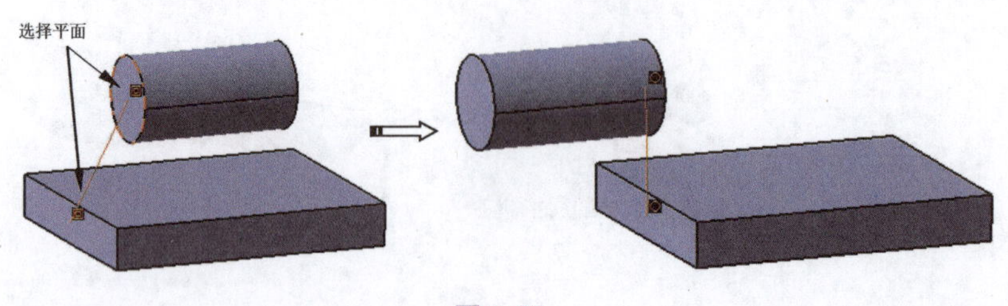

图 7-20

三、偏置约束

通过【偏置约束】工具定义两个零件中几何元素（可以是点、线或平面）的偏移值，可创建偏置约束。

1. 单击【偏置约束】按钮，依次选择两个零件的约束表面，弹出【约束属性】对话框。

2. 在【方向】下拉列表中选择约束方向，在【偏置】文本框中输入距离值，单击【确定】按钮完成偏置约束的创建，如图 7-21 所示。

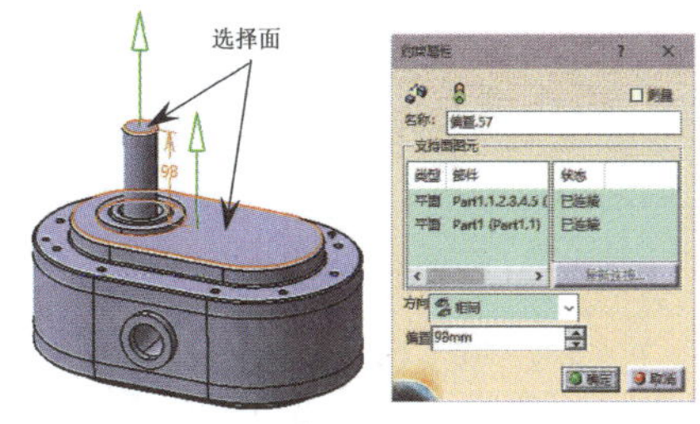

图 7-21

四、角度约束

角度约束是指通过设定两个零件中几何元素（线或平面）的角度来约束两个零件之间的相对位置关系。

1. 单击【偏角度约束】按钮，选择两个零件的表面平面，弹出【约束属性】对话框。

2. 在【角度】文本框中输入角度值，单击【确定】按钮完成角度约束的创建，如图 7-22 所示。

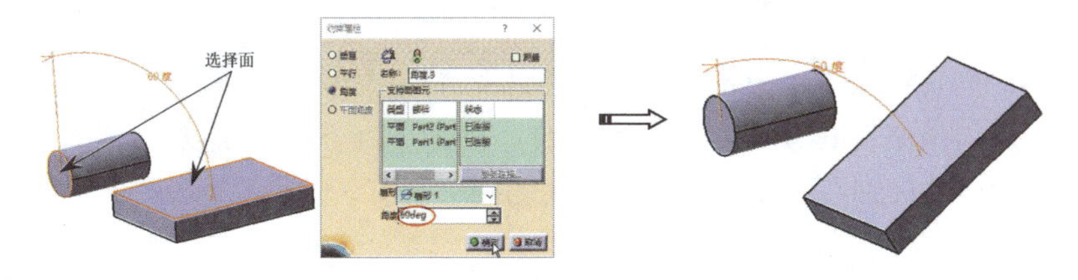

图 7-22

角度约束包含 3 种常见模式。

- 垂直模式：创建角度为 90° 的角度约束，如图 7-23 所示。
- 平行模式：选择此模式后，两个约束平面保持平行状态，如图 7-24 所示。

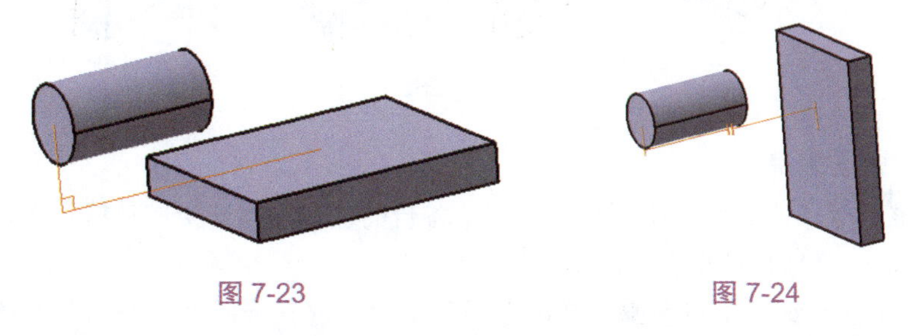

图 7-23　　图 7-24

- 角度模式：此模式为默认模式，将创建自定义的角度约束。

五、固定约束

添加固定约束可将零件固定在装配体的某个位置。有两种固定方法：一种是根据装配的几何原点固定部件，需设置部件的绝对位置，称为绝对固定；另一种是根据其他部件来固定部件，即设置相对位置，称为相对固定。

单击【约束】工具栏中的【固定约束】按钮，选择要固定的零件，系统将自动创建固定约束。

- 绝对固定：创建固定约束后，零件中会显示固定约束图标，双击此图标，会弹出【约束定义】对话框；单击【更多】按钮，展开所有约束定义选项，在展开的选项中可看见【在空间中固定】复选框被选中，【X】【Y】【Z】文本框中显示当前零件在装配环境中的绝对坐标系位置参数，如图 7-25 所示。可以修改绝对坐标值。

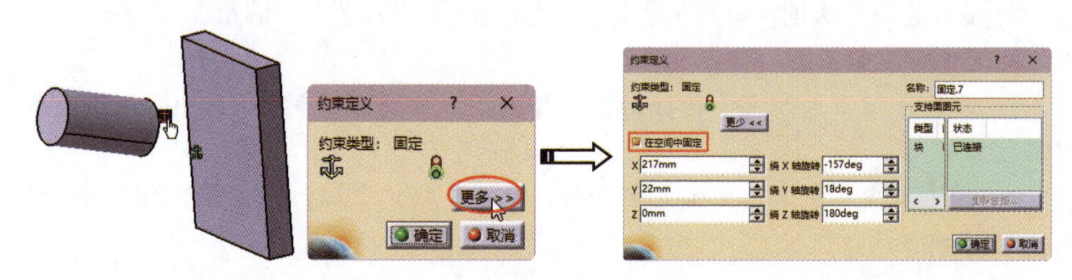

图 7-25

- 相对固定：在【约束定义】对话框中取消选中【在空间中固定】复选框后，可以用指南针移动相对固定的零件，如图 7-26 所示。绝对固定与相对固定最明显的区别在于图标，绝对固定的图标中有一把锁，而相对固定的图标中没有。

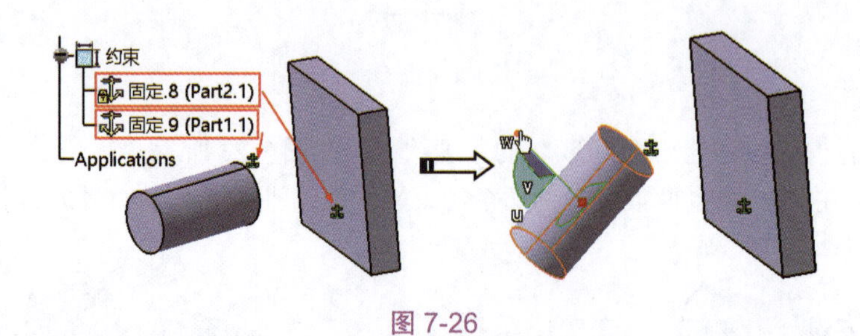

图 7-26

六、固联约束

【固联约束】工具将多个零件按照当前各自的位置关系连接成整体，当移动其中一个部件时，其他部件也会相应移动。

单击【固联约束】按钮，弹出【固联】对话框。选择多个要固联的部件，单击【确定】按钮，系统将自动创建约束，如图 7-27 所示。

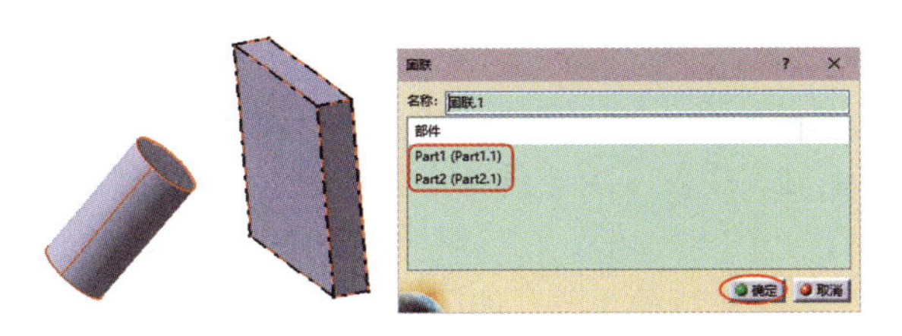

图 7-27

提示： 创建固联约束后，若要使部件整体移动，需要进行详细设置。在菜单栏中执行【工具】/【选项】命令，在弹出的【选项】对话框左侧选择【机械设计】节点下的【装配设计】节点，在【常规】选项卡中选中【移动已应用固联约束的部件】选项组中的【始终】单选按钮，可使固联组件一起移动，如图 7-28 所示。

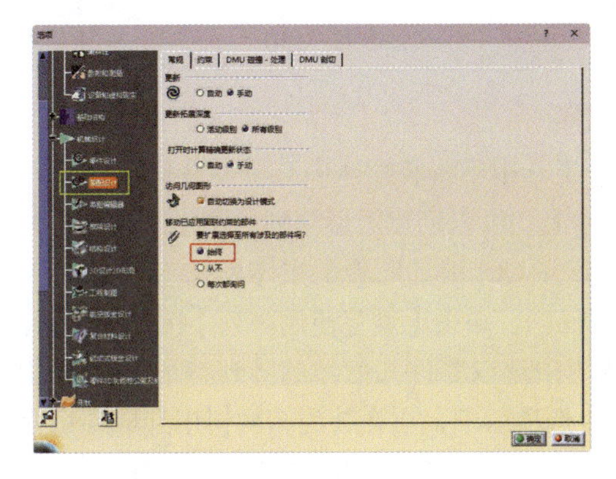

图 7-28

七、快速约束

【快速约束】工具可根据用户选择的几何元素判断应该创建何种装配约束，可自动创建面接触、相合、接触、距离、角度和平行等约束。

单击【快速约束】按钮，任意选择两个零件中的几何元素，系统将根据所选部件自动创建装配约束，如图 7-29 所示。

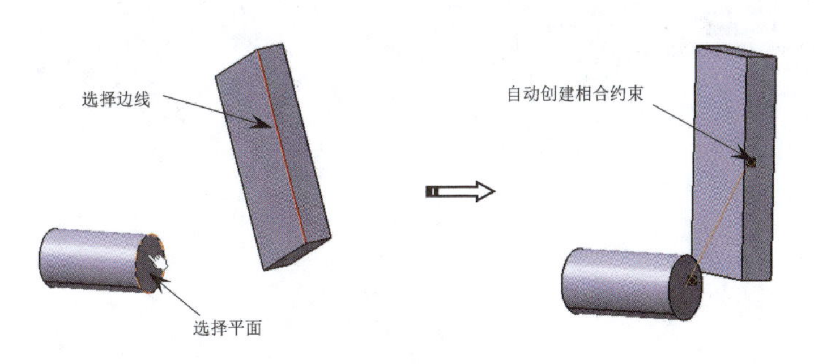

图 7-29

八、更改约束

【更改约束】工具用于在已完成装配约束的零件上更改装配约束类型。

单击【约束】工具栏中的【更改约束】按钮，在装配体中单击某个装配约束图标，弹出【可能的约束】对话框。在该对话框中选择要更改的约束类型，单击【确定】按钮，完成装配约束类型的更改，如图 7-30 所示。

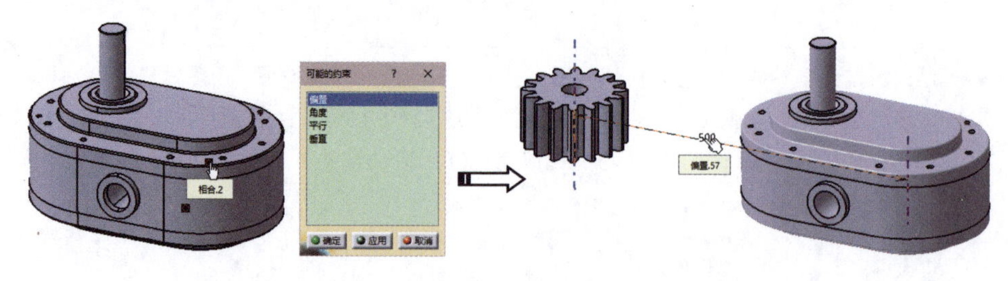

图 7-30

九、重复使用阵列

【重复使用阵列】工具用于将装配体中某个零件建模时的阵列关系，重复应用到装配环境中的其他零件上。可以创建矩形阵列、圆形阵列和用户自定义的阵列。

在装配结构树中按住 Ctrl 键选取装配主体零件（此零件有阵列性质的孔）和要进行阵列的零件（如螺钉），单击【重复使用阵列】按钮，弹出【在阵列上实例化】对话框。在装配结构树中选取零件几何体的阵列特征，将其收集到【在阵列上实例化】对话框的【阵列】选项组中，再在装配结构树中选取螺钉零件，将其收集到【在阵列上实例化】对话框的【要实例化的部件】文本框中，单击【确定】按钮，完成重复使用阵列的操作，如图 7-31 所示。

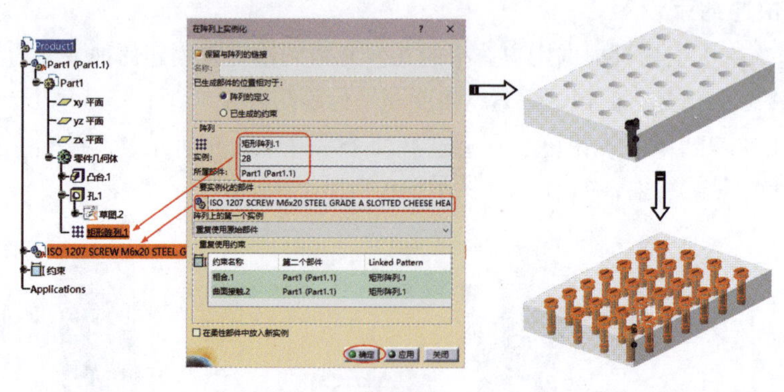

图 7-31

7.2.3　移动部件

在零件装配完成后，有时需要模拟机械装置的运动状态，对某个零件的方位进行变换操作。同时，为了防止零件之间发生装配干涉现象，需要使零件之间存在一定的间隙，这需要调整零件的位置，以便进行约束和装配。移动部件的相关工具在【移动】工具栏中，如图 7-32 所示。

图 7-32

提示： 要移动的零件必须是能活动的，不能添加任何约束。

一、平移或旋转零件

有 3 种移动零件的方法：通过输入值、通过选择几何图元和通过指南针。

（1）通过输入值。

在【移动】工具栏中单击【平移或旋转】按钮，弹出【移动】对话框。在绘图区中选择要平移的零件，在【移动】对话框的【平移】选项卡中输入偏置值，单击【应用】按钮即可完成零件的平移，如图 7-33 所示。

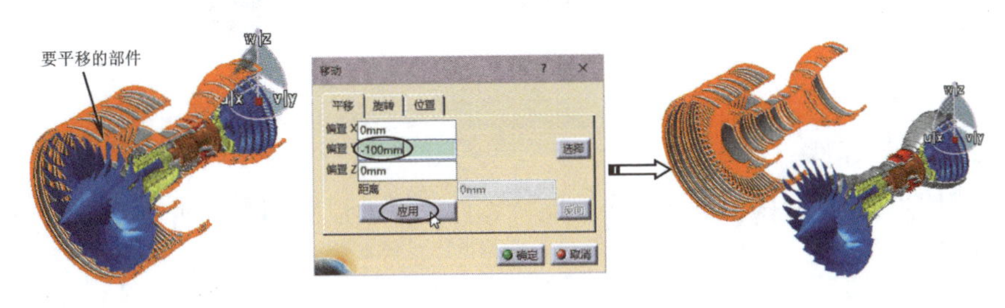

图 7-33

（2）通过选择几何图元。

单击【移动】对话框中的【选择】按钮，可以定义平移的方向并进行平移操作。首先选择要平移的零件，打开【移动】对话框后单击【选择】按钮，在装配体中选择几何体元素（可以是点、线或平面）作为平移的方向参考，输入平移距离值并按 Enter 键确认，单击【应用】按钮，完成零件的平移，如图 7-34 所示。

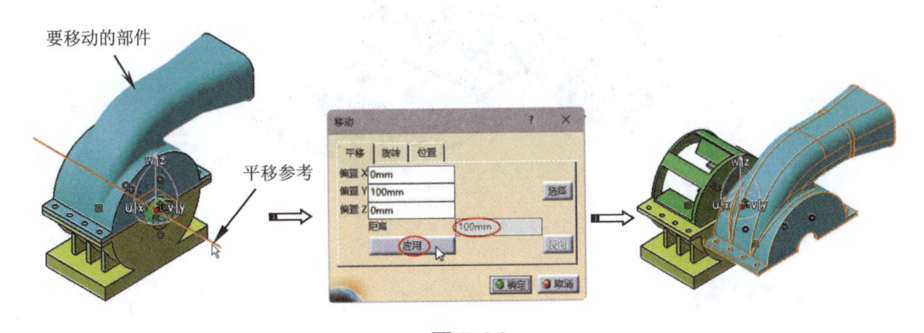

图 7-34

零件的旋转变换操作可通过在【移动】对话框的【旋转】选项卡中设置旋转轴

及旋转角度来完成。其操作方法与平移是相似的，这里不赘述。

（3）通过指南针。

可以将绘图区右上角的指南针（选中指南针的操纵把手）直接拖动到零件上，然后拖动指南针的优先平面和自由旋转把手来平移或旋转零件，如图 7-35 所示。

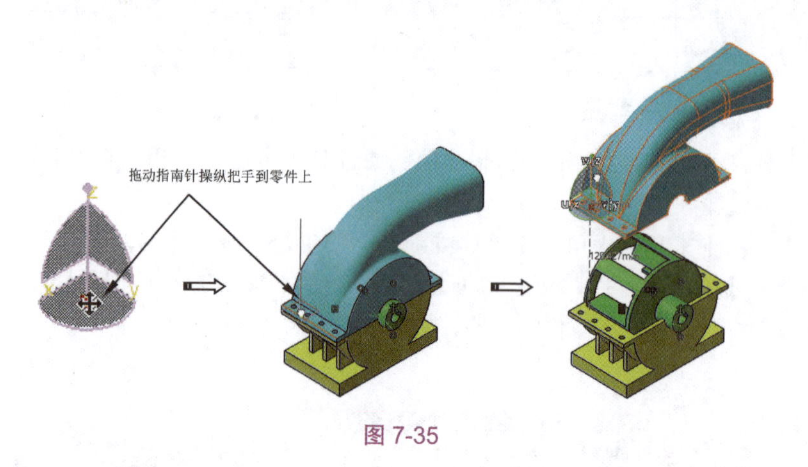

图 7-35

二、操作零件

利用【操作】工具和鼠标平移或旋转零件。下面以案例来说明【操作】工具和鼠标的用法。

【例 7-2】操作零件。

使用【操作】工具对图 7-36 所示的装配零件进行操作。

基本步骤如下。

1. 打开源文件“7-2.CATProduct”。
2. 操作零件。

图 7-36

7.2.4 创建爆炸装配

使用【分解】工具，可利用已有的装配约束来创建爆炸装配（也称“分解装配”），目的是了解零件之间的位置关系，这有利于生成装配图纸。

选择要分解的零件，在【移动】工具栏中单击【分解】按钮，弹出【分解】对话框。保持默认的选项设置，单击【应用】按钮，自动创建爆炸装配，如图 7-37 所示。

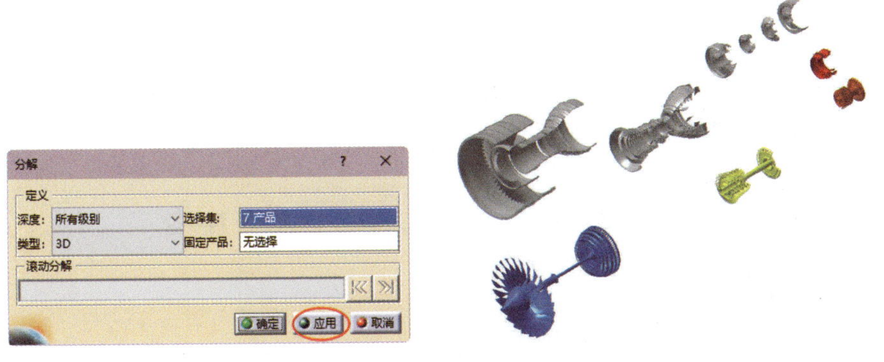

图 7-37

【例 7-3】分解装配体。

使用【分解】命令对图 7-38 所示的装配部件进行分解操作，得到装配爆炸图。

基本步骤如下。

1. 打开源文件“7-3.CATProduct”。
2. 分解零件。

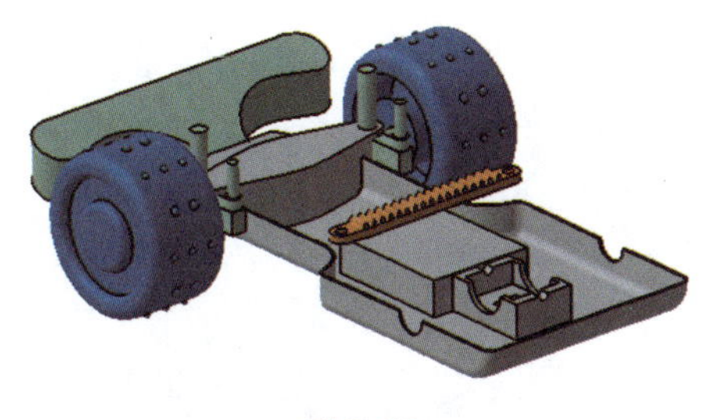

图 7-38

7.3 实战案例：推进器装配设计

推进器是将别的形式的能量转化为机械能的装置，通过旋转叶片或喷气（水）来产生推力。推进器可用来驱动交通工具前进，或作为其他装置（如发电机）的动力来源。

推进器产品装配体主要由叶轮、叶轮轴、键、上罩壳和下罩壳组成。本例将使用自底向上的装配设计方法来装配推进器产品。推进器产品装配体如图 7-39 所示。

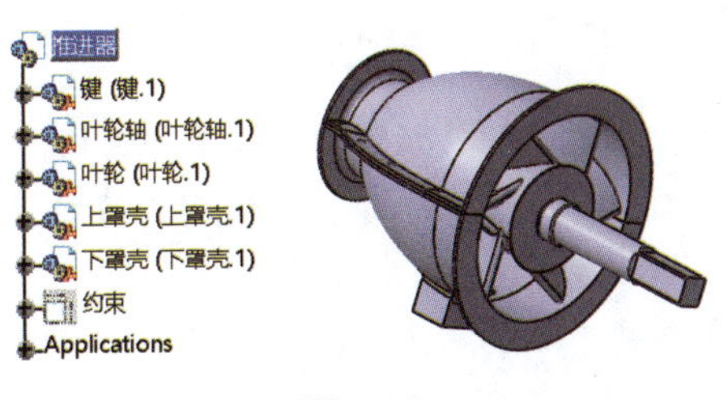

图 7-39

1. 启动 CATIA V5-6R2020，进入产品结构工作台。

2. 在装配结构树中右击最顶层的【Product1】总装产品节点，在弹出的快捷菜单中选择【属性】命令，弹出【属性】对话框。在【产品】选项卡中修改零件编号为“推进器”，如图 7-40 所示。

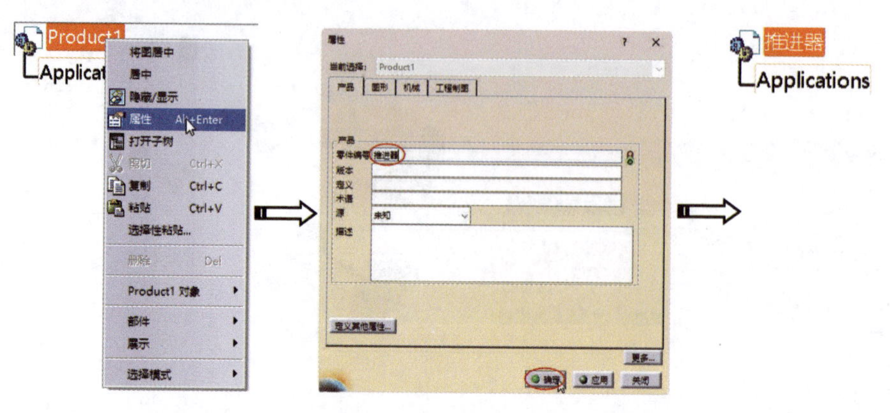

图 7-40

3. 在装配结构树中单击【推进器】总装产品节点以激活该节点。在【产品结构工具】工具栏中单击【现有部件】按钮，在弹出的【选择文件】对话框中选择本例源文件夹中的“Part3.CATPart”叶轮零件文件，单击【打开】按钮，将其载入当前产品结构工作台，如图 7-41 所示。

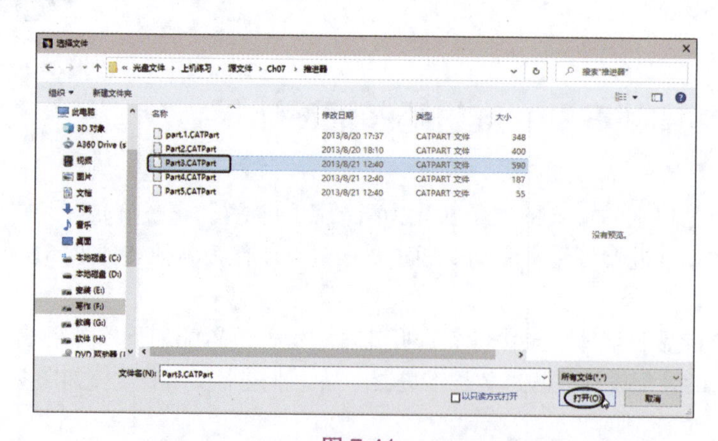

图 7-41

4. 第一个零件将作为后面零件装配时的定位参照，因此需要将其固定在某个位置。单击【约束】工具栏中的【固定约束】按钮，选择要进行固定的叶轮零件，系统自动为其添加固定约束，结果如图 7-42 所示。

5. 激活【推进器】总装产品节点，依次将上罩壳、下罩壳、叶轮轴及键等零件载入当前产品结构工作台，结果如图 7-43 所示。

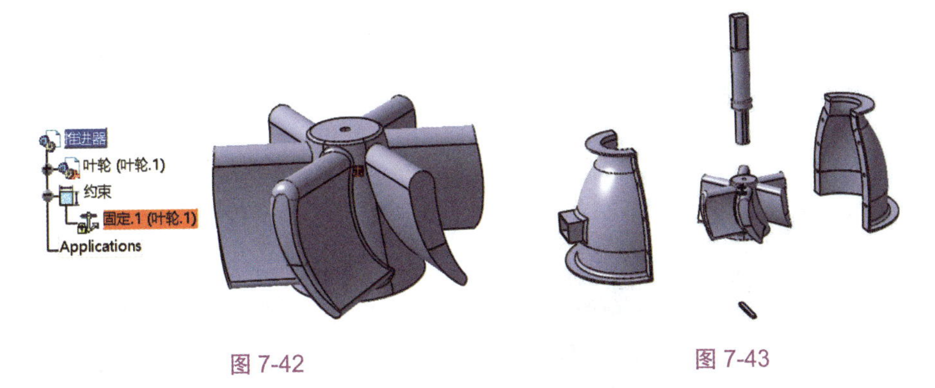

图 7-42　　图 7-43

6. 装配内部的零件，如键和叶轮轴。在【约束】工具栏中单击【接触约束】按钮，在叶轮内部的键槽孔和键上分别选取一个平直表面作为接触约束的配合面，如图 7-44 所示。选取两个面后，系统自动为其添加接触约束。若键没有发生位移或旋转，可在软件窗口底部的【更新】工具栏中单击【全部更新】按钮，完成键的旋转，结果如图 7-45 所示。

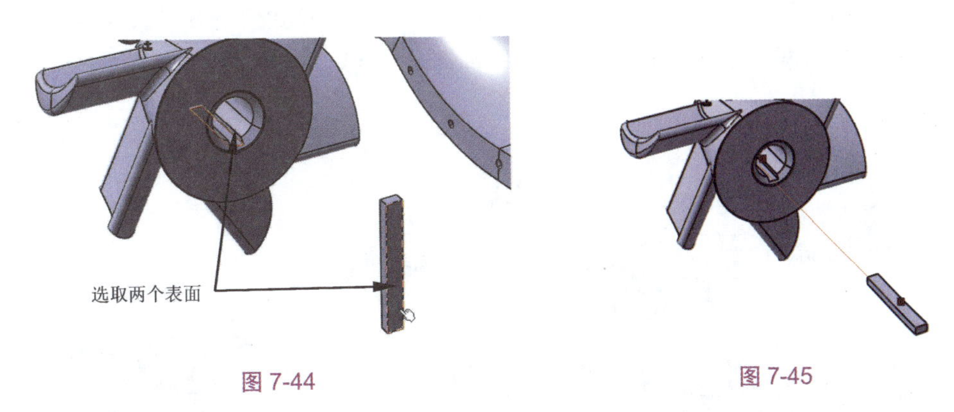

图 7-44　　图 7-45

7. 单击【接触约束】按钮，选取叶轮键槽的前端面和键的前端面进行匹配，创建键与叶轮键槽的接触约束，如图 7-46 所示。

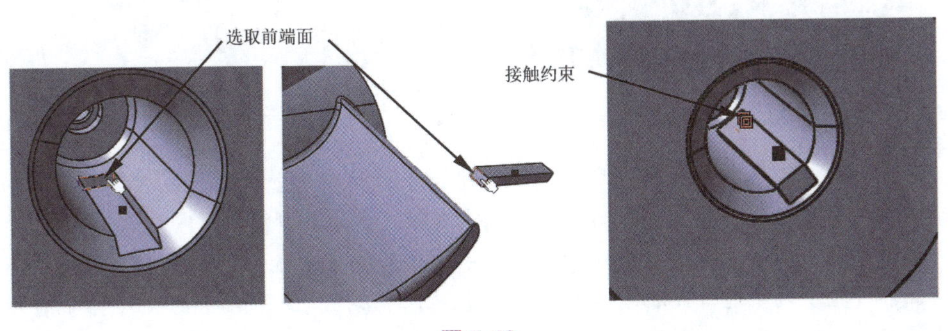

图 7-46

8. 单击【约束】工具栏中的【相合约束】按钮，分别选择叶轮轴的外圆面（系统会自动拾取该外圆面的轴线）和叶轮轴孔的内孔面作为相合约束的匹配面，系统将自动创建相合约束，如图 7-47 所示。

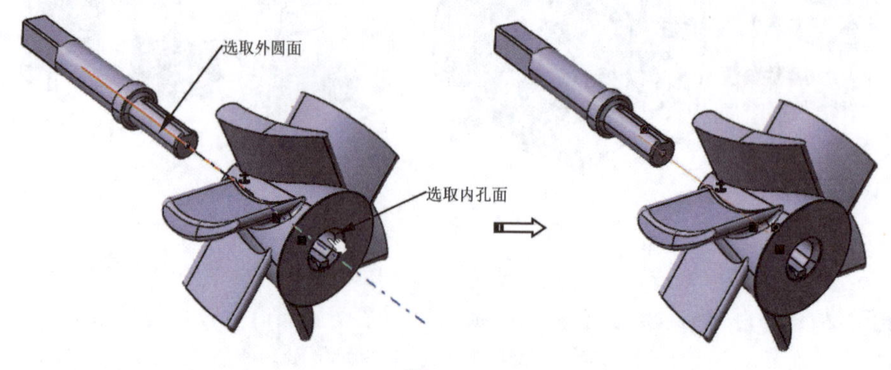

图 7-47

9. 对叶轮轴上的键槽和键进行配对约束。单击【接触约束】按钮，选取叶轮轴键槽中的槽侧面和键的侧面进行匹配，创建键与叶轮轴键槽的接触约束。单击【全部更新】按钮后可看到叶轮轴反转，键槽朝下，如图 7-48 所示。

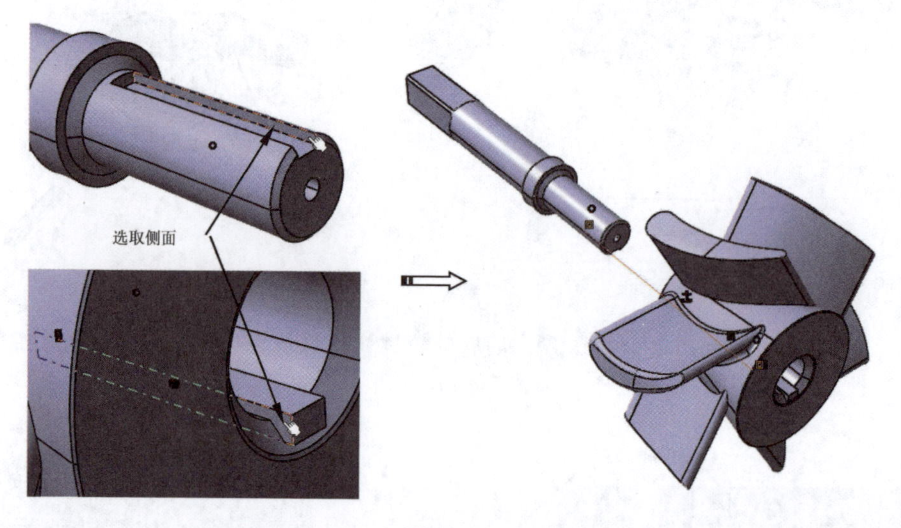

图 7-48

10. 对叶轮轴和叶轮进行配对约束。单击【接触约束】按钮，选取叶轮轴的轴肩端面和叶轮下端面进行匹配，创建接触约束，如图 7-49 所示。

11. 对上、下罩壳进行配对约束。单击【偏置约束】按钮，选取上罩壳的下端面和叶轮下端面进行匹配，弹出【约束属性】对话框。设置偏移值为 0，单击【确定】按钮，完成偏移约束的创建，如图 7-50 所示。

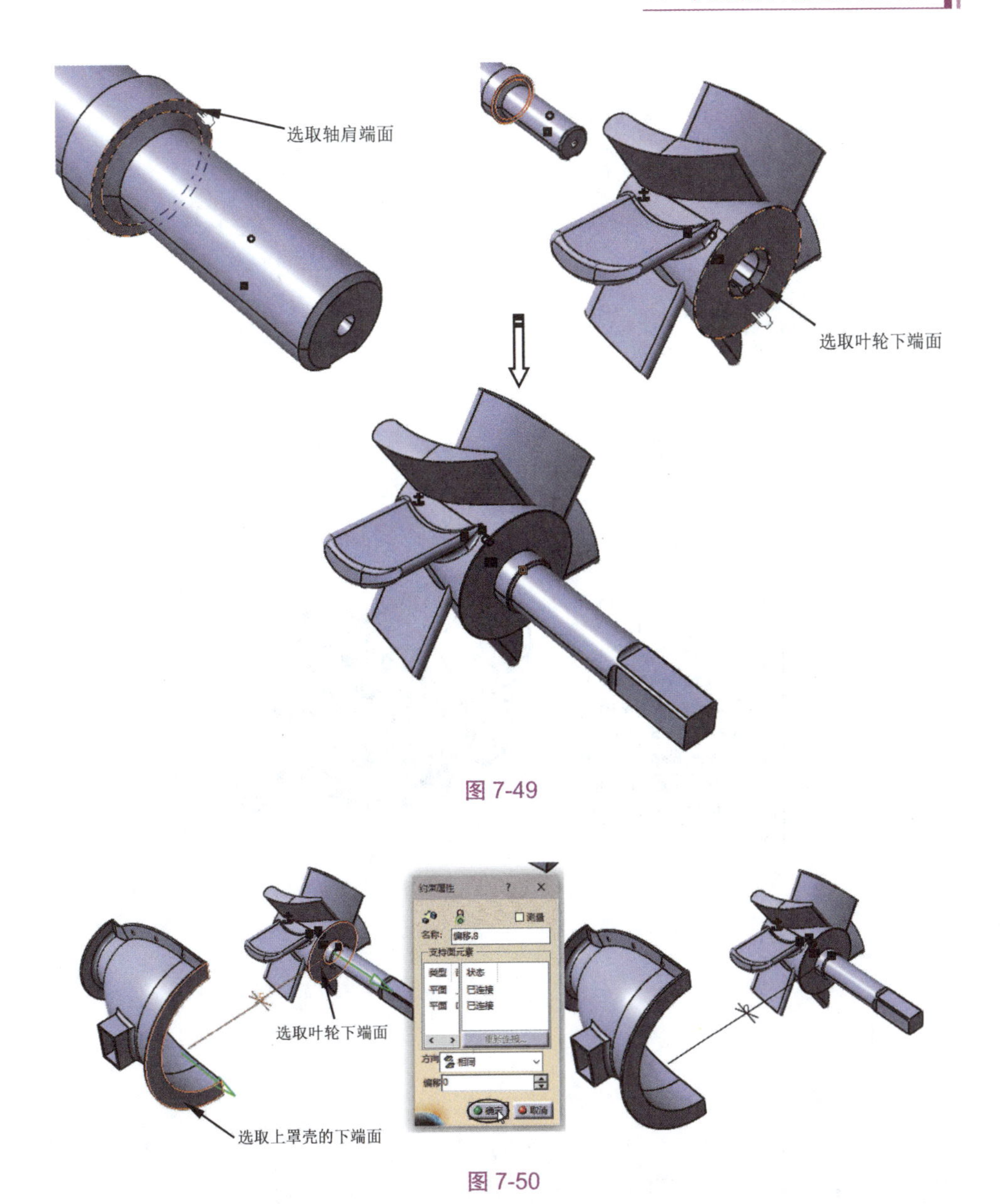

图 7-49

图 7-50

> ➘ **提示：** 上罩壳的下端面和叶轮下端面的配对约束可以使用【相合约束】【接触约束】【偏置约束】命令来创建。其中【相合约束】和【偏置约束】的效果是相同的，可以保证上罩壳方向不会改变。但【接触约束】可能会导致上罩壳反向，需要通过旋转零件来修改其方向。所以建议使用【相合约束】和【偏置约束】命令。

12. 单击【相合约束】按钮，选择上罩壳的内圆面和叶轮轴的外圆面进行匹配，创建相合约束，如图 7-51 所示。

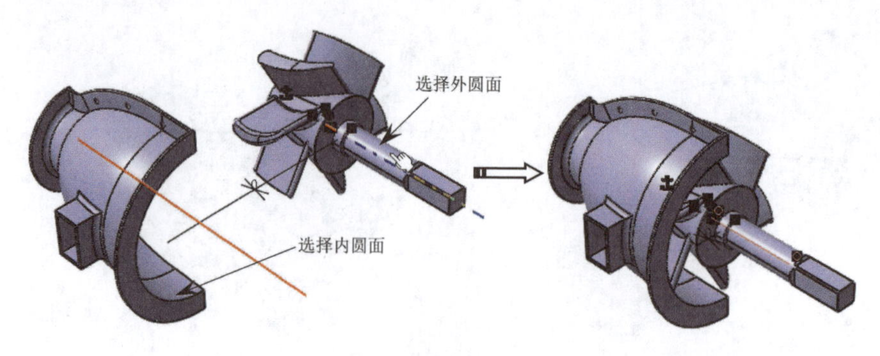

图 7-51

13. 用同样的方法创建下罩壳与叶轮的相合约束。推进器产品的装配结果如图 7-52 所示。

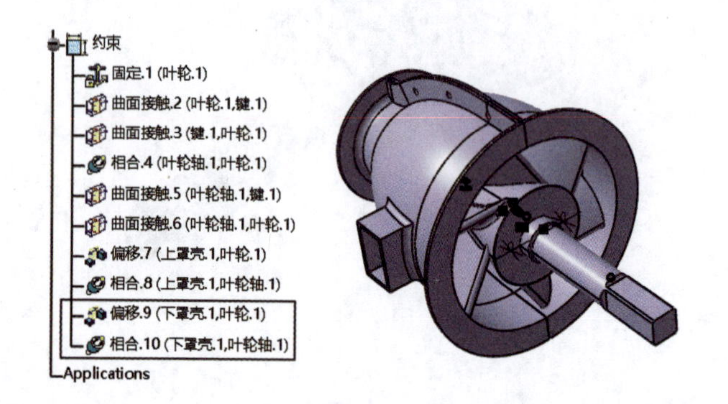

图 7-52